天津外国语大学"求索"文库

生态文明建设视域下
国际生态治理的形式与经验研究

靳利华◎著

天津出版传媒集团
天津人民出版社

图书在版编目(CIP)数据

生态文明建设视域下国际生态治理的形式与经验研究 / 靳利华著. -- 天津 : 天津人民出版社, 2024. 8.(天津外国语大学“求索”文库). -- ISBN 978-7-201-20715-5

Ⅰ. X321

中国国家版本馆CIP数据核字第2024ZT5253号

生态文明建设视域下国际生态治理的形式与经验研究

SHENGTAI WENMING JIANSHE SHIYUXIA GUOJI SHENGTAI ZHILI DE XINGSHI YU JINGYAN YANJIU

出　　版　天津人民出版社
出 版 人　刘锦泉
地　　址　天津市和平区西康路35号康岳大厦
邮政编码　300051
邮购电话　(022)23332469
电子信箱　reader@tjrmcbs.com

责任编辑　孙　瑛
封面设计　刘　帅　汤　磊

印　　刷　天津新华印务有限公司
经　　销　新华书店
开　　本　710毫米×1000毫米　1/16
印　　张　24.25
插　　页　1
字　　数　300千字
版次印次　2024年8月第1版　　2024年8月第1次印刷
定　　价　98.00元

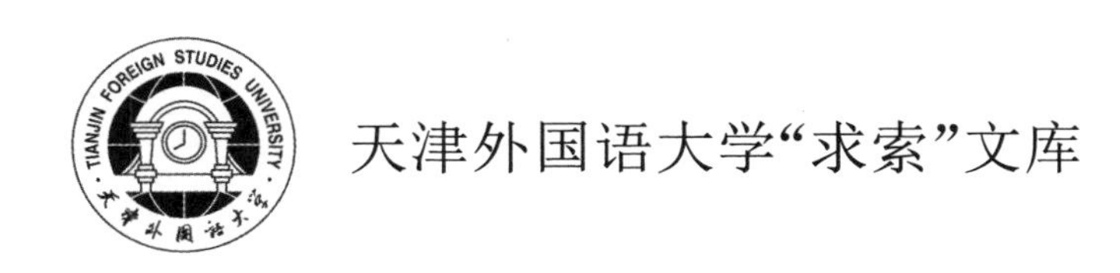
TIANJIN FOREIGN STUDIES UNIVERSITY
天津外国语大学"求索"文库

目 录

导　论

一、选题背景与研究意义

（一）选题背景

人类为了自身的生存与发展，一直进行认识和探索自然界的活动。18世纪60年代以来的三次科技革命，不仅改变了人类生产、生活和交往的方式，也极大地影响和改变了自然界的系统结构。人类与自身所依赖的自然界的生态环境关系也从有限范围逐渐扩展到整个地球，人类与地球的命运更加紧密地连接在了一起。

人类的社会文明是一个不断发展演进的过程，经过原始文明、农业文明和工业文明，体现了人类社会文明的进步。人类文明一路走来，总是在克服种种困难、跨越种种障碍，从一个文明阶段过渡到下一个文明阶段。工业文明阶段，人类在诸多领域取得了巨大的进步；同时，也由于工业资本主义的逐利本质和反生态行为引发了关乎人类生存与发展的生态危机。生态问题层出不穷，不但强化了人类群体的整体性、突出了人类生命的物质性、强调了人类生存的脆弱性，还直接威胁到人类整体的生存环境和生存条件。生态问题的产生表明工业文明作为人类文明发展的一个阶段，其终结是不可避免的。生态问题是资本主义工业文明的产物，依靠自身是不能彻底解决的，这是工业文明的悲哀。但是，生态问题也向人类文明提出，工业文明需要一次重大的生态变革，需要一种新的文明形态来代替。生态文明的形态呼之欲出。

2020年爆发的席卷全球的新冠疫情“启示我们，人类需要一场自我革命,加快形成绿色发展方式和生活方式,建设生态文明和美丽地球"①。面对挑战,人类是有理性的,也是有智慧的,问题的关键是人类需要找到一种有效的途径和方式。"由于生态问题对于人类生存质量影响的程度不尽相同,而且人们感受生态危机的角度不同,尤其是既得利益促使人们在化解生态危机时的态度不同,所以,生态文明建设充满了选择性。"②由此,不同的国家将会选择不同的生态文明建设模式应对生态问题的挑战,推动人类社会的可持续发展。不同国家在推进生态文明建设进程中采取了具体的实践路径,形成治理生态环境不同的理念和路径,这些思想和实践既有差异也有共性。在全球生态环境问题面前,各国面对生态环境治理不可避免地存在矛盾与冲突,同时在全球生态治理体系中也需要各国加强协调与合作。英国学者安德鲁·赫利尔指出:"在国际政治中,环境议题的显著性大大增加,原因在于环境加速恶化,科技知识日益增长,以及大众日益意识到人类面临的生态挑战的严重性。"③越来越多的事实表明,人类的社会活动已经给自然界以及生态圈造成越来越大的破坏和压力,人类可以依赖的生态空间正在遭受越来越严重的挤压,全球环境的生态治理已经成为人类紧迫的全球性议题。

首先,全球环境的生态治理强烈地影响到每个人。实际上,全球环境的生态治理只能在所有国家或世界上绝大多数国家进行合作与协调的基础上才能取得效果。不论是全球温室气体排放的控制、全球气候变化的应对、全球生物多样性的保护,还是海域生态环境的治理、世界濒临物种的保护、南极和北极等特殊区域的管理等,都需要全世界的每一个人、各种组织以及国家积极参与、共同应对。人类面临的全球生态风险和生态挑战更加强化了全球生态的相互依存。

---

① 中共中央党史和文献研究院、中央学习贯彻习近平新时代中国特色社会主义思想主题教育领导小组办公室编:《习近平新时代中国特色社会主义思想专题摘编》,党建读物出版社、中央文献出版社,2023年,第386页。

② 靳利华:《生态文明视域下的制度路径研究》,社会科学文献出版社,2014年,序言第3页。

③ [英]安德鲁·赫利尔:《全球秩序与全球治理》,林曦译,中国人民大学出版社,2018年,第256页。

其次,区域性或地方性环境问题的生态治理超越了传统界限。环境外部性使得区域性或地方性的环境问题效应超出了地方或区域的行政界限或国家疆界,带来更大范围的联动效应和影响,尤其是环境负外部性带来的矛盾、冲突甚至战争的风险更大。因此,不论是环境的正外部性还是负外部性,都要求区域性或地方性环境问题的生态治理在更大范围内实施,这就需要毗邻区域或相邻地方政府之间加强协调与合作。

最后,生态治理呈现出一个地球与多种力量的并行不悖。全球生态环境问题将人类连接在一条生死链上,人类要继续生存发展下去,就必须采取行动,积极应对。国家依然占据全球环境治理的中心位置,不得不说,现实的全球生态治理在民族国家为主要行为体的世界遇到了诸多问题和挑战。国家不平等依然是当代国际社会的显著特征。民族国家之间的实力和能力存在不可忽视的差距,思想与价值观存在着明显分歧。全球环境的生态治理真实地体现出"一个世界"与"多元参与"的发展逻辑和动态过程,它既需要解决贫穷与富裕、分权与赋权等现实矛盾,也需要协调文化观念差异,形成共识理念。

问题解决的关键是,全球环境的生态治理需要在新的文明范式下才能得到有效推进。生态文明将引领世界的未来,生态文明建设是人类历史的一个崭新起点,是人类走向未来新文明形态的正确选择。人类社会发展的进程中,"在很大程度上,国家从其在社会中所扮演的历史性角色和国家的制度性力量中获得了其在治理中的重要作用"[①]。未来的全球治理路径无论是国家间加强合作,或者出现超国家的新全球治理形式,还是二者并存,都是一个未知数。但有一点可以肯定,全球环境的生态治理要求国际社会在更大程度上推进国际合作、加强国际规范、完善国际机制、优化国际管理。在国际生态治理的实践中,国际行为体之间基于一定的利益或目标而发生互动关系,从互动的一般形式来看,包括竞争、冲突、战

---

① [瑞典]乔恩·皮埃尔、[美]B. 盖伊·彼得斯:《治理、政治与国家》,唐贤兴、马婷译,上海人民出版社,2019年,第24页。

争、和平、协商、合作等。这些关系通过行为体的具体行为和相互行为或互动体现出来。任何一个国家,不分社会制度和权力大小,为了相互利益和共同目标,必然同其他国家进行交往,发生联系,从而采取协调、合作、竞争、冲突等行为,这些行为是国际社会普遍的、正常的关系状态。国家在国际生态治理的过程中,采取的协调、合作、竞争、冲突等行为,都是基于特定生态利益或生态目标一致或不一致的一种选择。国家之间的这些互动行为就是国际生态治理的基本形式。国际关系中,“冲突与合作是社会互动的两种最基本形式”①。需要说明的是,社会互动的形式是多种多样的;同样,国际生态治理的形式也是多种多样的。在国际生态治理中,其他形式并非不重要,出于研究的需要,笔者选取国家在国际社会中的两种基本行为——冲突与合作,作为国际生态治理的最基本形式展开研究,以生态文明建设为背景,将国家生态治理行为放置于生态文明建设的进程中做动态分析,具体研究不同类型的国家在生态治理中的冲突行为与合作行为,且研究中突出中国特色与作用,并围绕国内与国际两个层面,尝试探讨国际社会生态治理的基本形式,进而推进全球生态文明建设的发展。

(二)研究意义

1.学术方面

本书将进一步拓宽学术界关于生态治理的全球视野,打破生态文明建设与生态治理的独立研究界限,将中国生态治理与全球生态治理连接在一起,彰显人类生态命运共同体的价值理念,体现环境政治学、国际政治学和科学社会主义等多种学科的综合性研究。从学术思想的角度看,本书将突破科学社会主义和国际政治问题的研究局限,把国际社会的发展趋势和国内的生态治理结合起来,加深对问题领域的探究。

---

①《国际政治学》编写组:《国际政治学》,高等教育出版社,2019年,第158页。

2.应用方面

一方面,将推动世界各国更加深入地认识到生态治理的国别性、区域性和国际性,以及其合作的重要性,这将大力促进世界各国加强本国生态治理的实际行动和对国际生态治理合作实践的重视与参与。生态文明建设进程中国家间的生态治理行为和活动已经成为国家外交行为的重要内容,因此,世界各国应高度重视生态治理的国际行为。

另一方面,将对中国理性而深入地认识国际生态治理的冲突与合作、更好地利用国际生态治理经验推进本国生态治理、区域生态治理合作、全球生态治理合作以及发挥全球生态治理的大国作用等方面具有重要的实践意义。

二、研究现状

(一)国内研究现状

生态文明建设在我国已经被纳入国家建设的“五位一体”总框架,党的十八大详细描绘出推进生态文明建设的宏伟蓝图,它直接关系到人民幸福、民族复兴和中国梦的实现。生态治理也已经成为我国对环境进行生态修复和有效保护的具体手段。中国学界对生态文明建设、生态治理以及二者的关系研究保持着较高的兴趣与热度,从与选题相关性和问题内容看,相关研究成果比较丰富。

1.关于生态文明建设方面的研究

目前,国内学界关于生态文明建设的研究是多元的,不论是理论的探究还是实践的阐释,对生态文明建设的概念界定、理论分析、实践方式以及中国生态文明建设的理论依据和实践意义等,在地方与中央、学术与政策、国内与国外等多个层面形成一些基本的认知,核心是为了人类生存发展的同时保护自然环境,在社会经济发展与生态环境健康之间寻求协调均衡。生态文明建设已经成为一个世界范围内人类发展的新认知。

(1)理论方面

国内学者关于生态文明建设的相关研究主要包括理论和实践两个方面。从理论研究成果来看,主要体现在马克思主义的生态观和自然观、中国生态主义思想等方面。

一是马克思主义理论角度的研究。国内学者从马克思主义生态观的角度研究生态文明建设的成果较多。郭昭君(2009)、叶春涛(2007)等提出马克思主义生态观指导生态文明建设。赵福超(2022)提出,一方面,马克思主义生态观为我国生态文明建设提供理论依据;另一方面,马克思主义生态观为我国生态文明建设提供价值遵循。董涵铭(2021)以马克思主义生态观为指导提出了我国生态文明建设的具体路径。孟晨(2020)等提出马克思主义生态观的人与自然的辩证关系,是海洋生态文明建设重要的理论溯源。邓喜道(2019)等指出马克思主义生态观是中国生态文明建设的理论基础,是推进生态文明建设的行动指南。赵常兴(2017)、田志伟(2017)指出马克思主义生态观为我国生态文明建设提供了理论源泉和路径指导。孙海英(2017)提出马克思主义哲学普遍联系的辩证法思想、实践观、关于人与自然关系论述等为生态文明建设提供了理论和行动依据。冯淑敏(2017)指出马克思主义的实践观理论对于解决现实生态建设问题具有重要的指导作用和价值。马秋野(2016)提出要以马克思主义生态观为理论支撑,力求找到解决环境问题的突破点,以促进农业健康发展。李甜甜(2017)提出以马克思主义生态观作为我国建设生态文明的理论基础,同时结合我国的具体生态国情,从中找到有利于加强我国生态文明建设的具体路径,得到解决我国生态环境危机问题的启示,具有非常重要的现实意义。高欢欢(2020)提出马克思主义生态观对生态文明建设的理论性指引。杨航(2017)提出马克思主义生态观指导我国生态文明建设的途径和对我国生态文明建设的启示。

此外,还有从马克思主义的自然观、生态思想、生态哲学、生态理性、生活观、实践观、时空观等不同角度研究生态文明建设的成果。张宗明、曹彦彦(2016)指出马克思主义自然观为生态文明建设提供了理论指导,社会主义生态文明建设是马克思主义自然观中国化的体现。刘润兰(2015)指出中国共产党继承与发展了马克思、恩格斯人与自然关系的思想,提出了生态文明建设的战略构想。崔永杰(2018)指出马克思主义对于解决当今世界生态危机、推动我国生态文明建设具有巨大理论力量。张君(2019)指出在马克思主义实践观视域下去探索建设中国特色生态文明的思路,是现阶段破解环境问题、破除生态矛盾最为有效的办法。郑思瑜(2021)指出马克思主义时空观下社会时空基于其有限性与无限性的统一,将在生态文明建设下实现相互转换,从而为人的全面发展奠定基础。李未名、苏百义(2022)等指出马克思主义生态理性的内涵可以启发生态文明建设的新思路。史浩圆(2022)提出马克思主义生态思想强调人与自然的关系,倡导人与自然和谐共生,给我国社会主义生态文明建设提供科学合理的指导。赵成、于萍(2016)等提出马克思主义生态思想对中国生态文明建设具有重要的理论和实践指导意义。陈士勋(2021)、程逸芸(2020)等分别提出马克思主义生态思想对我国生态文明建设和农村生态文明建设具有重要的指导意义。赵瑄(2021)指出马克思主义生活观与生态文明建设之间有着十分紧密的关系,马克思主义生活观给生态文明建设提供理论指导,同时生态文明建设也丰富了马克思主义生活观的实践基础。张沈凡(2023)指出中国生态文明建设在马克思主义生态思想的影响下积极探索发展路径。侯潍宇(2023)提出学习马克思主义生态哲学思想,践行习近平生态文明思想,对我国生态文明建设进行全面系统的改进和创新,构建完善的生态文明建设体系,使生态安全进入新的发展阶段。

二是国外马克思主义角度的相关研究。国外马克思主义主要包括生态马克思主义和生态社会主义。张荣华、王绍青(2017)指出生态马克思主义者对于我国生态文明建设具有重要的启示作用:加强生态文明建设,不但需要从技术层面,更要从制度建设完善和协调人与人的关系层面去解决生态问题。薛霁(2017)指出国外马克思主义生态理论的发展,为我国建设生态文明提供了理论借鉴。李岁月(2017)指出建设性后现代主义提出的“有机马克思主义”对于我国加强生态文明建设和“四个全面”战略布局的实现具有一定借鉴和参考价值。吴增刚(2016)提出西方生态马克思主义的思想对当代中国处理好经济发展与环境保护之间的关系、建设生态文明建设具有积极的启示意义。张旭东(2016)提出生态马克思主义这对于解决人类生态环境危机和推进中国特色社会主义生态文明建设都具有深远的启示。贺鸽(2016)指出生态马克思主义反对过度消费、坚持有机整体主义的生态主张与中国生态文明建设理念存在着某种逻辑一致的关系。邹慧君(2016)指出生态马克思主义提出的一系列富有启迪的理论创见,对于我们发挥社会主义制度优势,推进生态文明建设有着颇多借鉴价值。王刊(2019)指出生态马克思主义诞生于人类的生存和发展面临严重生态威胁之际,它以生态效应和解决生态危机为基本出发点,以人与自然的和谐共处为目标,可以为我国加快农村生态文明建设提供借鉴和理论支持。俄贞贞(2019)提出生态马克思主义对于我国改善自然环境、解决生态危机,建设美丽中国具有借鉴意义。

另一方面是生态社会主义方面的研究。一些学者从生态社会主义的角度提出了对生态文明建设的启示。颜欢欢、拓宏伟(2021),刘磊、石胜全(2019),赵晓丹、徐航(2017),朱玲(2011)等指出生态社会主义对我国生态文明建设具有重要的价值和启示意义。杨丽(2019)提出生态社会主义思想丰富了社会主义的理论内涵,为新时代我国生态文明建设提供了一种新的思维范式,对美丽中国建设具有重要启示作用。陈永森(2014)提出中国的生态文明建设可以借鉴生态社会主义有价值的思想。邬巧飞(2014)提出生态社会主义关于人与自然关系的系统论述,对中国生态文明建设具有重要的启示。

三是中国角度的相关研究。潘家华(2019)等系统分析、阐释了党的十八大以来习近平新时代中国特色社会主义思想体系中关于生态文明的理论与建设思想,探求了习近平生态文明思想的理论渊源、理论特色、历史地位。陈红敏(2023)等围绕思想体系、制度建设、实践探索、建设美丽中国和对全球生态文明贡献五个维度展开全面、系统的分析和研究。李建德(2022)、贺春花(2021)等提出新时代中国特色社会主义生态文明建设是理论及实践的结合。杨谦、张星(2020)提出中国特色社会主义生态文明建设包含着理论、现实、制度与价值四条逻辑主线,其中,生态文明建设的理论逻辑体现理论深度,现实逻辑提供问题导向,制度逻辑保障制度基础,价值逻辑呈现价值引领。陈昭彦(2019)提出从树立正确的生态文明思想观、实践观、民生观、历史观、市场观、系统观、全球观七个方面来阐述和把握新时代下的生态文明建设,以期更好地服务于生态文明建设。叶冬娜(2022)提出探讨新时代生态文明建设的基本策略,必须以政治的立场与高度,以哲学的视角和深度,立足生态文明建设的社会主义性质特征及其政治政策意涵,研究和掌握其理论体系和实践逻辑。杨晶(2020)指出中国生态文明国际话语具有独特的生成逻辑,在对话语权的当代格局进行详细分析基础上,为中国生态文明建设赢得国际话语权提供现实策略。此外,还有学者从中国传统文化以及生态思想角度研究中国生态文明建设的思想和渊源,如程必定的《管子的生态智慧及其对当代中国生态文明建设的启示》、龚国光的《儒家思想与中国特色生态文明建设》、施由明和李丽娜的《老子智慧对当代中国生态文明建设的启示》、刘先春和李传辉的《论我国传统生态文化对中国特色社会主义生态文明建设的启示》等相关论述。

(2)实践方面

国内学者关于生态文明建设的实践研究形成了不同的研究视角,主要分为中国层面的生态文明建设、国际层面的生态文明建设。

一是中国生态文明建设的相关研究。其一,综合角度的分析我国生态文明建设。廖福霖(2023)在国内比较早的阐述了城市、乡村、江河流域的生态建设和森林生态建设,环境的治理与保护,发展绿色科技,控制人口数量,提高人口质量,发展生态文化,生态旅游和绿色化教育,建设生态道德等生态文明建设的重要实践问题。赵茂程(2023)等撰写的报告主要对我国生态文明建设的发展现状、面临挑战、战略方向、重点任务、政策布局等方面展开了深入研究,并得出一些有价值的研究结论。李来(2023)提出从构建、培育生态价值观引领思维方式变革,生态生产力的开发应用转变发展方式，生态文明制度体系的建设和完善实现国家生态治理现代化等方面推进新时代中国生态文明建设。蒯浩然（2022）通过分析我国当前乡村生态文明建设存在的问题，提出了建设乡村生态文明的实践路径。

其二，从具体视角分析生态文明建设。蔡昉（2020）等从时间的深度和领域的广度提炼和总结了新中国生态文明建设的经验、成就，展望了新时代生态文明建设的重点任务和愿景。黄锦红（2023）从参与主体多元的角度提出党委政府、企业组织、社会团体以及公民个人参与生态文明建设的设想。黎淑雪（2023）提出环保社会组织作为保护环境的重要力量，在生态文明建设实践中具有独特的作用。文学禹（2023）提出中国式现代化视域下的生态文明建设，其演进历程经历了初步酝酿、觉醒探索、稳步推进、快速跃升四个阶段。张文（2023）从人类命运共同体视角提出中国生态文明建设的意义，樊华从不确定性的视域提出生态文明建设的路径。柴毅德、张娇（2021）指出要把生态文明建设融入政治理念、政治制度和政治实践三个维度，从贯彻落实生态执政理念、建立健全责任追究制度、强化生态执法力度等方面实现生态文明建设和政治文明建设的协调发展。方轻（2021）提出以文化传承的视角来阐述生态文明建设的创新路径。杨志安、吕程（2021）从财政分权的视角，探究财政分权对生态文明建设的作用机制。杨杰、戴成燕（2020）等从可持续发展理念提出我国农村生态文明建设的对策。尹晶晶（2019）从城市生活垃圾分类的视角提出生态文明建设的举措，王洪波（2019）从政治逻辑提出推进我国生态文明建设的三个向度。杨蕾（2019）指出从生态伦理角度看，我国生态文明建设具有时代性、哲学性、伦理性。刘鑫（2019）提出从民生视角下研究生态文明建设对中国梦的实现有重大意义，李龙强（2016）等提出生态与民生之间呈现出多层次复合型关系，主要表现在物质生活需求、社会和谐稳定和民众生态权益、民众伦理幸福等方面。陈华平、李建润（2018）指出通过加强代际伦理，确立代际问责，注重代际创造，树立代际关怀，全面推进我国生态文明建设。周珊（2018）提出责任伦理在我国生态文明建设中的重要意义，并提出了生态责任的伦理观念和伦理原则。李巍、郗永勤（2016）从效率视角研究省域生态文明建设，指出规模效率不高是制约生态文明建设水平提升的重要障碍。

其三，从区域角度分析生态文明建设。目前，学者们对城市生态文明建设研究较多。方然和林震（2023）结合我国生态文明试验区（福建）、大城市辖区、县级市和全国市县绿色治理，对我国生态文明建设做出了生动的实践分析与总结。吕锦芳、于欣（2023）指出当前我国城市生态文明建设中还存在公众生态意识淡薄，部分领导干部政绩观错位，城市生态文明建设制度不完善等问题，制约了城市现代化转型。加强城市生态文明建设，是科学定位现代化城市发展、完善城市生态动能区及推动城市治理体系和治理能力现代化的重要环节。李明杰（2022）、山琦（2022）、张卓群（2021）、胡彪（2019）、罗舒雯（2020）、杨新梅（2020）、李艳芳（2018）、李洁（2018）、徐文娟（2017）等提出对城市生态文明建设的水平、成效等要进行综合评价。华云刚（2019）提出《庄子》生态美学思想主要表现在“无用之用”“至德之世”与“天人合一”三个方面，分别对应着当下城市建设中的生存问题、城市道德问题、城市发展问题与城市理想四个方面。同时，学者们对农村生态文明建设的研究也比较充分。吕文林探讨了农村生态文明建设的理论基础，分析了中华人民共和国成立以来农村生态文明建设的主要成就和面临的现实问题，并探索了实践路径。刘源鑫（2023）、闫书书（2023）、张小雁（2023）、陈萌（2023）、隋智鑫（2022）、张鹏（2022）等人从乡村振兴的角度分析农村生态文明建设面临的问题、困境并提出解决的路径。王琼（2022）针对当前普遍存在的资金投入不足、建设体制不完善、监督检查落实不到位等问题，从多个角度探索解决的办法和对策。司林波（2022）提出我国农村生态文明建设发展历程大致经历了初步探索、持续发展、深度调整和全面推进四个阶段，在农村绿色发展方式、农村人居环境整治、农村生态文明制度规范和文化建设等方面均取得了瞩目的成就，今后我国农村生态文明建设必须高度关注农村生态环境的保护与治理，大力推进绿色低碳循环农业发展，完善农村生态文明制度和文化建设，加强对农村生态文明建设的组织领导和资金投入，助力乡村振兴的全面实现。杨菊鑫(2021)提出推进农村生态文明建设,必须确保"农民是农村生态文明建设主体地位"这个关键点不动摇。此外,还有的学者以地区为研究单位。刘志媛、刘青松(2023)提出四种典型模式,并以问题为导向,从区域统筹、生态保护、绿色发展、制度保障、文化融合等方面,提出了陆海统筹推动生态文明建设的策略建议。

其四,从海洋、农业、林业等不同生态系统领域分析生态文明建设。刘敏(2020)提出随着人与自然和谐共生的中国式现代化建设的推进,人海和谐日渐成为一种为社会所认可的价值理念,推动着海洋生态文明建设不断从文本走向实践。张一、马雪莹(2019)提出海洋生态文明建设必须依赖于对社会效益的清晰认知,并以此作为实践的标准和目标,在此视角下创新模式,着重点应是建设中的社会价值,以体现出人本精神和民生取向。孙剑锋(2018)等提出中国沿海城市海洋生态文明建设总体呈中等水平,但各地级市之间差异明显,海洋资源禀赋与海洋生态环境质量是影响海洋生态文明建设的基础因素,海洋经济发展是影响海洋生态文明建设的关键因素,海洋文化与海洋制度是影响海洋生态文明建设水平提升的因素。李金凤(2022)、高利建(2023)等提出了林业生态文明建设的内涵、定位与实施路径。林震、孟芮萱(2023)从坚持林业生态文明智慧引领、健全林业生态文明制度体系、彰显林业生态文明治理效能三个方面提出了以林长制统领新时代林业生态文明建设的路径。代继盟、李国锋(2023)对于我国农村生态环境存在的问题提出要结合我国农业发展的实际情况,反思与探索绿色型、高质量、现代化的可持续发展农业生态文明发展新道路。贾子娟(2023)指出环境问题日益严重,农业污染也是亟待解决的环境问题之一,需要不断加强农业生态文明建设,推动农业生态保护进程,实现农业可持续发展,要发挥好现代农业科技的作用,建立人与自然和谐发展的理念。

二是国际层面生态文明建设的相关研究。王宏斌(2011)分析了西方发达国家建设生态文明的实践、成就及其困境。许勤华(2023)从国际关系的角度分析了全球生态文明建设,贾卫列(2023)从生态复兴的角度提出全球生态文明建设的思考。汪洋、施言志(2023)指出共谋全球生态文明建设内蕴着坚实的理论自信与国际认同的基础,成为全球生态话语和建设体系的一个关键性理论和方案。刘海军、秦书生(2023)指出共谋全球生态文明建设倡议的提出,有助于凝聚全球生态文明建设的国际共识,为全球环境治理体系构建指引方向,为全球生态文明建设提供中国智慧。刘海军(2023)指出习近平共谋全球生态文明建设理念体现出理论本质上的唯物性、思维方法上的辩证性、价值取向上的人民性等深厚哲学意蕴。万伦来、胡颖(2023)指出习近平关于全球生态文明建设形成生态发展观、国际格局观、环境外交观与合作共赢观。王瑜贺(2022)指出在复杂多变的国际形势下,全球生态文明建设显现出更为鲜明的时代内涵,国际社会在取得生态治理成绩的同时也面临着诸多现实挑战,因而需要从理念引导、机制构建、多元主体和合作协调层面实现治理路径优化,以合作打造清洁美丽的世界。李昕蕾(2021)提出中国作为新能源生产与绿色投资均居世界首位的大国,需要利用自身的结构性优势,通过灵活多元的新能源外交将全球生态文明理念全面嵌入全球气候能源善治进程中;通过多边制度性合作拓展、大国协商共识、绿色规范内嵌和长效性实践平台建设,构建一个绿色、公正、包容、安全的气候能源治理新秩序。马丽、张首先(2021)指出中国生态文明建设的成功实践正在为全球生态文明建设贡献中国力量、彰显中国智慧、提供中国样本,中国必将引领全球生态文明建设走出现实困境。高家军(2021)指出生态文明建设的全球扩展面临着国家利益、逆全球化、传统国家安全思维和文明发展的挑战。要实现人类社会可持续发展,必须从理念重塑、治理战略调整和实现机制创新等方面对全球文明建设路径进行系统优化,实现治理主体行动一致、治理资源有效配置,解决日益突出的全球生态环境问题。

2.生态治理的实践与理论研究

目前,生态治理的研究在国内是一个热点问题,已经取得诸多的研究成果。这些研究既有理论研究也有技术应用,既有整体分析也有具体研究。从国内学术期刊的出版来看,相关学术期刊论文总量超过7100篇,学位论文超过260篇,报纸470多篇,学术著作也不断推陈出新。生态治理的内涵与范畴也在不断延伸与扩大。基于与本文研究的关联,主要对学术界关于中国国内生态治理实践、生态治理的理论层面和全球生态治理等三个角度进行梳理。

(1)国内生态治理的实践研究

一是具体领域的生态治理研究成果比较丰富。空间地理领域主要包括水污染生态治理、河湖水域生态系统治理、草原生态治理。郭书英(2018)以海河流域为例,分析了近年的水生态演变趋势,提出了海河流域水生态治理体系建设的相关建议及保障措施。万珍(2023)以武汉市塔子湖为研究对象,分析了水生态现状并提出了碳纤维生态草方案、微生物强化方案、水生态系统构建方案、内源污染原位控制方案等4种湖泊治理技术方案,通过方案比选分析,确定了最优治理方案。王涛、张继英(2022)提出了黄河三角洲自然保护区生态治理的具体策略,包括修建清水沟流路湿地生态引水工程,保护区内水系连通工程实施生态调水。热比亚木·阿不来孜(2022)等提出从落实草原生态修复相关政策、完善草原生态补偿机制、加大人工饲草料基地建设、建立健全监测预报预警体系、增加草原生态工程建设投入力度等方面,推进哈密市草原可持续发展生态文明建设,助力全疆生态环境治理和畜牧业发展。周国梅(2022)等对国外的湖泊生态治理经验进行分析,提出可借鉴的方案。

此外,社会学科领域的生态治理也比较多。杨状振(2019)提出网络视听领域生态治理的途径。陆高峰对新社会阶层网络舆论的生态治理进行了系统分析。赵丽莉(2022)等提出网络内容安全的生态治理极其重要,并提出具体的途径。孙杰(2023)提出网络德育生态治理应基于生态学及系统论的视角,立足供需结合,明确网络德育主体职责,突出内容治理,发挥网络德育引领作用,强化环境治理,筑牢网络德育长效屏障,聚力方式治理,构建网络德育联动机制。杨奇光(2023)指出数字视听的平台化实践催生了以垄断性和扩张性为标志的“平台资本主义”,对此,我国数字视听的平台方与出版商应秉持数据公正理念,将社会公正的整体性原则纳入数字视听生态的治理体系之中，不断创新数字视听的动态化治理模式。刘志雄、谢建邦(2022)认为为促进数据流动，在数据生态建设初始阶段应积极推进产业数字化转型，提升产业自适应能力；在发展阶段，建立健全适用“数据互操作”的技术基础和制度体系，提升技术内在规约能力；在成熟阶段，构建“创新发展、安全有序、平等尊重、开放共享”为目标的数据伦理治理体系和数据文化。王江蓬(2022)分析了中国互联网生态治理的演进脉络、内在逻辑及基本经验。

二是从农村、城镇以及区域的不同地域角度分析生态治理。关于农村的生态治理问题，不同学者提出来不同的路径。邵晓菲(2023)指出乡村振兴战略背景下农业生态治理面临着环保意识薄弱、片面追求经济效益、环境保护能力建设相对薄弱等问题，对此，提出农业生态治理路径在于加强乡村生态文明教育、坚持生态环境与经济发展相协调、加强乡村生态设施建设。卢艺(2023)在其论文中提出农村生态治理存在包括部分村级党组织作用发挥不足；村民参与生态治理的积极性不高；农村生态治理法规制度不健全；农村生态治理智慧化水平不高等问题，提出农村生态治理的创新路径，包括要进一步提升村级党组织领导生态治理的能力；提升农民参与生态治理的积极性主动性；完善农村生态治理法治体系；提升农村生态治理智慧化水平等。张梅(2023)提出要实现乡村全面振兴，建设美丽乡村，就要发挥地方政府主导作用、强化地方企业生态社会责任、增强农民生态主体意识、增强社会组织参与农村生态治理能力，使农村生态治理的多元主体各司其职，通力合作，构筑符合农村实际的多元共治新模式。杨旭、汤资岚(2023)提出破解流域生态治理“伪协同”困境，亟须以国家自主性嵌入为准绳、以基层党建牵引为靶向、以平台型政府搭建为目的，构建基于“利益—主体—信息”的协同治理界面整合机制。霍翠芳(2023)对乡村的生态治理进行了具体的实施路径。田春艳(2019)提出法治在农村生态环境治理中的重要性及其应用。

关于城市的生态治理具有其特殊性，学者们也指出了不同的治理途径。吴璟(2023)认为程序正义是衡量城市生态治理水平的重要尺度，实现城市生态治理的程序正义,需要承认多元正义观、深化公众参与、规范生态治理、推进生态制度建设。推进程序正义,需充分考虑社会、政治、经济、文化等条件。方世南(2022)等提出新时代加强城市生态治理并促进治理效能提升势在必行。丁军(2020)对特大城市的风口提出了生态治理的具体举措。

还有关于区域的生态治理也有研究。孙特生对我国西北地区的生态治理实践的研究是建立在理论的基础上分析的,李红星和顾福珍(2022)提出对生态治理政策工具层面的研究十分必要,傅伯杰、伍星(2022)等提出中国典型生态脆弱区应加强生态治理与恢复,王树文(2022)等提出了流域治理内的跨域生态治理模式包括政府权威主导型、混合型权威主导型和多元联合型三种治理模式。

三是从治理主体角度分析。对地方政府的主体性的分析居多。李明(2021)提出应急管理的多元主体应进行合作治理。耿佳皓(2022)提出地方政府应“培育绿色政绩观与良性合作观,精进协同治理的节奏与力度,重视经验与生态补偿,使跨域生态治理在集聚合力中发挥更稳定、持续的治理效能”。刘婕(2022)提出当前政府职能存在以下问题:一是行政重心与生态目标不同步,二是社会协调共治成效不理想,三是市场整体性系统性调度不平衡,四是民众认可度满意度不达标。政府职能转变不到位、未调动社会组织有效参与、市场合作生态治理机制尚不成熟、忽视民众的生态参与需求是阻碍治理效能提升的主要因素。并从政府职能、市场、社会组织、民众等层面提出解决问题的举措。张奇、高鹏怀(2021)提出坚持党的领导、依法治理和“以人民为中心”是提升民族自治地方政府生态治理有效性的政治保障、制度保障与价值保障。张建英论述了区域生态治理中地方政府经济职能转型研究,李皋(2020)指出地方政府在生态治理过程中存在着以运动式治理为主、政府责任缺位、企业组织和公民的参与度不高、部门间和政府间的协同性差等问题,提出了推动生态治理法治化、形塑激励机制、落实地方政府责任、增进跨部门和政府间的协同性等举措,实现生态治理的高绩效。祁雪凡(2020)提出新时代地方政府生态治理绩效评估的方法，刘斌(2020)提出地方政府生态治理绩效考评机制的创新途径。何玮、曾晓彬(2019)提出治理成本、政府政绩理念、利益分配机制对政府合作意愿、合作行为会产生不同影响，因此，在区域协同发展背景下，要不断提高各地方政府在跨域生态治理中的合作意愿，降低合作交易成本、规范利益分配、完善补偿机制、规范政府官员的行为。潘鹤思(2019)等提出中央政府和地方政府是生态环境的主要治理主体，提出“财政分权同时创新地方政绩考核机制、发展比较优势、拓宽监管渠道”等对策建议。袁淑玉(2018)等提出，当前形势下，应充分发挥政府在生态治理中的主导作用。

此外，也有学者分析了非政府组织、企业、公民等在生态治理中的作用。王创提出中央政府在地方生态治理中的主导作用，地方政府也应展开合作治理，企业对生态环境保护具有不可推卸的社会责任。陶烨焓(2017)指出生态治理中政府与民间环保组织应发挥协作关系。李千五(2022)提出环保非政府组织在普及环保意识，参与生态治理决策、实施和监督过程中都发挥着独特的作用。陈梦、王宁宁(2016)提出非政府组织在环境保护、生态建设、提供环境公共物品方面发挥着重要作用，政府职能的顺利转移需要非政府组织与政府的共同努力。张劲松(2013)提出生态治理需要由政府来主导，引导市场充分发挥生态治理的补充功能，亦需要政府来主导；之后张劲松(2015)又提出政府生态治理管理体制创新，需要通过全民参与的机制来实现。

(2)生态治理的理论研究

关于生态治理的理论包括制度、体系、价值、思想等方面。贺东航(2014)通过比较自由民主模式和统合主义模式在生态治理中的优劣，指出两种模式可以通过互相学习和借鉴来有效地面对生态危机的挑战。杨重光(2015)提出完善生态治理体系的五个要点是“提高全民的生态意识，加强顶层设计；深化改革，加强制度和法律建设；充分发挥城市在推进治理能力现代化方面的作用；动员和支持居民积极参与生态治理，提高居民的参与度；正确对待和处理企业在生态治理中的作用和问题。”王轩和袁祖社(2014)提出生态治理的文化逻辑彰显了具有时代高度的社会公共性价值信念和理想,追求的是从环境生态到心灵生态的公共性转换。张磊(2019)提出"生态治理的文化逻辑彰显了具有时代高度的实现人类可持续发展和人与自然和谐的价值理想与信念"。陈思阳(2022)认为,习近平新时代中国特色社会主义思想中的国家生态治理观作为这一思想在国家生态治理领域的具体体现,在我国生态治理体系和治理能力现代化过程中发挥了强大的真理力量、实践力量和精神力量。张子荣(2022)提出底线治理观、系统治理观、制度治理观和重点治理观,集中体现了习近平生态治理观的底线思维、系统思维、制度思维和辩证思维的自觉与特点。叶丽芬(2022)指出"从理论上,马克思共同体思想内蕴了生态治理多元主体的纽带、价值追求、实现路径"。杨美勤(2019)从政治维度、经济维度、社会维度、文化维度系统分析了新时代中国生态治理体系的建设。王树文(2022)等提出跨区域生态治理主要包括政府权威主导型、混合型权威主导型和多元联合型三种治理模式。李宁、李增元(2022)提出以生态一体化治理助推跨区域生态治理转型需要强化区域间对绿色发展理念与生态共治理念的认同,构建跨区域利益协调共享机制与权责清单机制以及优化跨区域生态共治制度体系。单柄棋(2023)提出应明确政府生态治理责任的承担主体、清晰界定政府生态治理主体责任问责情形、平衡政府生态治理主体的权责、健全政府生态治理主体责任的问责程序、加大政府生态治理主体责任的法律处罚力度等。李双成(2022)认为,在治理体系中,制度建构对于生态治理现代化极为重要,是生态治理机制行之有效的保障,能够维护生态治理秩序的稳定性与规范性。高永久、邢艺譞(2022)提出推进和完善民族地区生态治理体制机制是破解治理难题的关键。王雪梅(2020)等提出政府生态化治理是共生哲学理念引导下的多元主体间合作共治模式。张劲松(2021)提出应从我国生态治理现代化的重点场域、内外系统、政府治理体系等方面入手,从政治、经济、文化以及社会等众多方面来共同治理生态,这样才能推进我国生态治理现代化。

（3）全球生态治理的研究

国内学者关于全球生态治理研究比较早的是魏海青（2004），他提出全球生态危机的出现使得传统的国家主权受到了冲击与挑战，这种冲击与挑战着重体现在国家主权与全球生态间的对立关系上。对此，人类应该相信：主权国家的协调与合作一定能改善生态环境，建设好人类与生态环境协同发展与进化的生态文明。刘仁胜（2014）分析和比较了中国与西方发达国家两种不同的生态治理路径，有利于我们理解包括中国在内的世界性生态环境危机的起因，并最终找到中国治理生态环境危机的最佳途径。杨旭、彭春瑞（2022）提出，应在“主体行动的无序性”“国际关系的复杂性”以及“生态要素的联动性”共同作用的“复合叙事”中，从理念、主体、制度以及技术等维度发力，更好地为全球环境治理提供具有灵活性和韧性的“中国方案”。徐钰然、张建英（2023）指出破解全球生态治理问题的应对之道在于，积极倡导人类命运共同体理念、努力推动全球生态治理利益分配合理化、建立健全普遍认同的生态治理长效机制。李包庚、耿可欣（2023）则提出“以人类命运共同体理念指引全球生态治理，重塑全球生态价值观，凝聚生态共识；重构全球生态利益观，实现利益共享；重建生态责任观，彰显责任担当，携手共建生态良好的地球家园”。张媛媛、李西源（2022）提出“破除全球生态治理困境的现实路径在于：凝聚全球生态治理的理念共识，充分发挥国际合作平台的积极作用，以“共治共享生态红利”的方式将更多资本引入全球生态治理，重视发挥中国的示范引领和推动作用。”王冠文（2022）、刘海霞和周亚金（2022）、曹静雯（2022）、赵荣锋（2022）、齐晓营（2020）等对于全球生态治理则从“生命共同体”视角提出解决全球生态危机的中国方案。丁燃和魏雪敬（2020）提出构建全球生态治理共同体。冯馨蔚（2020）指出习近平生态经济学思想启示全球生态治理要不可偏废地推动经济增长与生态治理的协同发展，依靠绿色创新科技的引擎作用引领全球绿色发展的增长动力。张勇、刘云霞（2020）提出用中国智慧应对全球生态治理。黄俊毅（2019）提出为全球生态治理贡献“中国方案”。曲婧（2019）提出全球生态治理中出现的认知冲突、伦理冲突、利益冲突、责任冲突，为全面解决生态问题搭建全球政治共识桥梁，并以责任政治原则为根本准则和价值导向，探讨气候权力规范，构建社会公正与气候资源平等分配的全球框架，为从根本上解决“生态何以得到恢复”和“人类何以实现自救”的问题铺平广阔的政治道路。莫凡(2018)提出“全球生态治理”存在二律背反，即“践行正义”和“推行霸权”的两难冲突。要破解这种二律背反，可以建构生态领域的“利益共同体”“命运共同体”和“责任共同体”，由此形成“共商、共建、共享”的全球生态治理新秩序。冯馨蔚(2021)从全球生态非正义的本质分析了全球生态治理体系的价值追求。朱忠孝、张庆芳(2014)提出解决全球生态治理问题的出路在于努力构建全球生态治理的利益共同体，这个共同体的构建又需要建立新的价值观、新的工作机制与协调机制以及新的组成结构。胡道玖(2014)从多边体系架构的角度提出全球生态治理公私伙伴关系应建立联合治理模式。

3.生态文明建设与生态治理的关系研究

一些学者也意识到生态治理与生态文明建设的关系。徐钰然、张建英(2023)提出，推动全球生态有效治理不仅是应对全球生态治理困境与建设全球生态文明的迫切需要，也是人类实现可持续发展的必由之路。赵永新(2023)指出，“我国不断深入参与全球科技创新网络和生态环境治理，已逐渐成为全球生态文明建设的重要参与者、贡献者与引领者”。黄秋生、朱中华(2018)也提出新时代推进生态文明建设的应然向度应是从满足人民美好生活向往、达成美丽中国目标到引领全球生态治理。赵新峰(2022)等指出在大数据、物联网、人工智能等技术逐步走向成熟的今天，生态治理从理念、手段、体系、策略到路径的变革，是推进生态文明可持续发展的必由之路。刘启航(2022)以生态文明建设为背景，分析了贺兰山生态治理存在的问题，并对优化贺兰山生态环境治理方法、提升管理能力等提出了具体的对策。袁玲儿(2023)等提出，“每个国家的生态治理既表现出个性，生态保护战略必须结合本国实践；同时又表现出共性，即每个国家应该吸收与借鉴其他国家生态治理的优秀经验，积极探索全球生态文明建设综合性、普惠性发展道路”。

(二)国外研究现状

1.关于生态文明建设的研究

欧美国家关于生态文明建设的研究,主要体现在关于生态保护、生态现代化和循环经济等方面。从不完整意义上说,生态文明建设的内涵主要表现在生产方式的改变上。不论是产业共生理论、清洁生产理论、产业生态理论、生态现代化理论、生命周期评价理论、零排放理论还是逆生产理论,它们都体现了这一特征。20世纪60年代后期,丹麦的约翰·伊瑞佛莱德和尼克斯·格特勒“研究了被公认为‘产业共生理’的丹麦卡伦堡工业园区,并提出企业间可相互利用废物,以降低环境的负荷和废弃物的处理费用,从而建立一个循环型的产业共生系统”①。清洁生产理论是人们对生产方式思想观念的一种转变,最初是由联合国环境规划署工业与环境规划活动中心提出,这种理论主张,在整个生产过程中要不间断地采取综合预防性的环境政策,要节约原料和能源等生产资料,并淘汰有害原料,在产品的生产过程中确保人和自然环境不受到伤害,从生产的源头到生产的成品都要确保人和自然环境的安全,从而达到清洁生产。

产业生态理论首先是从1980年的美国发展起来的,之后得到扩展研究,并形成诸多的主张。一种观点认为,产业生态是“指一个相互之间消费其他企业废弃物的生态系统和网络,在这个网络中,通过消费废弃物而能够给系统提供可用的能量和有用的材料”②。另一种观点认为,产业生态是包括自然、区域经济系统及当地的生物圈在内的具有相互密切联系的服务系统,在这个服务系统中经济、技术和文化的发展是第一位,但同时应注意这些发展对环境带来的负荷,并要对此作出评估,充分认识到环境与产业发展之间的关系是密不可分的。1994年的“零排放理论”主要

---

① 方琳、刘兆征:《构建企业循环经济发展模式的对策思考》,《经济问题》,2009年第3期,第25页。

② 同上。

强调对废物的有效利用,它主张废物本身就是一种原料,是可以被有效利用的,是可以用来作为生产的原料,没有真正意义上的废物,只有没有充分利用的原料。以肯尼思·艾瓦特·博尔丁(Kenneth Ewart Boulding)的“宇宙飞船地球经济思想”,赫尔曼·戴利(Herman E.Daly)的“稳态经济”理论,戴维·W.皮尔斯和R.凯利·特纳的“循环经济”理论模型为代表的学者基于生态系统与经济系统良性互动的角度提出了生态文明思想。[①]总的来看,国外关于生态文明建设方面的研究成果还是比较丰富的,主要以节约资源、安全生产和系统生产为主,这些为生态文明建设的研究提供了较为丰富的资料。但是研究的领域比较单一,对生态文明本质的认识还不够深入。

20世纪90年代以来,西方发达国家将生态理论与生产实践结合起来,提出了具有生态文明建设初级意义的生态现代化和循环经济的研发和实施设想。西方国际社会对生态及环境治理进行研究的重点集中在生态现代化方面。1994年联合国大学提出了“零排放理论”。这些理论探究了生产方式的生态化改进价值。1995年美国作家、评论家罗伊·莫里森(Roy Morrison)针对全球环境污染治理提出“生态文明建设有三个相互依存的基石——民主、平衡与和谐,由于工业主义的触角遍布全球,因此需要思虑一种全球生态文明,除了在地方层面采取行动,也需要在全球层面采取行动”[②]。此外,拉美国家实施了具有本地区特点的民族社会主义发展路线,被国际社会称为“21世纪社会主义”。

西方对生态文明建设的研究并非单纯的学术研究,而是与本国的社会实践活动结合在一起,探索生态文明建设模式,比较典型的是德国、荷兰等欧洲国家。德国早在2002年就由本国的环境顾问委员会(SRU)在年度报告中提出“生态现代化”的专门概述,之后将生态现代化作为本国的基本国策。此后,德国的执政党与在野党都不同程度地支持生态现代化,

---

①杨春玉、王军锋:《国际生态文明思想流派及对我国生态文明建设的启示》,《未来与发展》,2013年第2期,第15页。

②Roy Morrison. *Ecological Democracy*. South End Press, 1995.

尤其是首位女总理安格拉·默克尔在自己的执政期间更加重视生态现代化的推动。此外,荷兰在“生态现代化”的理论研究与实践上也非常积极。瑞典、丹麦、法国、英国等国家也在不同程度上推进本国生态现代化的开展。

2.关于生态危机的根源研究

国外学者提出探寻产生生态危机的多种根源。Isabel Mukonyora(2023)提出要重新审视我们生态危机的历史根源。Alice,Bullard(2015)从历史角度提出分析环境危机的根源。David Rojas(2021)从环境伦理的角度分析生态破坏带来的危机进程。Paul Rubinson(2020)从政治角度分析了核武器试验与全球环境危机形成之间的关系。Nora Stel(2015)等通过分析2012年黎巴嫩南部沙布里哈巴勒斯坦集会废物危机作为案例,提出暴力冲突将会带来环境脆弱性。Luis F. Pacheco(2018)等学者提出经济增长是环境危机的主要原因。生态社会主义认为资本主义生产方式是全球生态危机的罪魁祸首。

3.关于生态危机治理的路径研究

国外学者对具有生态意义的发展模式探究相对较早,成果也较多。如英国学者戴维·佩珀所主张的生态社会主义经典原则,恰恰构成了社会主义社会的基础。法国学者安德烈·高兹建设性地提出了生态社会主义的现代化道路,使发展从属于非定量的社会文化及个人的自由发展。印度学者萨拉·萨卡对生态资本主义与生态社会主义两种不同发展模式进行了比较分析。福斯特、杰内克、布朗、卢茨和岩佐茂等国外主流环境政治家也提出了许多可供借鉴的绿色社会发展模式构建路径。他们的研究主要集中在对西方发展模式本身的研究,很少与中国发展模式进行比较,从而也就不能从更深层次上认识西方发展模式的本质及先天不足。

国际社会关于生态危机治理的最具影响的方法是生态现代化。生态现代化是20世纪70年代和80年代西德经济学家中兴起的一种新的市场治理方法,这种方法逐渐成为西方国家解决环境与经济发展之间关系问题的重要途径。它的倡导者精心设计了一系列国家杠杆,旨在将经济增长置于更健全的环境基础之上。它还力求为当今一些最紧迫的能源和环境政策工具提供知识史。Stephen Gross(2023)分析了生态现代化的兴起,提出美国和西德石油危机后的能源经济学。法国学者安德烈·高兹(2018)指出,“生态现代化要求投资不再服务于经济增长而是经济减速,即缩小现代意义上的生态理性的辐射范围”。Kersty Hobson 和 Nicholas Lynch(2018)从人文地理学的视角提出生态现代化、技术政治与生命周期评估的重要关系。Fernando Campos-Medina(2019)从行动者视角提出通过生态现代化来应对智利社会的生态冲突。Lucia Rocch(2020)等认为可持续农业系统的实现应以生态现代化方法的文献计量。Syed Ale Raza Shah(2020)等通过探索巴基斯坦能源强度、碳排放和城市化之间的联系,提出了生态现代化和环境转型理论的新证据。Ralf Haver(2021)分析了韩国氢经济计划作为弱生态现代化的案例,指出韩国氢能经济计划是生态现代化疲软的一个例子。Vilém Novotný(2021)等学者通过对德国和日本可再生能源政策和生态现代化的比较,完善了多种能源流框架的整合概念。Sina Leipold(2021)提出循环经济是欧盟环境政策的生态现代化的重要体现。Simone Sehnem(2021)等学者提出生态现代化原则在推进循环经济实践中的作用。Sina Leipold(2021)对生态现代化提出是从“从内部”转变还是使其永久化,使得循环经济成为欧盟环境政策的叙述。Francisco Bidone(2022)提出推动治理超越生态现代化。Keisuke Yamada(2022)提出重新审视日本的生态现代性以及种间纠葛的政治和伦理,可以超越人类的劳动。Timmo Krüger(2022)分析了德国能源转型和生态现代化共识的侵蚀。Samantha L. Mosier(2023)等以生猪生产无害环境技术为案例,分析了生态现代化的垫脚石。Noura Alkhalili(2023)则通过对被占领的西撒哈拉和被占领的叙利亚戈兰高地的风能开发的分析,提出生态现代化的持久殖民性。

关于生态危机的根本性治理,提出生态变革。美国学者约·贝·福斯特指出“生态革命——人类与自然之间关系的一种大规模、快速的变革——的必要性现在已经得到广泛认同”。“能够改变生产方式与生态系统之间关系的真正的生态革命,将与源自人类绝大部分的更加广泛的社会革命——而不仅仅是工业革命——相联系。”Panu Pihkala(2016)通过分析环境危机对牧民的挑战以及牧民产生的环境焦虑,提出生态改革的重要意义。Henrike Rau(2022)等学者提出应对环境危机,通过文化力量和变革是有可能的。

关于道德与伦理层面应对生态危机的可能。Annette Hornbacher(2021)指出面对环境危机,人们应在道德生态与全球气候话语之间建立联系。Brooke Burns(2021)等学者认为,道德提升可以解决我们的环境危机,呼吁采取集体美德行动。Puđak Jelena(2021)提出环保主义者应认识到全球危机脆弱性和交叉危机,需要全球环境的重新复原。Helen Lackne(2020)提出全球变暖、也门的环境危机和社会正义之间的关系。Bruce Erickson(2020)指出人类世的未来是在危机时代将殖民主义和环保主义联系起来。

从环境、自然、人类、发展等关系的角度来解决生态危机。Muntasir Murshed(2021)等认为环境法规、经济增长和环境可持续性之间具有不可分割的联系,应当将环境专利与南亚生态足迹减少联系起来。Fredrik Dalerumt(2014)提出确定保护生物学在解决环境危机中的作用。Vincent Blok(2015)提出从人类的眼光、环境危机的经历和自然的“供给”三者的关系寻求解决生态危机的出路。Cait Storr(2016)提出从国际法与环境危机的关系来解决岛屿和南方国家面临的环境危机,并指出完善国际法的必要性和举措。

民间社会对生态危机的治理。David Downie(2023)提出企业应当认识到生态危机的严重性,并积极作为。Gupta(2022)等提出以社区为基础,应对环境和社会经济变化以及山区社会生态系统的影响,从而实现对生态环境的治理。Llewellyn Leonard(2018)则从政治生态学和环境正义学科相融合的角度提出采取更有效的民间社会行动应对宏观经济风险。Mahbubur Meenar(2019)等提出社区的再开发计划要兼顾经济、生态和公平维度,实现环境正义。

此外，西方学者还从移民、人道主义的角度分析出现的生存危机，并分析生态治理失败的原因。还有学者提出经济财富、生态足迹和环境保护之间的关系取决于气候需求。

4.关于生态思想与思潮研究

近年来，国外学术界先后出现了一些关于全球生态治理的生态思想与思潮，从不同的视角提出了应对生态危机的新思考，最具代表性的分别是生态现代主义、生态非现代主义、生态纳粹主义、生态民粹主义和三绿生态思潮。

生态现代主义是21世纪西方反思现代性，拯救生态危机而产生的一种思潮。他们对生态危机引发的问题保持乐观态度，并强调现代技术的重要性。Asafu-Adjaye（2015）等学者认为，当人类社会依靠现代技术普遍提高现代生活水平时，当人类对环境的总体影响到达顶峰并开始逐步下降时，人类便有机会重新野化和绿化地球。Jonathon Symon（2019）分析了技术、政治与气候危机的关系。对于自然与人的交互关系，生态现代主义提出"后自然"思想，认为自然价值是多元的，后自然时代的到来也就是人类世的开启。人类拯救自然是为了实现对自然的精神和美学的价值追求。"当然，这种从精神和美学意义对自然进行的价值评价终归是以人类为主体的。"因此，"他们主张取消现代主义和传统环境主义的自然概念，提出以强调地方性和交互性的'环境'取代'自然'作为环境伦理的理论根基"[①]。

生态非现代主义是对生态现代主义进行批判的思潮。法国著名的人类学家、生态哲学家布鲁诺·拉图尔（Bruno Latour）认为："生态现代主义妄图通过寄予技术来恢复自然的解决方案，只是以保护生态为掩饰的现代性的强化，这种'得其利而无其害'的意图不过是现代人的主观臆想。"[②]拉图尔认为"人类与非人类世界是相互依存的，人类既身在其中也由其构

---

①滕菲：《人类世的到来与生态现代主义的后自然思想》，《福建师范大学学报（哲学社会科学版）》，2019年第5期，第106页。

②刘魁、孟天昊：《"人类世"境遇下的当代三大生态思潮批判》，《江苏行政学院学报》，2023年第3期，第30页。

成”[1],因此,“纯粹的生态危机应该被认为是人类与世界关系的深刻突变”[2]。面对生态危机,生态非现代主义认为将来必须有一个具有混合功能的替代物,它能够容纳多元自然模式、人类和非人类。因此“地球本身不可能再被任何人全球化式地理解”[3]。对此,生态非现实主义提出了解决生态危机的基本框架:一是“具有自养性(autotrophy),网络性(networks)和层级性(heterarchy)的特征的“盖娅2.0”[4]将是人类世时代全球可持续性发展的有效框架。二是集体必须构建替代“两院制”的新分权,根据正当程序来探索美好的共同世界。总的来看,生态非现代主义反思了现代性危机,以行动者网络理论与盖娅理论为基础,提出了重塑自然政治的生态拯救方案。但是,“这种生态非现代主义无法将生态系统呈现出的普遍特征与实际差异区分开来,因而难以真正提高生态治理的效率”[5]。

生态纳粹主义是21世纪西方民间在对全球化、现代化进行反思的一种激进的、极端的反现代的生态政治思潮,认为“生态圈是绝对道德价值的唯一承担者,人类与其他物种只能被赋予相对的道德价值”[6]。对于出现的生态危机,认为“只有通过一场现代性的‘大灾难’,自然才能恢复到初始状态,人类也才能够摆脱对生态危机的担忧”[7]。这种非主流的社会思潮对社会的发展和未来的影响极大,主张用人口控制和排外的暴力方式来实现生态拯救。为了控制人口增长,保罗·埃利希(Paul Ehrlich)认为,通过开发出一种单一的分析方法来衡量地球系统可持续供养的最大

---

① 唐兴华等:《在“人类世”中重建环境伦理何以可能?从拉图尔的盖娅思想看》,《东北大学学报(社会科学版)》,2022年第2期,第10页。

② Latour. B. *Facing Gaia: Eight Lectures on the New Climatic Regime*. Polity Press, 2017, p.8.

③ Ibid, p.154.

④ Bruno Latour, Tim Lenton. “Gaia 2.0 Could Humans And Some Level od self- awareness to Earth's Self-regulation”. *Science*. Vol.361, No.6407, 2018, pp.1066-1068.

⑤ 刘魁、孟天昊:《“人类世”境遇下的当代三大生态思潮批判》,《江苏行政学院学报》,2023年第3期,第32页。

⑥ 同上。

⑦ Sam Moore, Alex Roberts. *The Rise of Ecofascism: Climate Change and the Far Right*. Polity Press, 2022, p.88.

人口规模。[①]芬兰著名的生态纳粹主义者林科拉(Linkola)公然鼓吹通过战争和种族灭绝等手段来实现生态平衡。[②]

生态民粹主义是一种以民粹主义与生态相结合实现生态拯救的思想。Koutnik Gregoryt提出,环境主义者不应因其威权和排外的变种而拒绝民粹主义的标签,而应拥抱多元和平等主义的民粹主义政治,以对抗威胁破坏我们称之为家园的栖息地和住所的发展主义政策。[③]美国学者小詹姆斯·R.斯通认为一种激进形式的右翼虚假的生态民粹主义大大促成了我们现在面临的危机,对此,解决当前政治和生态危机的唯一可行办法是一种进步的生态民粹主义,它将环境正义和可持续性与经济和社会正义结合起来,并提供有助于建设民主和包容性运动和文化的资源。[④]

西方生态思潮主要表现出三种不同绿色、倡导不同主张、以不同哲学为基础,解决生态危机的生态思潮。"深绿"生态思潮主要以生态自治主义和生态中心主义价值观为主导,主张由生态科学、环境科学等自然科学所揭示的宇宙万物相互联系的生态哲学世界观和自然观,反对主、客二分的机械论哲学世界观,认为解决生态危机需要摒弃"人类中心主义价值观",坚持"自然权利论"和"自然价值论"的价值观,强调突破原有的人文关怀和道德关怀只局限于人与人之间的做法,将其拓展到人以外的所有生物和非生物之中。[⑤]"浅绿"生态思潮主要以人类中心主义价值观为指导,它认为在经济利益的驱使下,人们对现代技术的非理性使用在一定程度上打破了地球的生态平衡,主张给自然资源计价,将自然资源成本化,这

① Sam Moore, Alex Roberts. *The Rise of Ecofascism: Climate Change and the Far Righ*. Polity Press, 2022, p.38.

② Protopapadakis. E. "Environmental Ethics and Linkola's Ecofascism: An Ethics Beyond Humanism". *Frontiers of Philosophy in China*, 2014(4).

③ Koutnik Gregory, "Ecological Populism: Politics in Defense of Home", *New Political Science*. Vol 43, No.1, 2021, pp. 46-66.

④ James R. Stone Jr. *Populism, Eco-populism, and the Future of Environmentalism*. Routledge, 2022.

⑤ 孙鹏燕:《西方生态思潮研究及当代启示》,《西部学刊》,2023年第184期,第48页。

样就可以在市场经济的逻辑框架下解决生态危机。[①]"红绿"生态思潮主要是以马克思主义理论为指导来解决生态危机。比较有代表性的是有机马克思主义和生态学马克思主义。有将马克思主义理论同怀特海过程哲学理论相结合的有机马克思主义,它批判了资本主义制度和现代性,探索生态危机的产生原因及其解决方式。生态学马克思主义的影响比较大,代表人物有威廉·莱斯、本·阿格尔、詹姆斯·奥康纳、约翰·贝拉米·福斯特等。威廉·莱斯认为生态危机的产生的根源在于,"令人眩晕的欲望与商品的狂舞在人们面前体现了永恒变化的满足与不满足的总体组合"[②]。詹姆斯·奥康纳认为,生态危机产生的原因是资本主义具有追求资本积累和资本无限增值的本性,这就导致了资本逻辑下的无限扩大生产与有限的自然资源环境和社会承载力之间产生固有矛盾。[③]

总的来看,国外学界对生态文明建设与生态危机治理的研究成果较为丰富,这些研究或者侧重于某方面,或者以国内研究为主,但都对本项研究提供了一定的研究基础。但是,生态问题的治理需要在全球层面展开,国家间生态治理的矛盾和分歧已经上升到国家政治层面,成为影响国家行为和外交的重要内容。在国际关系领域,加强对生态环境领域国家之间行为的研究显然已经刻不容缓,因此,从生态文明建设的角度对国际生态治理的基本形式展开探究显得尤为必要,这项研究也将是国际政治、国际关系领域的一个有益的理论尝试。

三、研究思路与方法

(一)研究思路

首先,从逻辑上分析生态文明建设与生态治理的内在逻辑关系,指出

---

① 孙鹏燕:《西方生态思潮研究及当代启示》,《西部学刊》,2023年第184期,第49页。

②威廉·莱斯:《满足的限度》,李永学译,商务印书馆,2016年,第46页。

③詹姆斯·奥康纳:《自然的理由——生态学马克思主义研究》,唐正东等译,南京大学出版社,2003年,第198页。

生态治理是生态文明建设的重要维度和必要手段。在此基础上主要分析世界范围内生态文明建设的主要模式,并对不同类型国家的生态治理差异进行比较分析。接着,分别以发达资本主义国家、发展中国家为研究对象,主要分析这些国家在生态治理思想与实践上的差异与冲突。之后分别对这些国家的国际生态治理合作思想与实践进行具体剖析,并指出各自的核心思想和具体路径。然后,以中国为例,深入分析在生态文明建设中推进全球生态治理的实践路径与历史意义,并强调中国作为负责任的发展中大国应在国际生态治理合作中作出应有的国际贡献。最后,从整体上进行理论性的分析总结。

(二)研究方法

第一,诠释方法。通过运用诠释方法对著述中的概念,包括文明、生态、生态文明、生态治理、国际生态治理冲突、国际生态治理合作等,从其历史来由、词典含义、相关概念的语境与背景等方面进行分析,从而进行概念界定。

第二,文献分析法。通过对现有文献的搜集,深入分析生态文明建设与生态治理的深层哲理内涵,指出生态文明建设与生态治理之间的内在逻辑关系。

第三,比较分析法。通过对不同类型国家在生态文明建设中的不同模式进行比较分析,指明不同模式的特点和优劣所在,为生态治理的国际冲突和合作的分析提供基本分析背景。

第四,综合分析法。通过将科学社会主义、环境政治、国际政治等不同学科的理论与国际生态治理的冲突与合作等问题结合在一起,对这些国家在生态治理方面的具体冲突与合作,从思想、理论、实践等层面展开具体的综合性分析,从而形成对国际生态治理冲突与合作的理性认识。

四、基本框架

第一部分主要分析生态文明建设与生态治理的内在逻辑。生态危机的出现将生态文明建设与生态治理内在地连接在一起。生态文明建设为环境的生态治理提供了方向指引和价值诉求,并为生态环境治理的实践行动提供了所需的主要条件和基本保障。生态治理的具体路径成为生态文明建设的一个重要维度,有力地推动了生态文明建设的深入发展。生态治理与生态文明建设在全球生态环境问题的解决上同向而不同位,二者以不同的方式应对全球生态危机。

第二部分主要分析世界范围内生态文明建设的主要模式。目前,发达资本主义国家和发展中国家在本国生态文明建设中因市场、政府发挥的作用各不相同,从而出现了“政府引导市场辅助”“市场主导政府辅助”等不同的模式。通过对主要模式中每一种模式的理论基础、产生环境、实际进展及未来前景等的比较分析和综合归纳,充分认识全球生态文明建设模式的多样性。

第三部分主要分析生态文明建设中国际生态治理基本冲突形式的思想与实践。发达资本主义国家与发展中国家、社会主义国家与资本主义国家、发展中国家之间在生态治理的思想与理念方面存在分歧和差异,从而导致不同类型的国家在生态治理实践中产生矛盾与冲突,这深刻地影响到国际关系和人类命运的发展与前景。对此,书中提出了积极解决国际生态治理冲突的应对措施,具体包括个人应认识到国际生态治理冲突的新常态、国家行为体应秉持减缓和消除国际生态治理冲突的新理念、国际社会和国际组织也应采取积极有为的新措施。

第四部分主要分析生态文明建设中国际生态治理基本合作形式的理念与前景。全球性生态危机成了人类共同面对的新问题,全球层面生态治理的合作意识逐渐增强,国际生态治理合作行为也不断增多。国际生态治理合作实践在经济全球化、国际格局和国际秩序的大变革、大变化背景下遇到很大阻碍,前景不太明朗。对此,国际社会应为推动生态治理国际合作提供可供选择的最佳途径与有效机制,积极推动国际生态治理合作的大发展。

第五部分主要分析中国生态文明建设中推进全球生态治理的经验与

借鉴。中国生态文明建设中的生态治理有着深厚的基础与重要的保障，主要体现在马克思主义生态思想提供了理论指导、习近平生态文明思想提供了行动指南、中国传统生态文化提供了文化基础、中国共产党提供了领导力量、社会主义制度提供了制度保障。中国生态治理在生态文明建设背景下形成了具有社会主义特色的治理经验和治理路径，它不仅推进了国内生态治理、全球生态治理，还积极与周边邻国、区域国家和世界各国形成了双边—多边的合作关系，并推动全球生态治理多元合作机制的建立和发展，从而促进了国际生态治理合作实践的新发展。中国生态治理的实践历程与经验路径为全球生态治理的推进提供了中国力量、中国智慧，也为社会主义国家、发展中国家的生态治理提供了有益的借鉴和启发，同时也创新了生态治理理念，为国际生态治理的高质量发展作出了重大的理论贡献。

第六部分主要分析了生态文明建设中国际生态治理基本形式的前景。综合分析国际社会主要行为体——国家在生态治理行为选择上存在的多种样式，其中，冲突与合作是其最基本的行为选择，国家之间的冲突与合作从而也成为国际生态治理的基本形式。随着国际生态治理实践的发展，非国家行为体将逐渐参与到国际生态治理中，国家之间的协商、竞争、战争等形式也可能增加，国际生态治理主体将逐渐多元，国际生态治理形式也将愈加丰富。

五、研究创新与不足

（一）创新之处

1.以人类生态命运共同体为指导，突破生态文明建设与生态治理的孤立研究，将生态治理置于生态文明建设的大背景下进行逻辑关系分析研究。生态治理与生态文明建设的行为和作用是相辅相成而并非割裂的。

2.将国家生态治理的基本行为，即冲突与合作放置于全球生态文明建设过程中进行思考和分析，突破对理论与实践的单方面研究。基于不同国家在生态治理中的行为选择,国家之间在国际生态治理中出现了多种不同的行为互动形式,其中冲突与合作成为基本形式。

3.突破国别和国际的单独研究,将中国生态治理和全球生态治理联系起来进行研究。生态文明建设是世界范围内超越资本主义、应对工业文明危机的有效路径,将在世界各国的社会经济发展中发挥重要作用。世界各国在本国生态文明建设的实践行动和具体措施中形成不同的理念与路径,从而出现了几种不同模式。中国在推动国际生态治理合作中发挥了重要作用、贡献了中国力量、提出了中国方案,中国特色社会主义生态治理对全球生态治理发展具有重要的经验价值和借鉴启示。

4.提出国际生态治理的基本形式这一概念。国际生态治理冲突与国际生态治理合作将成为国际行为体之间互动的基本形式,并将长期存在于全球生态文明建设的进程之中。从学理层面看,生态治理不仅是国家的内部行为,也不仅是某一区域和某一领域的单一行为,更是国家间在国际领域的共同行为。

(二)不足之处

国际生态治理是一个涉及多个主体、多种行为的实践动态过程,各种不同主体的行为选择产生不同的行为关系,形成不同的互动形式。国家之间的行为,除去冲突与合作,还有协调、竞争等,即使选择冲突也有不同的冲突烈度和强度,而合作中也存在不同的合作模式和合作程度,这些都需要进一步深入研究。为了研究的集中和有效的分析,笔者选取了国家最基本的冲突行为与合作行为,这是本书的局限所在。此外,国际政治中国家生态治理的基本行为问题兼具理论性与实践性,研究存在一定难度,笔者学识和能力有限,著述中难免存在瑕疵和不当之处。这些不足也是今后继续研究的着力点。书中存在一些值得进一步研究的地方,笔者希望本书能够起到抛砖引玉的作用,引起国际社会对全球生态治理的高度重视;同时希望人们能够更加重视国际社会中国际生态治理的冲突问题,并以积极的姿态探究国际生态治理合作。

第一章　生态文明建设与生态治理的内在逻辑

人类是理性的、高智能的生命体，人类文明的发展是一个过程。人类在文明发展过程中克服了种种困难、跨越了种种障碍，经过了一个又一个文明阶段。“文明，许多时候正是产生于对天然环境勇敢和坚忍的反应。”①生态文明正是人类对生态环境危机的积极反应，是人类继工业文明之后的新文明阶段，而生态文明建设则是人类社会超越工业文明的绿色发展选择，也是民族国家在可持续发展道路上的更高质量的发展。生态治理是现阶段世界各国推进生态文明建设的实践路径，是人类社会走出工业文明、迈进新型文明的正确行为选择，同时也是世界各国解决本国生态环境问题的一种手段。忽视生态治理将影响生态文明建设的进程，从而延缓生态文明的到来。

第一节　工业文明的替代文明形态

文明是人类社会发展与进步的标杆。人类社会在不同的历史发展阶段形成与之相适应的文明形态。文明的演进史是一部人类社会的进步史。“生态文明是人类文明发展的历史趋势。”②每一种新的文明的出现都

① [美]罗伯特·D. 卡普兰:《即将到来的地缘战争》，涵朴译，广东人民出版社，2020年，第56页。

② 中共中央党史和文献研究院、中央学习贯彻习近平新时代中国特色社会主义思想主题教育领导小组办公室编:《习近平新时代中国特色社会主义思想专题摘编》，党建读物出版社、中央文献出版社，2023年，第386页。

是对前一种文明的超越和创新，同时也是对前一种文明社会中存在问题解决的体现。每一种文明的产生都是以一定的生产力和生产方式为基础的，同时也展现了人与自然的不同关系状态和相处方式，是人类与自然界形成相互关系的特定表现。农业文明时期表现出人类对土地的严重依赖，对自然界的敬畏和顺应；工业文明时期则表现出人类对科技的严重依赖，对自然界的改造和征服。生态文明时期人类需要重新认识自身与自然界的关系，营造人与自然和谐共处的良性关系，实现人类持续的生存和发展。21世纪的今天，工业社会发展带来的问题和危机已经严重影响到了人类的生存环境和发展条件，对此，走出工业文明的困境，探寻人类文明的新形态已经成为当务之急。正如美国生态思想家托马斯·贝里（Thomas Berry）所强调的那样，“每一个历史阶段人类都有伟大的工作要做，而我们时代的伟大工作即呼唤生态纪的到来，在生态纪中，人类将生活在一个与广泛的生命共同体相互促进的关系之中”[①]。如今，人类整体面临的重大任务就是推动生态文明的早日到来。

一、工业文明社会的演变

（一）工业文明给人类社会带来历史性进步

1. 文明是社会进步的标志

何谓文明？给“文明”一个简明扼要而又准确无误的界说可以说是很难的，因为无论多么精确、简要，界说“文明”的任何企图都是徒劳的。但是，为了“操作”上的方便，出于某种动机，界说“文明”都是在对文明的现状和未来走向做出宏观的把握和预测。日本学者福泽谕吉在《文明论概略》中指出，“文明是一个相对的词，其范围之大是无边无际的，因此只能说它是摆脱野蛮状态而逐步前进的东西”[②]。可见，文明是指人类社会的

① [美]托马斯·贝里：《伟大的事业：人类未来之路》，曹静译，生活·读书·新知三联书店，2005年，第16页。

② [日]福泽谕吉：《文明论概略》，北京编译社译，商务印书馆，2020年，第32页。

一种进步过程和发展趋向。

美国学者塞缪尔·亨廷顿(Samuel Phillips Huntington)在《文明的冲突与世界秩序的重建》中指出:“人类的历史是文明的历史。不可能用其他任何思路来思考人类的发展。这一历史穿越了历代文明……在整个历史上,文明为人们提供了最广泛的认同。”[①]这里,文明是人类在社会发展中的一种自我评判标准和进步认同。

“文明”一词作为专业术语最早出现在18世纪的法国。迄今为止,关于这一词语的定义和界定有多种不同的认识。美国学者伊曼纽尔·沃勒斯坦(Immanuel Wallerstein)从不同相关词语的关系上将文明定义为“世界观、习俗、结构、文化(物质文化和高层文化)的特殊连接”[②]。英国著名历史学家克里斯托弗·道森则从民族发展的过程上认为,“文明是一个特定民族发挥其文化创造力的一个特定的原始过程”[③]的产物。法国著名社会学家埃米尔·迪尔凯姆从道德和文化的形式上认为,文明是“一种包围着一定数量的民族的道德环境,每一个民族文化都只是整体的一个特殊形式”[④]。德国著名哲学家奥斯瓦尔德·斯宾格勒从命运的发展变化过程角度认为,文明是“文化不可避免的命运……是一个从形成到成熟的结局”[⑤]。

那么,文明到底具有什么样的性质?塞缪尔·亨廷顿认为文明包含六个方面。“首先,在单一文明和多元文明的看法之间存在着区别。第二,在德国之外,文明被看作一个文化实体。第三,文明是包容广泛的,即,如果不涉及全面的文明,它们的任何构成单位都不能被充分理解。第四,文明

---

① [美]塞缪尔·亨廷顿:《文明的冲突与世界秩序的重建(修订版)》,周琪等译,新华出版社,2009年,第19页。

② Immanuel Wallerstein. *Geo-politics and Geo-culture: Essays on the Changing World System.* Cambridge University Press, 1991, p.215.

③ Christopher Dawson. *Dynamics of World History.* Sheed and Ward Inc, 1956, p.51,

④ Emile Durkheim and Marcel Mauss. “Note on the Notion of Civilization”. *Social Research*, 1971 (4), p.811.

⑤ Oswald Spengler. *Decline of the West Ⅰ*. Alfred A. Knopf, 1922, p.31.

终有终结,但又生存得非常长久;它们演变着,调整着,而且是人类最持久的结合,是'极其长久的现实'。第五,既然文明是文化实体而不是政治实体,它们本身并不维持秩序,建立法制,征缴税收,进行战争,谈判条约,或者做政府所做的任何其他事情。最后,学者们一般在确认历史上的主要文明和在现代世界存在的文明上意见一致。然后,对于历史上曾经存在的文明总数,他们常常各执一词。"[①] 可见,文明的一个极其重要的特征,表现在属于某种特定文明的人无论在何时何处总会强烈地认同这种文明。正是这种文明认同形成了历史发展中的不同文明类型。

在文明的概念范围中,文明化的社会是好的社会,非文明化的社会是坏的社会。文明社会预示着人类社会发展的进步,是人类脱离了"野蛮的非文明的状态"的标志,在这里"文明社会不同于原始社会,因为它是定居的、城镇的和有文字的。[②]文明概念的出现从某个角度上为人类社会的发展提供了一个判断标准。之后的人类文明社会经历了农业文明[③]、工业文明。文明已经与人类交际活动连接在一起,蕴含着人类活动逐渐改进的意思,因此,人类的所有活动都用前人的和现今的来比较,"文明之物,至大至重,社会上的一切事物,无一不是以文明为目标的"[④]。文明似仓库,无所不包;文明似大海,容纳百川;文明又似万花筒,包含着来自世界各地的各式各样的具体文明,组成一个缤纷绚丽的文明世界。在世界不同国家、不同地区、不同民族、不同宗教的推动和交流下,文明也逐渐形成了具有共同本质内涵的共识,逐渐发展成为一个反映人类社会整体发展程度的概念。文明显现着一个国家或民族的政治、经济、文化和社会等方面的发展水平与整体面貌,体现了人类的智慧和道德的进步,也体现了人类在与自然界依存和抗争中的智力成果。

---

① [美]塞缪尔·亨廷顿:《文明的冲突与世界秩序的重建(修订版)》,周琪等译,新华出版社,2009年,第19—23页。

② 同上,第19页。

③ 农业文明,有人称之为农耕文明,文中为与工业文明相一致,故采用农业文明。

④ [日]福泽谕吉:《文明论概略》,北京编译社译,商务印书馆,2020年,第33页。

文明进步是人类社会发展的表现。不同时代的文明形态是不同时代发展的标志。当然,不同形态的文明之间是没有明显界限的,是模糊的、混沌的;并且不同形态的文明也是没有明确的起点和终点的。同样,每一种形态的文明,其内涵和外延也是不确定的,会发生变化。世界不同形态文明所表现出的文化彼此或者相似或者相异,尽管很难分得清晰,但是界限却是真实存在的。文明的历史绵延流长,标志着人类社会的繁衍生存。同时,作为一种形式的文明存在也是动态的,它既有兴起也有衰落,既有合并也有分裂。而文明可兴衰涨落甚至终将随着时间的长河而掩埋在历史的记忆里,因为"所有的文明都经历了形成、上升和衰落的类似过程"①。尽管如此,一个具有活力的文明,其内涵总是具有多样性的,总是动态的、开放的、包容的,无时不是处在形成和发展之中。文明与人类的生存发展相伴相长。

2.工业文明是社会进步的一个阶段

工业文明是以工业化为重要标志,机械化大生产占主导地位的一种现代社会文明。它极大地改变了人类已有的劳动方式、劳动强度、劳动效率,使得生产力得到极大提高。工业文明与以往的文明相比,表现出显著的特点,体现在生产方式的工业化、居住地域的城市化、政治发展的法治化与民主化、社会阶层的多元流动化、普通民众教育的普及化、消息传递的快速化、产业人口比例构成中非农业人口比例的大幅度增长等方面。

工业文明是人类社会文明发展的一个重要阶段。从15世纪开始,至今已有六百多年。正如《共产党宣言》所指出的:"自然力的征服,机器的采用,化学在工业和农业中的应用,轮船的行驶,铁路的通行,电报的使用,整个大陆的开垦,河川的通航,仿佛用法术从地下呼唤出来的大量人口,过去哪一个世纪料想到在社会劳动里蕴藏有这样的生产力呢?"②事实表明,工业文明给人类社会带来的诸多改变是前所未有的,这是不可忽视

---

① [美]塞缪尔·亨廷顿:《文明的冲突与世界秩序的重建(修订版)》,周琪等译,新华出版社,2009年,第287页。

②《马克思恩格斯选集》第1卷,人民出版社,1995年,第277页。

的客观事实。从历史发展的角度看,工业文明的到来给人类带来的这些巨大的变化有着重大的历史进步意义。

(二)工业文明进步的主要表现

每一个文明阶段都是冲破了上一阶段的种种障碍,战胜了各种挑战的进步成果。“工业是自然界、因而也是自然科学跟人之间的现实的、历史的关系。”[①]工业文明与前一阶段的农业文明相比,其历史性发展主要表现在六个方面。

一是社会制度的历史性进步。“一切所有制关系都经历了经常的历史更替、经常的历史变更。”[②]资本主义社会确立了资本主义制度,树立了民主、自由、平等的社会进步理念,尽管具有明显的阶级局限性,但同时也是对农业文明时期的专制、依附和等级观念的否定。工业文明的到来,资产阶级代替地主阶级成为工业文明社会的主导阶级,并建立了服务于资产阶级的资本主义制度。社会制度的历史性进步是人类文明进步的主要表现之一。制度文明在工业资本主义的推动下得到进一步发展,为资本主义社会制造了新型的社会主力军,推动了社会生产关系的改进。

二是生产力获得历史性解放。工业文明社会以资本、市场为主导的工业经济极大地推动了全球经济贸易的交往和发展。工业文明确立了资本主义市场经济的发展模式,大力推动了商品经济的全球化发展。在资本主义工业经济模式的主导下,世界各地的经济都被纳入资本主义经济体系之中。工业文明社会的到来,“资产阶级在它不到一百年的阶级统治中所创造的生产力,比过去一切世代创造的全部生产力还要多,还要大”[③]。

三是技术革命的历史性飞跃。科技的广泛应用和不断升级推动人类的认知领域不断扩大。在工业文明社会,新的科技不断更新,科技成果得

① 马克思:《1844年经济学—哲学手稿》,刘丕坤译,研究出版社,2021年,第115页。

②《马克思恩格斯选集》第1卷,人民出版社,1995年,第286页。

③ 同上,第277页。

到广泛应用和不断升级，推动人类的认知领域不断扩大。工业文明社会已经发生了三次科技革命，每一次新的科技革命都给人类认识自然界和未知世界打开了新的领域和空间。化学、物理学、天文学、数学和生物学科等获得历史性飞跃，推动人类科学研究不断向前发展。

四是历史性的规模化大生产。工业革命的机器化大生产带来全球物质财富历史性的急剧增长。英国工业革命拉开了第一次科技革命的序幕。接踵而至的纺织技术、震撼世界的蒸汽机、改头换面的冶金业等的历史性转变，采煤业大发展，机器制造、轮船火车的连锁发明势如破竹，各行各业竞相发展，生产力获得井喷式发展。蒸汽机改变了世界的万千事物，道路的修建、城市的扩展、现代化家庭出现以及生活方式发生改变。工业文明的显著特征是机器化大生产，快速、高效，大量的产品在机器的高速运转下生产出来，并在快捷的交通工具和运输设备的配合下远销到世界各地，人们拥有了“取之不尽，用之不绝”的物质产品。

五是公民身份具有历史性意义。工业文明社会中的社会成员具有了公民的身份，享有一定的法律身份和社会地位。工业社会中的社会成员在法律上是平等的，不再有贵族、臣民、贱民和愚民之分。在工业文明社会，每一个生命个体在政治上具有同等的社会权利和平等的社会地位。人类社会脱离神权的笼罩和禁锢，进入人权社会。拉尔夫·达伦多夫指出：“近代史上，公民比任何社会人物都更有活力。数百年来，公民是上升的社会群体的成员和引擎，这些社会群体包括：封建社会中的城市有产阶级，18和19世纪的新兴产业阶级……那些使自己摆脱了依附和贫困的隶农和臣民，殖民地受压迫者，各种居于少数地位的人，以及妇女。”[①]

六是文学艺术取得历史性成就。影响世界的古典政治经济学著作、近代人口理论的鼻祖、划时代的一代德国先哲诞生；文坛巨匠雨果，杰出诗人拜伦、雪莱、海涅，音乐家贝多芬，歌曲之王舒伯特等推动了浪漫主义

① 参见[美]托马斯·雅诺斯基：《公民与文明社会》，柯雄译，辽宁教育出版社，2002年，第1页。

的兴起；司汤达的《红与黑》、巴尔扎克的《人间喜剧》、雕塑巨匠罗丹等用自己的方式塑造了文学艺术的批判现实主义。人类思想史上的空前大革命则是发现唯物史观、创立马克思主义哲学、《共产党宣言》的发表和《资本论》的问世。叔本华、尼采、弗洛伊德等的哲学造诣，胡塞尔的现象学、孔德首创社会学、斯宾塞的进化论社会学、迪尔凯姆的功能社会学、马克斯·韦伯的理解社会学等推动哲学社会学的发展。瓦格纳的歌剧、施特劳斯的圆舞曲之王、《卡门》问世等给人类带来了新的文艺氛围。

（三）工业资本主义为工业文明注入死亡基因

最初的“文明”一词，由拉丁语的civilis和civatas组成，前者的意思是“城市的居民”，后者的意思是“一个人所居住的社会”。“工业文明”一开始就被定位在人脱离自然状态而进入受束缚的社会生活。西方第一次工业革命和科技革命以来，工业文明的历史进步是不容否认的。但是，工业文明是一把双刃剑，它在推动社会生产力发展的同时，也在一步步地走向死亡的边缘。因为发轫于17至18世纪英国的工业资本主义生产是以牺牲自然环境、耗费自然资源和掠夺财富为己任的。在四百多年工业化模式的推动下，工业资本主义发展模式已经成为全球的主导性发展模式，工业资本主义在创造丰富物质财富的同时，其弊端和危害逐渐暴露，所带来的负面效应和后果也逐渐显现出来。美国学者阿尔弗雷德·克罗斯比指出，“工业革命是资本主义的阴谋和一场生态灾难”[①]。

国际学术界对工业资本主义模式的思想本原、思维范式和技术本质等层面进行了深刻揭露。加拿大学者纳森·皮勒特尔（Nathan Pelletier）从工业资本主义背后二元对立的思维范式[②]、澳大利亚学者盖瑞·汉姆森

① [美]阿尔弗雷德·克罗斯比：《生态帝国主义：欧洲的生物扩张，900—1900》，张谡过译，商务印书馆，2017年，新版前言第4页。

② Nathan Pelletier. “Of Laws and Limits: An Ecological Economic Perspective on Redressing the Failure of Contemporary Global Environmental Governance”. *Global Environmental Change*, 2010 (20), pp.220-228.

(Gary P. Hampson)从技术哲学下的"算计"思维范式[①],以及德国哲学家马丁·海德格尔(Martin Heidegger)从现代技术"促逼(Heraus fordem)"对自然资源的"摆置(stellen)"[②]等角度不同程度地揭露了工业资本主义模式的弊端及根源,并对工业资本主义发展模式进行抨击。不难发现,工业资本主义发展模式的弊端不仅不可避免,而且根深蒂固。只有摒弃这一模式才能消除这些弊端带来的危害。

工业文明与工业资本主义是相伴而行的。工业资本主义推动工业文明前行,"资本的文明的胜利恰恰就在于,它发现财富的泉源不是死的物,而是人的劳动,并且促进了这一点的实现"[③]。工业文明为工业资本主义套上了进步的光环。西方学者认为,"以今天发展的速度,到2030年时地球已经无法承受工业文明所释放出的二氧化碳、工业和生产废物,典型的资源利用模式更会使资源争夺战愈演愈烈"[④]。工业资本主义在主客二元的思维模式、技术至上和自然服务人类的理念作用下,将人与自然的依赖关系逐渐割裂开来,并且越走越远。工业资本主义的发展给人类自身发展带来的变化是多元的。从关系层面上,至少有三个方面的变化。

一是人与自身的整体出现异化与分离。工业资本主义社会里人们追求的是物质财富、奢侈浪费的生活方式,对物质的偏爱胜过对精神的追求,人们出现精神的空虚。劳动在资本主义社会已经不再是人的本质的、内在的需要,而是变成了外在的、异化的东西。"劳动者在自己的劳动中并不肯定自己,而是否定自己,并不感到幸福,而是感到不幸,并不自由地发挥自己的肉体力量和精神力量,而是使自己的肉体受到损伤、精神遭到摧

① Gary P. Hampson. "Facilitating Eco-logical Futures Through Post Formal Poetic Ecosophy". *Futures*, 2010(42): pp.1064-1072.

② M. L. Commons, S. N. Ross. "What Post Formal Thought Is and Why It Mtters". *World Futures*, 2008(64): pp.321-329.

③ 马克思:《1844年经济学—哲学手稿》,刘丕坤译,研究出版社,2021年,第92页。

④ Nathan Pelletier. "Of Laws and Limits: A Ecological Economic Perspective on Redressing the Failure of Contemporary Global Environmental Governance". *Global Environmental Change*, 2010(20): p. 222.

残。”[①]在资本主义社会，“人不仅像在意识中发生的那样在精神上把自己划分为二，而且通过活动，在实际上把自己划分为二，并且在他创造的世界中直观自身”[②]。显然，人与自身在肉体与精神上出现了分离。

二是人与他人的社会生态关系失去平衡。工业资本主义社会里人们追求的是自我利益，唯利是图成为社会关系的深刻写照，个人利益至上、自私自利充斥着人的心灵，人们对私利的偏爱胜过对公共利益的关注，“逐利”主导着社会关系。资本主义社会，“一切财富都成了工业的财富、劳动的财富，工业不过是完成了的劳动，正像工厂制度是工业即劳动的展开了的本质，而工业资本是私有财产的完成了的、客观的形式一样”[③]。在这样的社会中，“当人与自己本身相对立的时候，那么其他人也与他相对立。凡是适用于人对自己的劳动、自己的劳动产品和自己本身关系的东西，也都同样适用于人对其他人、对其他人的劳动和劳动对象的关系”[④]。这样，人类与自己也就失去了和谐的平衡关系。

三是人与自然界的生态系统遭到破坏。工业资本主义利用资本、市场、战争、条约等不同手段逐渐占据了地球的大部分地域，把整个地球的自然环境与全人类的生存放置于一个完全的对立关系中，自然成为完全服务于人类的对象，人类对自然资源肆意开采、对自然环境任意破坏、对自然生态置之不理。自然界并非一个完全被动的、任人宰割毫无反应的物体，而是一个千变万化的、活生生的生态系统，一旦生态系统受到的破坏超越了自身修复的阈值，整个生态系统将会发生巨大的变化，从而对人类生存的空间和环境带来巨大的影响。如果人类所依赖的自然环境遭到破坏，自然环境的生态系统失去平衡，生态环境问题将愈发严重，生态危机将一触即发。人类与其所依赖的自然界的和谐关系已经被工业资本主义发展模式破坏，“当人们依靠资本生活之时，文明便从普遍国家走向衰败

① 马克思：《1844年经济学—哲学手稿》，刘丕坤译，研究出版社，2021年，第69页。

② 同上，第74页。

③ 同上，第100页。

④ 同上，第75页。

阶段”[1]。

工业资本主义为工业文明注入不可持续的因子，严重危害了大自然生态服务功能的正常运行。比如，工业资本主义为了提高农业生产的效率，为了满足人类对食物需求的数量、品种和形式，在农业生产中大量采用科学技术成果，将人造肥料、农药、农作物机器等在农业生产各环节普遍使用。但是，现实情况表明：工业技术的使用在创造物质繁荣的同时，也给自然界和生态系统带来了严重的环境污染和生态问题。工业文明阶段的人类对自然界的伤害是致命性的、全局性的、长期性的，它已经触及人类生存发展的“红线”。人类不再与自然界和谐共处，而是建立了以人类为中心、以人类统治自然界为特征的“反自然”的人工社会。工业文明时代的自然界处在人类中心主义的支配之下，工业资本主义的发展将大自然变成了人类的奴仆，人类可以任意支配自然界，结果必然衍生出各种问题和危机。这些不但对自然，也对整个人类的继续生存构成了严重威胁。实际上，工业资本主义带来的工业文明表现出鲜明的反自然性，引发了生态危机，将人类推向死亡的境地。总的看来，“工业文明是打开世界历史的钥匙，是实现经济全球化的杠杆，但也引发了不平等、霸权、破坏环境等一系列问题”[2]。

二、工业文明社会与生态问题

“只要进步仍将是未来的规律，像它对于过去那样，那么单纯追求财富就不是人类的最终的命运了。自从文明时代开始以来所经过的时间，只是人类已经经历过的生存时间的一小部分，只是人类将要经历的生存时间的一小部分。”[3]在文明发展的长河中，工业文明只是其中一个阶段，

---

① [美]塞缪尔·亨廷顿：《文明的冲突与世界秩序的重建(修订版)》，周琪等译，新华出版社，2009年，第279页。

② 袁玲儿等：《全球生态治理：从马克思主义生态思想到人类命运共同体理论与实践》，中共中央党校出版社，2023年，第128页。

③《马克思恩格斯选集》第4卷，人民出版社，1995年，第179页。

这一社会阶段充满着荣耀与罪恶。工业社会的到来把人类社会带入一个快节奏、高生产、高消费的新时代，工业社会在较短的时间里给人类创造了一个新的世界，它带来了庞大的财富、丰富的物质、富足的生活、便利的交通和快捷的通讯。但是，工业社会在快速发展的同时，也给自然界带来巨大的伤害。它引发了天然环境构造的改变、自然资源储量的锐减、生物环境的破坏和生态系统平衡的丧失。正如恩格斯指出的那样，"支配着生产和交换的一个个资本家所能关心的，只是他们的行为的最直接的效益。不仅如此，甚至连这种效益——就所制造的或交换的产品的效用而言——也完全退居次要地位了；销售时可获得的利润成了唯一的动力"①。工业社会发展的几百年后出现了种种不利于人类持续生存发展的严峻问题，其中生态问题尤为突出。

（一）生态问题的界定与理解

"生态"一词最早起源于古希腊文，是由"Eco+logs"两个部分组成，Eco主要指家或环境，logs表示的是一个学科以及论述的意义。"广义的'生态'是指人与自然、社会、自身等各种关系的和谐。狭义的'生态'是指作为自然性的人类与自然环境之间的和谐，它包括人类在内的自然生态系统的平衡与稳定。"②因此，生态就是指地球上的生命体与无机环境之间形成的相互依存、紧密联系的一种健康、均衡的相互关系和有机系统。具体来说，这种生态均衡状态包含三个层面：一是人类与外界自然环境之间的相互依存状态；二是生物之间的物种均衡状态；三是生物（包括人类）和自然界之间的健康循环状态。这里需要说明，生物包括动植物和微生物等生命有机体，自然界是包括生物（生物分为个体、群体和群落，统称为生命系统）和非生物的完整环境系统。生命的标志在于具备物质和能量元素，新陈代谢是生物与非生物最本质的区别。

---

①《马克思恩格斯选集》第4卷，人民出版社，1995年，第385页。

② 靳利华：《生态与当代国际政治》，南开大学出版社，2014年，第16页。

本书研究国际层面的生态治理，采用生态的狭义概念，也就是人类与生存环境之间的互动关系。从人类的生存环境来看，包括自然环境和人为环境。这些环境对人类生存来说或者是有益的或者是有害的，与人类也就形成了良性的或者恶性的关系。

何谓生态问题？生态问题是指人与生存环境之间的关系问题，也就是人类所依赖的生态系统出现失衡、生态环境遭到破坏。具体来说，就是生物体、生命体以及有机体与其所构成的生存环境遭到破坏，生存系统出现失衡。人作为生物体、生命体和有机体的组成部分，所处的生存环境和生态系统出现了危机。人类的生存与发展遇到前所未有的挑战。在众多的生态问题领域，表现突出的是人与自然关系的矛盾和冲突，也就是人类长期依赖的自然界和人类社会之间发生了矛盾与冲突。人与自然之间的关系问题是一个永久性的问题，自从人类社会产生这个问题就存在了。历史上，人与自然之间的矛盾与冲突还没有发展到危及人类自身生存与发展的境地，生态问题也没有上升到全球层面。工业社会的到来，将人类与自然界的矛盾激化到一个危险境地，自然界为人类社会生存与发展提供的环境发生变化，从良性向恶性发展。“在一定意义上，生态问题归根结底是人际关系问题，是本人与他人、今人与后人的关系问题。这要求人类在关注自身的生存与发展的同时，必须尊重他人生存与发展的权利，在关注现实生存与发展条件的同时，必须重视未来生存与发展条件。”[①]由此可以判断，人类如果不能及时地认识到这一变化的严峻性，必将面临灾难性的处境。人类的这艘“挪亚方舟”将难以继续航行。

生态问题显然是人类社会发展的众多问题之一，关系到人类的生死存亡。它起源于人类开发自然资源总量超越自然界负荷，同时因其分配不公引起国家间进一步开发自然资源的矛盾。在工业社会，自然环境生态问题更加突出，因其显著特点在全球引起特殊关注。与其他问题相比，

---

① 余金成、郑安定、余维海：《中国特色社会主义与人类发展模式创新研究》，天津人民出版社，2020年，第57页。

生态问题最显著的特点表现在三个方面:一是超越空间,生态环境问题的出现不单单影响其所在的区域或国家,而是跨越区域、跨越国家,不受域界和国界的限制。简单来讲,就是生态问题没有边界范畴;二是突破时间阈,生态问题的出现没有时间的限制,很难把握和控制其时间的长短。生态问题一旦出现,时间将呈现出无限性;三是蝴蝶效应,生态问题一旦发生将会触及一系列的领域,引发连锁反应,就像蝴蝶扇动一下翅膀就会引发空气的震动一样。工业社会所产生的经济危机、货币危机、金融危机、政治危机等往往具有一定的单发性、短期性、微控性。但是,生态问题所引发的危机则远远超越了经济、金融、政治等传统危机所带来的危害和造成的影响。生态危机一旦发生,其深度、广度远远超过传统危机。

生态问题对人类的影响到底有严重?为什么国内外诸多学者密切关注生态问题?学者们警告生态破坏或致人类文明终结。2015年3月,以斯蒂芬为首的十八名专家组成的国际团队在美国《科学》周刊上联合发表的题为《地球的界限:在变化的星球上引领人类发展》的研究报告警告人类已经"越界"。学者们认为气候变化和生物多样性这两个极限值对人类具有至关重要的意义。但是土地使用以及"从氮到磷"的人为代谢冲破了地球的容纳能力。人类世界和地球极限值的理念完全可以被视为相互统一。斯蒂芬说,人类将在两代人之内就变成一股"地质力量",这影响着整个星球,大自然已经进入一个未知的新状态。①学者们集体发声表现出对人类生存环境的极度担忧,生态问题已经到了一个关乎人类生死存亡的严重地步。他们警告人们:人类活动已经到了一个危及自身生存的边界。如果不尽快采取措施,人类生命将难以为继。

(二)生态问题的表现与出路

目前,全世界的生态问题主要体现在以下方面:一是废弃电子产品的

---

①《美媒:学者警告生态破坏或致人类文明终结》,http://www.cankaoxiaoxi.com/science/20150303/687972_2.shtml(2),2022年11月22日浏览。

有害物质带来生态环境问题。工业社会发展产生了各种现代化的电气设备、电子产品，它们的大量生产与使用导致产生废弃的“电子垃圾”[①]。这些电子垃圾对环境生态造成破坏，其中的一些危险物质直接威胁到人类的健康与生命。二是化工产品的生产与使用，侵害了生态系统的结构与物种的均衡。三是对自然资源的疯狂开采与挖掘，破坏了自然地质的结构和地貌，打破了一定区域物种的生态平衡。四是工业文明下的战争带来的生态灾难后果严重。五是物种多样性的急剧减少，引发生态环境的系统遭到破坏，出现生态失衡。

现代生态问题产生于工业社会，仅仅依靠工业社会的机制、方式、手段是很难有效解决的，就像病人身体里的毒素，要想清除毒素先要治好病人。这个病人就是工业社会创造的工业文明。因此，对工业文明必须进行脱胎换骨的改造，必须输入新鲜的血液，必须进行文明的创新发展，使之进入一个新的更高级的文明阶段。只有这样，在新的文明社会才能从根源上解决生态问题。美国学者约·贝·福斯特认为，“生态问题的症结在于：资本主义作为一种文明进程已经达到终点”[②]。显然，生态环境问题的出现深刻地揭露了工业资本主义发展范式的弊端，其背后是工业文明二元对立思维范式这一内因，本质是资本主义制度的必然后果。就像福斯特认为的那样，“当将资本主义作为一种普遍化的制度而被置于将地球作为一种世界经济制度的背景中加以考虑时，事物将完全不同。资本主义作为一种世界经济制度——划分为诸多阶级，并被竞争所驱使——体现出一种逻辑，即认可其自身的无限扩张和对其环境的无限剥削。相反，地球作为一个星球，毫无疑问是有限的。这是一个现实中无法逃避的绝对矛盾”[③]。因此，要解决这一问题就需要改变旧的制度形式、发展模式、思

① 电子垃圾是指带有电池或电线的废弃物，包括手机、吹风机及冰箱等。电子垃圾所含有害物质，包括铅、汞、镉和铬，还有会破坏臭氧层的氟氯碳化物。

② [美]约·贝·福斯特：《生态革命——与地球和平相处》，刘仁胜等译，人民出版社，2015年，第5页。

③ 同上，第9页。

维模式、价值理念。

目前，关于生态问题的解决，人们难免莫衷一是，有乐观主义者也有悲观主义者。主流环保主义者提出了三种主要策略：一是主张技术革新，依赖和运用先进的技术来治理生态问题；二是坚持市场原则，将市场扩大到自然的所有方面，利用市场机制来解决生态环境问题；三是在一个对自然栖息地几乎普遍存在开发和破坏的世界中，有意识地建立一些单纯保护区。需要说明的是，这些方法的使用相对比较单一，比较机械。对此，一些具有批判精神的人类生态学家则提出，解决生态问题需要改变人类的社会关系，既要依赖社会计划但又不失市场力量，也就是既要包含生态理念又要社会主义的新型国家。现实情况是，对于生态问题我们需要高度重视，积极行动。我们既不要恐慌，也没有必要绝望。我们完全有可能提供一种乐观的解读，来看待生态问题的解决和出路。一种包含生态的新文明形态将是人类觉醒的智慧选择。

三、生态文明的开启

在现实的国际社会中，一些国家的文明转型中已经隐约可见“生态寓意”的文明形态，因为“在任何文明的历史中，历史曾经有过一次终结，有时还不止一次”[①]。人类文明在发展的历史演进过程中，随着人类自身对生存环境认识的提升，以及对自身行为的反思，在文明的形成、上升以及衰落的过程里，一种新的、富有活力和生命力的文明必然将取代旧的、沉落的、无生机的文明。因此，工业文明的解体、生态文明的到来将是一个必然趋势。

（一）历史过程中的工业文明

工业文明只是人类文明发展的一个阶段而已。任何一种文明都是特

① [美]塞缪尔·亨廷顿：《文明的冲突与世界秩序的重建（修订版）》，周琪等译，新华出版社，2009年，第277页。

定历史时空下的文明，都是一个阶段的文明。工业文明也不例外，将不可避免地面临终结。人类文明经历了原始文明、农业文明，现在的工业文明也将退出历史舞台，让位于新的文明，就像德国气候专家约翰·罗克斯特罗姆(J. Rockstrm)指出的："在人类生存的安全警戒线下，我们的工业文明已经接近了极限。"[①]事实已经表明，率先走上工业文明的国家与后发的国家相比不仅在资本、市场、政治、金融、科技、军事等方面占据优势，掌控主导权，并且在地球资源、环境等方面也拥有较强的主动权和控制力。先发的工业文明国家为了自己的利益，不惜利用一切可以利用的手段对后发的落后工业文明国家实施残忍的经济和生态掠夺以及政治欺压，并将工业资本主义的发展推广到全球各个角落。因此，整个工业资本主义的发展史也是一部资产阶级征服世界的历史。资本主义世界市场的形成既给世界各国的发展提供了更大的舞台，也给人类社会带来了更多的消极影响。

1.工业文明的本性

工业文明的终结将是一个不可避免的历史过程。因为工业文明自身存在着无法改变的本性。

一是掠夺性。不论是英国、美国、法国、德国还是日本，发达资本主义国家的工业化过程都伴随着对外的掠夺——不论是抢占殖民地、掠夺生产资料、争夺海外产品销售市场，还是直接掠夺财富。发达资本主义国家掠夺的手段或者是血淋淋的战争，或者是不平等的贸易市场交换，但是目的只有一个，那就是为了本国的工业化发展，成为世界工业强国。"自从苏联解体后，帝国主义增加了其垄断获取自然资源的控制权"[②]，工业化发展中的工业文明，不仅表现为发达资本主义国家对不发达国家的掠夺，还表现为人类对大自然的无情掠夺，包括对不可再生资源的无限采掘和使用、对水资源和大气的肆意污染、对生态环境的严重破坏。工业文明主要是

---

① J. Rockstrm. "A Safe Operating Space for Humanity". *Nature*, 2009, Vol 461, September 24, pp.472-475.

② 余金成、郑安定、余维海:《中国特色社会主义与人类发展模式创新研究》，天津人民出版社，2020年，第82页。

为了追求经济的增长和物质财富的增加，更多地表现出人类贪欲驱使下发展形成的文明形态。

二是物质性。工业资本主义追求的是经济增长和物质丰富，工业文明本质上是追求财富至上，体现了显著的物质主义。在资本主义社会中，人类被异化、劳动被异化、自然也被异化。在工业文明社会，人类的关系、人类的情感均被物质需求所替代，被金钱所左右，人类变成了物质和金钱的奴隶，导致出现精神空虚、心灵扭曲。因此，与工业资本主义相伴的工业文明中的物质性是根深蒂固的。

三是强权性。工业文明倡导下的社会关系法则是自由竞争、优胜劣汰。这种法则完全将人性排除在外，效仿自然界的动物生存法则，弱肉强食，野蛮和无情。追求强权成为人们奉行的行为之道，通过运用权力获得财富和利益。

四是断裂性。工业文明的生产方式与模式是强调更多、更快、更好、更新地生产，依赖的是机械、技术，进行集约化、规模化、快速化产品生产，以世界市场为生存空间。制造出来的产品大多是不可重复使用的、一次性的、非耐用的，这就增加了人们的消费规模、消费欲望和消费频率。工业生产所需要的生产资料大多是不可再生的，在物质形式上是不可循环和不可重复的，在物质形态上是难以继续的，在生产形态上是分离和隔断的，结果工业生产不能形成一个完整的可持续的系统。工业文明的这种生产特性对大自然产生了巨大的伤害。它通过掠夺自然界的资源，用于生产人类的所需；同时把大量有害的物质倾倒在自然界，从而破坏自然生态系统的自我恢复功能。从人类伦理的角度上来看，工业文明中发达资本主义国家对发展中国家在工业生产上的双重标准和世界市场上的不平等交换规则体现出工业文明的自私自利和个人主义。这种以自我为中心的思想是不可能为他人利益考虑的，也不会带来持续性的生产方式。

2.工业文明与生态本质的不相容

“文明是一种进步，是增强人们对客观世界的认知、满足人们物质追求和精神追求的一种标志……但在资本主义社会,以工业文明为主导的一种新文明在世界范围内蔓延开来,它注重科技进步,强调生产力高效,侧重社会的整体性和系统性,却违背了正常的文明形态。"[①]从本质上讲,工业文明与生态的本质是不相容的。工业文明也必然不可持续,这体现在工业文明的价值观与自然生态本质的冲突、矛盾与不相容方面。

一是工业文明否定自然界的内在价值,倡导机械自然观和征服技术观。工业文明对自然界的价值认同是基于经济角度,将自然界的价值定位于对人类是否有用和有利,自然界的存在服务于人类,而不是其自身的固有价值。因为自然界在工业文明看来只是一种工具或效用,自然界只是因其为人类免费提供所需的生存环境、资源和场所才有存在价值。在他们看来,一切人类之外的万事万物都是没有自我价值的,他们只是因为人类的需要和使用才具有了价值。因此,人类可以对自然界不加思考、不加节制、不加顾及地任意使用、任意采掘,完全不用考虑自然界是否承受得起。人类自然而然地成了自然界的主人和征服者,而人类肆无忌惮地破坏自然,造成生态危机也就不足为奇。这一切根源于机械自然观和征服技术观为基础的工业文明的价值理念。工业文明下的资本主义将自然客体化、人类主体化,形成人与自然的主客二元划分的思维模式;同时,他们极其崇拜技术万能、技术至上,运用技术征服自然的一切,并运用技术从自然界获得人类所需要的一切,从而将自然界变成了人的主宰对象。这种自然观支配下的工业文明依靠科技的力量开始了对地球的征服和掠夺。工业文明的经济发展依靠的就是技术,发展的目的就是获取经济利益,生产过程追求的就是利润的最大化,生态、环境、和谐在这里是不被认可的。因此,二元对立的思维模式和技术至上的推崇成为工业文明社会发展的思想和物质基础,也成为

---

① 袁玲儿等:《全球生态治理:从马克思主义生态思想到人类命运共同体理论与实践》,中共中央党校出版社,2023年,第30页。

工业文明自身的本质要求，这与自然界的内在价值格格不入，因而造成严重的环境污染和生态失衡也就在所难免。

二是工业文明直接否认自然界的固有价值，推崇享乐式消费。工业文明下的资本主义社会将自然界看作为人类主体提供所需一切的客体，消费是人类追求的终极目标。消费不但背离了生产的基本目的——满足实际生活需要，也背离了商品的基本用途——使用价值，从而消费被异化了。工业文明下的消费变成了一种为了消费而消费的恶性循环。这里，商品的使用价值并不能真正地发挥出来，不能做到物尽其用；商品的使用价值往往在消失之前就被抛弃了，商品已经不再单纯满足人们的实际需要，而是附加了更多的虚幻价值，包括身份、财富、地位等。为了满足人们要求的附加价值和虚荣，工业文明下的资本主义根本不顾及自然的承受力和资源的有限性。在这种消费刺激的推动下，大量消费、大量生产和大量废弃的生活方式给地球带来严重的伤害和破坏，给自然环境造成灾难性的破坏，从而也催生了严重的生态危机。

三是工业文明直接否定自然内在价值，倡导人类自我利益和经济增长，导致社会发展不可持续。工业文明下的经济发展是以经济增长和利润增加为主导的，经济发展是最高目标。衡量社会进步和国家发展的唯一指标就是经济增长，根本不考虑资源的消耗和环境污染。在这种目标的指引下，为了实现经济增长，不惜一切代价对资源进行掠夺式开采，对自然环境进行无限度的污染，对其他生物进行无节制的伤害，结果就是生态系统遭到严重的破坏，生态健康遭到严重侵害。在工业文明场域下，经济增长与环境保护是很难平衡和协调的，追求经济增长使环境付出惨重的代价，社会发展目标被扭曲为单一的经济增长，社会生态严重失衡，这与人类对文明的界定是相背离的。

（二）工业文明下的生态危机开启了新的文明形态

工业文明导致的生态危机为新文明产生提供了条件，“问题在于，工业文明社会所积累的社会基本矛盾，无论是人与人的社会关系矛盾，还是人与自然的生态关系矛盾,都不可能在工业文明模式的范围内解决”[1]。对于生态问题的严重性和危害性,国内外学者早有研究和警告。从德国学者海克尔提出“生态学”这一概念开始,诸多的生物学家、生态学家和文学家等从对动物、植物、大自然、土地等的关爱出发,表达了对生态问题的高度关注和深刻思考。美国科普作家蕾切尔·卡森(Rachel Carson)在《寂寞的春天》(也译为《寂静的春天》)中更是运用具体鲜活的事例警示人们:人类对大自然的伤害最终将反作用于人类自身。

除了学者的研究与思考,具有生态意识的民众也关心生态问题。他们对空气污染、土地污染、水污染、食品污染等表现出强烈的担忧和热切的关注。为此,他们组织了诸多民间保护组织,以自己的方式来保护自然环境、保护动植物。民众生态意识的提高为新型生态文明的形成提供了最基本的条件,普通民众对工业文明不可持续的认识将促进新文明的出现。全球生态环境问题已经引起联合国的高度关注:“联合国最新发布的《2019年排放差距报告》再次为世人拉响警报:如果全球温室气体的排放量在2020年至2030年之间不能以每年7.6%的水平下降,世界将失去实现1.5℃温控目标的机会。”[2]

当代生态危机表明,工业时代的文明模式已经不再适应社会发展的需要,国家也要进行必要的调整与改革。当今世界,越来越多的国家已经认识到工业文明发展模式的严重弊端,不断探索、开启适合本国的新型发展模式,构建适应本国的经济发展模式、健康生活模式、合理消费模式和社会关系协调模式。新一轮的文明演进正在世界各国的实践中不断上演,也在不断推动新的文明形态的到来。

总之,人类必须结束的是一种产生危机的文明,而不是文明的历史;同时也要开启一个新的文明。人类在文明历史的不断演进中,探寻着人

---

① 郇庆治:《重建现代生态文明的根基——生态社会主义研究》,北京大学出版社,2010年,第94页。

② [美]杰里米·里夫金:《零碳社会:生态文明的崛起和全球绿色新政》,赛迪研究院专家组译,中信出版社,2020年,第3页。

类命运的未来。落后沉沦的文明必将让步于充满生机和活力的新型文明,这种更替也是人类能够不断繁衍进步的定律。

(三)生态文明是人类社会发展的新型文明

人类一代又一代利用一切可能的手段征服自然,使自然服务人类的目的到底是什么?在人与自然关系的理念中,人类的文明观念是否出了问题?答案是肯定的。那么,我们不仅要发现问题,更要找到问题产生的根源,并探寻解决问题的方式方法。在诸多的探索和纷争中,“生态文明是人类社会进步的重大成果,是实现人与自然和谐发展的必然要求”①。

1.生态文明的界定

生态文明将是工业文明的下一个阶段。那么如何界定生态文明?本书关于生态与文明的基本含义在前面已经做了基本的表述与分析。目前学界关于生态文明的界定并不唯一。学者们对于生态文明的认识与界定也经历着一个不断深入的发展过程。从20世纪30年代英国生态学家阿瑟·乔治·坦斯勒(A. G. Tansley)提出“生态系统”概念后,学界关于生态文明的认识开始丰富起来。20世纪60年代日本学者在对亚洲、欧洲和非洲等的生态环境、自然条件进行考察分析的基础上,提出了著名的生态史观。一般认为,“生态文明”作为一个概念的提出,最早来自德国学者伊林·费切尔(Iring Fetscher)1978年的论文《人类生存的条件:论发展的辩证法》。20世纪80年代,苏联的环境学家为表达人类生存状态第一次用了“生态文明”这一词语。之后,中国著名学者叶谦吉对“生态文明”首次从术语上做了界定:“所谓生态文明就是人类既获利于自然,又还利于自然,在改造自然的同时保护自然,人与自然之间保持着和谐统一的关系。”②他认为生态文明应该被界定在人与自然关系的和谐层面。20世纪

① 中共中央宣传部:《习近平总书记重要系列讲话读本》(2016年版),学习出版社、人民出版社,2016年,第230页。

② Ye Qianji. “True Civilization Era Has Just Begun: Professor Ye Qianji Called for ‘the Construction of Ecological Civilization’”. *China Environment News*, 1987, Vol 23, No.6, p.3.

90年代，美国学者罗伊·莫里森（Roy Morrison）在其著作《生态民主》中首次提出将生态文明作为工业文明之后一种新的文明形式。[①]至此，生态文明作为一种用于阐释人与自然和谐共生的专门术语在中外学界得到独立使用，用于解释人类与自然界的关系。生态文明作为独立的概念开始被运用于对人类与自然界关系的重新定位，成为人类认识人与自然关系进步的一个新的思维成果。之后，生态文明开始被国内外的学者所重视，并逐渐占据了人们的视野，进入到人们的意识之中。越来越多的学者开始对生态文明从不同的角度、不同的领域加强关注和研究，从而拓展和加深了对生态文明的认识和发展。生态文明的内涵在不断发展，外延也在不断扩展。张文认为，"'生态文明'一词有双重内涵，生态文明A指的是工业文明的环境保护，生态文明B指的是工业文明后的一种新文明"[②]。人们对生态文明的认识、研讨在不同领域、不同角度、不同层面上被发掘出来，呈现出多元发展的态势。

关于生态文明的定义，目前并没有统一的界定。归纳起来，大致有六种观点。

（1）阶段论。生态文明是人类文明发展的一个阶段。人类文明是不断发展的，与人类文明的前几个文明阶段相比，生态文明是人类文明的延续和发展，是对上一阶段文明的代替。不同阶段的文明有着自身的历史使命和固有的内涵和外延。生态文明作为下一阶段的文明形态，主要是重新定位人与自然的关系，调整人的生产方式、生活方式、消费方式，将生态理念和生态平衡纳入人类社会文明中来。

（2）性质论。生态文明是社会文明的一部分。社会文明由诸多文明组成，生态文明和其他文明一起构成社会文明。社会文明中包括政治文明、物质文明、精神文明和生态文明等具有相同属性的文明。这些文明在社会文明整体系统中形成一个完整的部分，生态文明与其他文明相互联

① Morrison Roy . *Ecological Democracy*. South End Press，1995，p.281.

② 张文：《生态文明的概念辨析与哲学反思》，《鄱阳湖学刊》，2023年第4期，第16页。

系、相互依存，而生态文明将凸显在人与自然关系中的协调作用。

(3)发展论。“生态文明是工业文明发展到一定阶段的产物。”[①]它是一种包含生态寓意的具有发展理念的社会发展。生态文明要求取代现代工业社会发展中的重物质轻精神、重破坏轻保护、重人类自身轻自然环境、重眼前轻长远的发展理念，需要重新建立一个生态环境健康、人类社会和谐、经济可持续发展的新文明社会。

(4)制度论。生态文明是社会主义制度下的文明。生态文明本身具有社会主义的本质特性。生态文明是取代资本主义制度下的工业文明的新文明，是社会主义的文明形态。消除危机的根源就是消灭资本主义制度，生态文明是新型的社会主义制度的产物和要求。

(5)关系论。生态文明与工业文明有着不可分割的关系。生态文明是从工业文明发展中产生的，与工业文明有着内在的、不可分割的关系。工业文明的发展产生了生态危机，这种危机的化解需要生态理念和生态思维，通过生态革命拯救工业文明社会的危机，重新塑造一种包含生态要素的新文明。这种新文明是在工业文明中孕育、成长的，最后突破工业文明的禁锢，实现生态质的飞跃，成长为一种新文明。

(6)和谐论。生态文明是实现了人与自然的和谐关系的文明。生态文明实质上是要重新设定人类与自然界的关系，重新调整人与自然的相处方式，重新构建生命互动关系模式。生态文明就是要人类与自然界的关系从对立冲突转换为协调统一，从人与自然的主从定位转变为互为一体，实现人与自然的和谐共处，将人类与自然界纳入一个共同的命运体系中。只有二者和谐，人类才能长久。

尽管有不同的观点，但总体上，学界对生态文明也形成了一些基本的共识。“所谓生态文明是指人类在社会实践活动中形成的人与自然、人与自身、人与社会之间关系和谐所取得的总体成果，强调的是人与自然之间的关系和谐。”[②]

---

① 习近平：《论坚持人与自然和谐共生》，中央文献出版社，2022年，第29页。

② 靳利华：《生态文明视域下的制度路径研究》，社会科学文献出版社，2014年，第55页。

2. 生态文明的内涵

(1)生态文明展现的是一种价值理性。这是从文明形态演进的路径来认识的。文明本身就是人类在社会发展进程中摆脱野蛮状态而逐渐进步的东西,是人类交际活动逐渐改进的事物。人类社会中的一切事物无不以文明为目标,并且随着人类社会的演进而表现出前后的差异性。文明的进步总是体现为现今社会的事物比以往社会的事物更进步、更优良。工业文明作为现代文明为我们构建了现代化生产生活方式、社会交往方式和社会政治制度,但是它却将人类传统文明所遗忘或忽视的自然生态的价值极端化,生态危机使我们清醒认识到生态对于文明本身的不可或缺性。因此,生态文明是对现代工业文明的革新与超越,是人类文明理性向度的新发展。

(2)生态文明体现出一定的工具特性。现代工业文明社会是以工业化、机械化、城市化等为特征的,因为"'资本的逻辑'在当代社会中的强势表现,得益于经济主义、消费主义和物质主义价值导向的'成功'"[①]。这种"资本的逻辑"给全球社会带来的是不可持续的发展,是全球性生态危机,只有改变这种逻辑,人类才能在地球上持续地生产生活,才能在地球上继续生存。如何改变?我们必须发动一场以限制"资本的逻辑"为核心的"生态革命",要进行一场全球生态文明建设。因此,只有生态文明才能挽救现代工业文明社会的危机。从这个意义上来讲,生态文明是一个必要的社会发展工具。现代社会可以将市场置于生态的限制之下,对国家进行生态改造,对社会进行生态重塑。

(3)生态文明表达的是一种新型的人与自然的关系。文明的内涵丰富,外延广泛。生态文明从哲学意义上解读,包含了三层理念。一是地球和人类的关系。这是整体观上的表达,体现的是人类作为一个物种与其生存所依赖的地球这一外部生存空间的关系。从二者存续的时间角度

① 郇庆治:《重建现代文明的根基——生态社会主义研究》,北京大学出版社,2010年,第135页。

看,地球比人类的存在时间要久远;从二者的供给关系看,地球为人类提供了生存发展的必要物质基础。因此,没有地球就没有人类。二是人类对地球资源的利用要有节有度。历史与事实已经表明:地球资源不是取之不尽,用之不绝的;地球环境也不是人类可以任意破坏和肆意摧残的。人类废弃物的排放要有限度,应以自然的承载力和承受力为基础。三是自然与人类的价值同等重要。目前,人类应该形成一个基本共识,那就是,自然界是人类的朋友,不是人类的客体。这一点,不论是古代的典籍还是现代的著作中都有强有力的佐证。尤其是马克思的著作更加鲜明地指出人与自然之间的辩证依存关系。人类只有客观公正地对待自然界,尊重自然界,承认自然界的价值,才能够充分合理科学利用自然界,实现人与自然的永续和谐、共生共存。

3.生态文明的特征分析

学术界关于生态文明的特征有不同的认识。郭镭、张华指出生态文明具有四个基本特征,即全面性、和谐性、高效性和持续性。[①]严耕、杨志华指出生态文明具有三个基本特征,即生态文明是对传统农业文明和现代工业文明的“扬弃”,生态文明强调人与自然的和谐相处,生态文明强调生态系统的生态价值、经济价值和精神价值的统一和共同实现。[②]吉志强认为生态文明的内涵与结构中凸显出“理论性与实践性、结构性与和谐性、历史性与现实性相统一的过程特征”[③]。洪富艳认为,“一是内涵的丰富性。二是外延的广延型。三是形态的高级性。四是建设的曲折长期性”[④]。田启波在《生态文明的四重维度》(2016年《学术研究》第5期)一文中提出生态文明的四重维度,分别是理性、制度、价值、伦理等。汪冰等从历史语境下提出生态文明的四大特征,即“高度发达的物质文明是生态文

① 姬振海主编:《生态文明》,人民出版社,2007年,第4页。

② 严耕、杨志华:《生态文明的理论与系统重建》,中央编译出版社,2009年,第175—180页。

③ 吉志强:《关于生态文明的内涵、结构及特征的再探析》,《山西高等学校社会科学学报》,2012年第9期,第71页。

④ 洪富艳:《生态文明与中国生态治理模式创新》,吉林出版集团股份有限公司,2016年,第23页。

明的基础、遵守人与自然之间和谐共生是生态文明的基本理念、修复人与自然的关系是生态文明建设的着力点、实现可持续发展是生态文明建设的根本目标”①。这里生态文明的基本特征表现在,“内涵多元性与价值本质性相统一,可持续性与系统性具有内在一致性,独立性与关联性相依存,历史性与时代性相统筹,具有较高的环保意识与更加公正合理的社会制度”②。

4. 生态文明的产生与必然

习近平总书记指出,“生态文明是人类文明发展的历史趋势”③。每一种文明都体现了人类与自然界的不同关系状态,体现了人类在处理人与自然关系时的不同方式。工业文明时期,人与自然关系不断紧张恶化,以至于生态危机步步逼近。如果不采取措施,尽快悬崖勒马,人类将会走上自我毁灭的道路。“工业文明没有解决好人与自然的关系,造成了环境生态危机,严重威胁到人类的生存和可持续发展。因此,人类必须吸取旧的工业文明的教训,建立新的文明形态。”④

资本主义生产方式的确立将人类带入一个生产力发达的时代。经过四百多年的发展,形成了崇尚科学理性和追求利润最大化的工业文明,西方发达资本主义国家把对本国的利益追求延伸到世界的每一个角落,以经济利益为核心,将本国的利益放在第一位,从而引发了全球性的生态危机。要化解这一危机,就需要进行一次新的社会革命,要以生态为中心,以生态经济取代市场经济、以节约的适度消费取代崇尚物质主义的奢侈消费、以环境保护与经济发展相兼顾的绿色发展理念取代追求GDP的经济增长模式理念、以生态和谐取代人类中心主义、以人与自然相互依存取

---

① 汪冰、余振国、姚霖:《历史语境下生态文明内涵及其特征探析》,《南京林业大学学报(人文社会科学版)》,2018年第2期,第76—77页。

② 靳利华:《生态文明视域下的制度路径研究》,社会科学文献出版社,2014年,第55—57页。

③ 中共中央宣传部:《习近平新时代中国特色社会主义思想学习纲要(2023年版)》,学习出版社、人民出版社,2023年,第231页。

④ 陈志尚:《论生态文明、全球化与人的发展》,《北京大学学报:哲学社会科学版》,2014年第1期,第56—57页。

代人支配自然的思想，创建一种新型的生活方式、生产方式、消费方式、思维方式和文明方式，“人类和经济发展指标不应该再完全或者主要反映物质增长和技术进步，而必须考虑到个人社会和环境的福利。这样的经济指标将包括健康、性别平等、无报酬的家庭劳动、收入分配的平等、更好地抚养孩子以及使用最少的资源和产生最少的浪费基础上获得人类幸福的最大化”[①]。

20世纪70年代以来，国际社会已经认识到环境问题的恶化以及环境问题给人类社会带来的危害。从联合国在斯德哥尔摩召开第一次“人类与环境会议”，发表《人类环境宣言》，到联合国成立世界环境与发展委员会（WCED）并提交《我们共同的未来》的报告，再到联合国环境与发展大会通过的《21世纪议程》，这些都表明国际社会正在努力提高对人类可持续发展的认识，正在采取措施一步一步地治理我们的地球家园。国际社会以不同的形式和方式表达着对世界生态主题的关注，推动生态文明理念的形成。

环境造就人类，人类影响环境。有关研究报告指出，在全球范围内，人类正在失去越来越多的稀有动物和植物。许多稀有动植物的栖息地和生长环境正在面临危险，其生存空间在一天天缩小。科学家们指出，大自然是独立的，一些生命体正在以不同方式影响和冲击着另外一些生命体的生存状态，并由此冲击到整个地球的生态系统。全球新冠疫情的暴发再次表明，人类社会正处于一个高风险的社会节点。联合国人权专家发出联合声明：全球化学品和废物管理不善问题正在引发一场“前所未有的全球毒害危机”，人类无法承受地球污染加重的后果。[②]人类与自然界之间的关系到了一个重要的临界点。是时候了，人类需要发起一场全新的生态意义上的大革命，一场生态革命风暴即将到来。

生态文明将是人类的新起点，是未来的发展方向。英国舒马赫学院

①［德］乌尔里希·杜罗：《全球资本主义的替代方式》，宋峰译，中国社会科学出版社，2002年，第206页。

② https://news.un.org/zh/story/2023/09/1122082，2022年9月23日浏览。

创始人、生态文明教育家撒提殊·库玛(Satish Kumar)指出:“生态文明不能局限于一个国家、一个村庄、一个城镇或者一个家庭。我们要把文明从以自我(ego)为核心转变为以生态(eco)为核心。生态文明不只是一种想法,而应该是在大家生活的方方面面,我们需要变得生态,我们每个人都应该实践‘生态’……在我们的家园——地球上,所有的生物都应该被关心到,不只是人类。在生态文明中,我们要关心的不只是人类的权利,而是整个自然的权利:山河有它的权利、森林有权利、动物有权利,甚至蚯蚓、昆虫都有它们的权利,万物都有他们在这个大家庭中的一个角色,所以他们都同等重要。”[①]挪威哲学家阿恩·奈斯(Arne Naess)提出,深度生态学(deep ecology)是生态文明的基础。英国的科学家詹姆斯·洛夫洛克(James Lovelock)提出,整个地球是一个有生命的有机体,被称作盖娅(Gaia),即,她是有智力的,有意识的。美国学者杰里米·里夫金指出,“应对全球气候变化已迫在眉睫,我们这一代人需要担负起时代的使命,在沟通交流、能源、交通、制造、建筑、工业、农业和日常生活等方方面面,践行绿色新政,控制和减少温室气体排放,扭转全球气温升高的趋势,使世界迈入更加美好的零碳时代,促进人类社会形态由工业文明向生态文明转型,实现人与自然的和谐发展”[②]。

5.生态文明是对工业文明的超越

人类是具有智慧的高级物种,是文明的创造者。挪威学者阿恩·纳斯主张人类应形成一种超越人类中心主义的整体生态思想,通过人类对自然的情感认同和智慧行动,达到人的自我实现与多样化自然融为一体的生态智慧。[③]这种生态智慧能够增加超越工业文明,进入生态文明的可能性。

---

①《生态文明,从心开始——记英国舒马赫学院创始人Satish Kumar演讲》,https://www.sohu.com/a/227708654_472886,2017年10月7日浏览。

②[美]杰里米·里夫金:《零碳社会:生态文明的崛起和全球绿色新政》,赛迪研究院专家组译,中信出版社,2020年,第3页。

③[挪威]阿恩·纳斯:《生态,社区与生活方式》,曹荣湘译,商务印书馆,2021年,第1页。

首先，从文明的内涵和形成的机理上，生态文明包含了一种主体间关系。从人与自然的关系上，生态文明体现了人与自然的两个主体，并且两个主体是平等和谐的，将人与自然的主体关系发展到一个新型的关系状态，是人类文明的进步过程和积极构建的成果。人类文明发展成为一种超越人类自身的全球文明，修正了工业文明以人类为中心、追求工业发展的机械性、技术性和物质性等的片面和极端，增补了人类对自然界的关注和对自然规律的重视，修补了人与自然的关联性，将自然纳入人类生存发展的重要过程。

其次，从文明主体和表征方式上，生态文明强调了文明主体的二元平等和社会自然的共生。生态文明不仅表明，人类是文明成果的创造者，同时强调自然主体也是文明创造者，尽管二者的存在形式不同。生态文明对两个主体的地位与作用都给予同等的认可，并强调两个平等主体和谐共生、相互作用，共同缔造了地球文明。生态文明在历史上第一次改变了历史上文明社会中将人类社会生产力发展水平和产业形态作为表征内容的表述方式，将人类社会与其生存环境——自然界的关系作为一种文明形态的表述，体现了人类认识能力的提高和文明本质的进步。

最后，从文明表达的价值取向上，生态文明追求两个主体关系和谐发展。生态文明认为人类不是唯一的主体，也不是世界的主宰者，人类生存依赖的自然界和自然环境并不是被人类认识、利用、改造与征服的客体，自然界的万事万物都有自己的生长规律和存在价值，在全球生态系统中发挥着不可替代的生态服务功能，人类在追求自己的需求、满足自己的欲望时，绝对不能忽视自然的内在价值，绝对不能伤害自然界。“从地球上出现生命的那一天起，生物体就没有停止过进化，将来也会持续进化，包括人类。”[①]因此，生态文明追求的是“作为主体的人与自然的和谐发展”价值取向。在生态文明的价值理念下，自然与人类是两个平等的主体，并且是

① [美]爱德蒙德·罗素：《进化的历程——从历史和生态视角理解地球上的生命》，李永学译，商务印书馆，2021年，第4页。

不可分割的。人类的发展目标是人类在尊重自然环境的基础上与自然共同发展、和谐发展。人类的发展也是自然的发展,是地球的整体发展。

6.生态文明的时代价值

生态文明是在现代工业文明社会中内生的一种新型文明形态,是在当代生态危机中进行社会变革的一种文明。它的出现是资本主义发展到垄断阶段的生态危机的必然要求,是特定时代的社会应答。“从生态主义的视角看,生态文明是我们站在后现代文明时代背景上对人类文明未来可能状态的激情想象,对人类过去三个世纪以来工业化与城市化制度和生产生活方式的批判性超越,对人类更悠久时间维度内构建的文明与进步理想及其测量尺度的深度检视。”[①]生态文明的价值体现在以下几个方面。

一是生态自然观。生态文明中包含了对自然规律的尊重、对自然价值的肯定和对自然生态的重视。生态文明自然观认为,自然界是人类生存的基础,人类是自然界不可缺少的组成部分,人类与自然界共同构成一个不可分割的有机整体。因为“充分了解自然界的特性,并与它建立起日常的、物理性的联系,会生成一种统一感,也就是先祖们所体验过的根深蒂固的‘根’的感觉”[②]。人类是自然界的物种之一,既离不开自然界,也超越不了自然界,只能依赖自然界。人类是自然网络中的一个结点,与其他的自然万物共同构成了地球的整体。他们之间是一个非线性的、不均等的作用互动网,在这样的网络中,他们彼此之间进行着能量、物质和信息的传递与交换,维持着彼此的生存、发展与演变。整个自然界为人类提供了各种需求,不论是物质的还是精神的。人类的科技不论怎样发达,对自然界的认识和了解有多少,人类依然是自然界的组成部分,必须与自然界共生共存。

二是生态生活观。生态文明对人类生活的认识应是舒适的、适度的、

---

① 郇庆治:《重建现代文明的根基——生态社会主义研究》,北京大学出版社,2010年,第260页。

② [美]柯克帕特里克·塞尔:《大地上的栖息者:生物区域主义》,李倢译,商务印书馆,2020年,第6页。

有限的、有节制的、绿色的、精神愉悦的生活追求。“加快形成绿色生活方式……倡导简约适度、绿色低碳的生活方式，形成文明健康的生活风尚。”[①]生态文明不追求物质享受和对物质财富的贪欲、占有，人类对物质的需求是基本满足生理需求，物质只是满足人的身体功能的基本需求，不占有大量的物质资源和物质产品；对需求产品追求的是其基本功能，并非附加的外表装饰、虚假价值或华丽奢侈的包装。生态文明注重人的心灵与精神的追求，并超越物质欲望的控制。心灵的充实、纯洁，精神的富足与安逸才是人类发展的新境界和新追求。可见，人类只有摆脱对物质享乐主义的迷恋，才能实现人的自由全面的高层次发展。

三是生态生产观。生态文明在工业文明发展的基础上，继承了技术、机械、智能、信息和自动化的生产发展。但是生态、绿色、循环、可持续和无污染则是生态文明社会的新生产模式。生态文明要求社会生产要遵循自然规律和保护生态系统服务功能，进行生态生产。生态文明下的社会生产倡导生态生产，把生态环境和自然规律作为维护和发展经济的前提，认可自然的内在价值，维护自然的生存权利，反对借助科技对自然界进行干预，反对任意制造人为自然景观，随意破坏和扰乱自然节律，放下征服、控制自然的欲望之剑，学会尊重自然、善待自然。人类要在生产活动中与自然保持和谐共处，在满足自己生产需要的同时，也要维持自然界的生态均衡与稳定，形成人与自然的和谐一体。社会生产的环节与过程要坚持生态均衡、生态功能和生态系统的维护，要将技术原理与生态均衡、技术设计与绿色保护相结合，要实现无污染、无废物和无浪费的循环、环保和可持续的生产，从而减少对自然资源的浪费和消耗，在社会生产与自然资源之间实现动态平衡，经济发展与生态环境要实现协调并行，进而“推进生产系统与生活系统循环衔接”[②]。

---

① 中共中央宣传部：《习近平新时代中国特色社会主义思想学习纲要（2023年版）》，学习出版社、人民出版社，2023年，第227—228页。

② 同上，第227页。

四是生态消费观。“取之有度，用之有节是生态文明的真谛。”[①]生态文明社会倡导适度、有限、节制和绿色的消费观。人类在自己的生活中实行适度、有限和有节制的消费，从而减少对自然界物质资源的过度消耗、对环境的肆意污染，并将绿色、生态纳入消费的全过程。适度消费就是满足人基本的生存需求，消费的是商品的使用价值，满足人的实际需求，追求的是健康、适度、富足的生活水平，是在合理利用现有资源的基础上为后代的生存留下基本的生存发展资源，与当下的生产力发展水平相适应。有限消费就是人在消费过程中有一定的限制、有一定的控制，对商品的需求是有限度的，是以满足当前的基本需求为目的。绿色消费是在消费中不污染环境，不浪费商品，注重环保，节约资源，自己对商品的选择和使用有利于环境的生态保护。节制消费就是物尽其用，也就是使用的商品价值完全、充分使用干净，在其他的环节上再次循环使用，尽可能减少对能源的消耗和环境的污染排放。

第二节　生态文明建设的提出、构成与时代意义

生态文明建设不同于以往的社会建设，它将是人类发展历史上的新型社会建设。它很难在短时间内完成，不得不经历一个相当长的历史时期；它不仅发生在人与人的社会关系领域，还将发生在人与自然的生态关系领域。在这个历史时期内，生态价值观将逐渐普及并被人们接受将是生态文明建设的关键。这种生态文明建设不是由少数的社会精英宣传所引发的，而是由环境污染和生态破坏对人们的不断警告和生态文明的思想观念所代表的世界文明进步的新方向所推动的。它要求发展生态产业，开启生态生活，建设生态寓意的文明，开创富有生态意义的新发展

① 中共中央宣传部：《习近平新时代中国特色社会主义思想学习纲要（2023年版）》，学习出版社、人民出版社，2023年，第227页。

征程。

全球性生态危机是人类目前共同的威胁，而走出危机的唯一出路就是进行全球生态文明建设。1987年中国学者叶谦吉明确提出了“生态文明建设”这一概念。生态文明建设提出了社会整体发展的新目标和新方向，它需要对长时期的社会政治经济原则做出相应调整，需要全球层面的整体生态文明建设的共同推动。生态文明建设在人类社会的建设中，既关键又漫长。这种建设的历史进程需要各个国家努力和整体国际社会发展的共同演进来实现。中国人民大学经济学院李义平教授做客人民网·中国共产党新闻网“聚焦十八大”访谈栏目时指出，十八大提出生态文明建设，这是一种世界潮流。中国外交部长王毅2015年6月9日在《人民日报》发文指出：“生态文明建设是理念、制度和行动的综合，它通过科学理念指引制度设计，通过制度规范和引导行动，从而构成一个完整的体系。”①

一、生态文明建设的提出

“生态文明建设”这一术语首先出现在中国，并上升为国家的战略目标。之后，生态文明建设在国际社会引起共鸣，得到越来越多国家的认可和加入。生态文明建设已经不再是一枝独秀，而是逐渐成为当今世界各国选择的一种新发展模式和人类社会发展的新道路。

（一）生态文明建设提出的背景

生态文明建设是在中国特定的国内环境和国际背景下，国家建设和社会发展到一定阶段而提出来的。生态文明建设由党的十八大明确提出并纳入国家的整体建设的目标框架之中。它与现有的各种建设共同构成国家的五大建设，中国政府“把生态文明建设融入经济建设、政治建设、文

---

① 王毅：《用制度保障生态文明建设》，《人民日报》，2015年6月9日，http://opinion.people.com.cn/n/2015/0609/c1003-27122752.html，2020年3月12日浏览。

化建设和社会建设的各个方面和全过程”[①]。由此可以看出，生态文明建设已经成为国家建设重要的组成部分。

生态文明建设在中国的提出离不开特定的国内环境和国际环境。从国内环境来说，经济发展与环境保护出现偏向和背离，并产生了双向负效应。“改革开放以来，我国经济社会发展取得历史性成就，这是值得我们自豪和骄傲的。同时，我们在快速发展中也积累了大量生态环境问题，成为明显的短板，成为人民群众反映强烈的突出问题。这样的状况，必须下大气力扭转……所以，我们必须把生态文明建设摆在全局工作的突出地位，既要金山银山，也要绿水青山，努力实现经济社会发展和生态环境保护协同共进。”[②]从国际环境来说，人类赖以生存的地球已经被严重污染。“生态文明建设关于人类未来，建设绿色家园是人类的共同梦想，保护生态环境，应对气候变化需要世界各国同舟共济、共同努力，任何一个国家都无法置身事外、独善其身。”[③]因此，国内外的双重压力促使中国政府启动生态文明建设，并驶入快车道。

中国政府提出生态文明建设是站在人类命运共同体的立场上，为了整个地球的共同命运。正如郇庆治所指出的那样：“走出生态危机的唯一出路是建设生态文明……由工业文明到生态文明的转变当然是一次革命。但是，这次革命将与历史上的革命截然不同，这将是发生在民主、人权观念十分深入人心的历史时期的革命。它不会再表现为一个阶级推翻另一个阶级的暴烈的行动，而将表现为一场由价值观的逐渐改变所引发的社会制度和生产生活方式的逐渐改变，它将会经历一个相当长的历史时期。”[④]生态文明建设的提出符合社会发展的需要，是新时代的中国在人

---

① 刘娟：《习近平生态和谐思想的传统和谐思想探源》，《时代报告》，2019年第3期，第25页。

② 习近平：《论坚持人与自然和谐共生》，中央文献出版社，2022年，第168页。

③ 中共中央党史和文献研究院、中央学习贯彻习近平新时代中国特色社会主义思想教育领导小组办公室编：《习近平新时代中国特色社会主义思想专题摘编》，党建读物出版社、中央文献出版社，2023年，第385页。

④ 郇庆治主编：《重建现代文明的根基——生态社会主义研究》，北京大学出版社，2010年，第159页。

类社会发展道路上的一个伟大创举。

(二)生态文明建设提出的方向

“生态环境问题归根结底是发展方式与生活方式问题。”[①]中国政府高瞻远瞩、高屋建瓴地提出生态文明建设,并非一种政治口号,而是立足自身,放眼全球,具有国内与国际相结合的大格局、大视野、大气魄,并且站在与世界各国同呼吸共命运的时代高度。它吹起了人类生存方式与发展模式变革的时代号角。基于生态文明建设的本质属性,中国政府不仅在国内制定了推进生态文明建设的法规、政策和措施,还在国际社会上积极倡导和促进全球生态文明建设。事实表明,生态文明建设的外部性要求不仅需要在一个国家的内部推进,更需要世界各国的协同推进。生态文明建设本身是一项全球性的事业,是人类的共同事业,单靠一个国家在一个区域不能实现真正意义上的生态文明。因此,中国生态文明建设的提出既面向国内,也面向国际;既解决自身生态环境问题,也推动全球生态环境问题的解决。

1.推动中国自身的生态文明建设

中国提出生态文明建设战略规划以来,积极推动国内不同领域的生态文明建设,形成由点、线、面组合的立体综合格局。它体现在行政级别的统一部署和令行禁止。中央的战略部署和科学规划是指导中心,各个级别的行政部门对政策的执行形成自上而下的一条线,不同领域、不同行业的具体实施则直接推动了生态文明建设在全国各个领域的展开,这样在点、线、面上形成一个综合的生态文明建设布局。具体的战略实施是:“在‘五位一体’总体布局中,生态文明建设是其中一位;在新时代坚持和发展中国特色社会主义的基本方略中,坚持人与自然和谐共生是其中一条;在新发展理念中,绿色是其中一项;在三大攻坚战中,污染防治是其中

① 中共中央党史和文献研究院、中央学习贯彻习近平新时代中国特色社会主义思想教育领导小组办公室编:《习近平新时代中国特色社会主义思想专题摘编》,党建读物出版社、中央文献出版社,2023年,第384页。

一战;在到本世纪中叶建成社会主义现代化强国目标中,美丽中国是其中一个。”[①]由此可见,具体的战略实施有力地推动了生态文明建设的深入和有效开展。

生态文明建设的具体实施体现了个体、小团体与大集体的统一行动。我国的生态文明建设体现了党和政府在处理现代工业化发展中对人与自然关系的新定位,它不仅有战略高度,还有对个体生命的高度关注。从生态文明建设的战略层面上看,美丽中国的建设、中华民族的伟大复兴是生态文明建设的战略目标,体现了中国人的共同福祉。从小团体的生态文明建设上看,积极推动各个地方的生态环境治理,建设生态村、生态县、生态省,不同的生态区域是不同领域生态需要的体现,按照生态系统整体要求,统一构建健康的生态空间区域。生态文明建设最终要具体落实到每一个生命个体的发展上,为此,党和政府积极为民众的生态需要提供服务,满足民众的生态需求,为民众提供更蓝的天、更清的水、更净的土。本质上,“我们既要绿水青山,也要金山银山。宁要绿水青山,不要金山银山,而且绿水青山就是金山银山”[②]。中国的生态文明建设涵盖了政府责任、民众幸福和地球命运,为此,中国共产党和中国政府制定了宏观的生态文明建设框架,把生态文明建设的宏伟蓝图纳入国家整体发展的战略规划之中,从各个方面全方位地推动生态文明建设。

2.倡导全球生态文明建设

中国是一个发展中大国,也是一个负责任大国。在推进本国生态文明建设过程中,中国应为全球生态文明建设献计献策,积极参与,主动引领。国家主席习近平在全国生态环境保护大会上提出“共谋全球生态文明建设,深度参与全球环境治理”[③],这一原则明确了中国政府在全球生态

---

①《习近平谈治国理政》第四卷,外文出版社,2022年,第360页。

② 中共中央宣传部:《习近平总书记系列重要讲话读本》(2016年版),学习出版社、人民出版社,2016年,第230页。

③《建设“美丽中国”,习近平提出这么干》,《人民日报》,http://news.sina.com.cn/o/2018-05-19/doc-ihaturfs8925613.shtml,2018年6月1日浏览。

文明建设中的责任与担当。“我国已成为全球生态文明建设的重要参与者、贡献者、引领者，主张加快构筑尊崇自然、绿色发展的生态体系，共建清洁美丽的世界。”[①]中国为推进全球生态文明建设的深入发展，“要深度参与全球环境治理，增强我国在全球环境治理体系中的话语权和影响力，积极引导国际秩序变革方向，形成世界环境保护和可持续发展的解决方案。要坚持环境友好，引导应对气候变化国际合作。要推进‘一带一路’建设，让生态文明建设的理念和实践造福沿线各国人民”[②]。

一方面，利用国际论坛，向世界传递生态文明建设的意义。中国贵阳从2009年开始，每年都举办“生态文明主题”的国际论坛。通过学术论坛的方式向国际社会传递中国提倡生态文明建设的价值与意义，介绍中国生态文明建设的经验与启示。中国作为东道主举办具有“生态文明”思想的国际学术活动，邀请世界著名学者参加会议，进行国际学术思想研讨，将具有中国特色的生态文明建设理念向国际社会进行传播，通过交流，获得国际社会的认同。思想的交流、理念的传播，将中国建设生态文明的主张、观点向世界各国和民众进行阐释和传递，增进世界各国和民众的相互理解，形成一些共同的认知。

另一方面，利用国际组织、国际会议等国际平台，主动向国际社会展示国内生态文明建设的成果和进程，加强与国际组织的沟通。中国是世界政府环境保护组织的重要成员，积极执行组织的规章和规定，为世界环境保护工作尽力尽责。全球气候变化是目前全球最凸显的生态问题之一，中国出席国际气候峰会是主要的参与方式。一直以来，中国“积极参与全球气候治理，为全球应对气候变化作出重要贡献”[③]。全球生态文明建设任重而道远，中国作为国际社会中的一员，积极推动世界各国共同参

① 中共中央党史和文献研究院、中央学习贯彻习近平新时代中国特色社会主义思想教育领导小组办公室编：《习近平新时代中国特色社会主义思想专题摘编》，党建读物出版社、中央文献出版社，2023年，第385页。

② 同上。

③中共中央宣传部：《习近平新时代中国特色社会主义思想学习纲要（2023年版）》，学习出版社、人民出版社，2023年，第232页。

与、合作建设、相互尊重、互利共赢。

生态文明建设的宗旨是实现人与自然的和谐关系，是对自然环境的生态伦理化关切。生态文明建设昭示着人与自然必须和谐相处，意味着现代人们生产方式、生活方式的根本改变。中国在当代历史条件下提出的生态文明建设符合历史发展的趋势，是应对生态危机的必要途径。

二、生态文明建设的构成

中国提出生态文明建设的战略部署，并指出生态文明建设的本质特征。需要说明的是，生态文明建设并非彻底否定工业文明中的进步思想与科学技能，而是反对产生生态危机的制度、观念与行为等因子。生态文明建设就是要在社会生产活动中遵循生态学原理，遵守生态平衡的规律，形成一种新型的社会生存与发展方式。在生态文明建设中进行资源配置时，要遵循市场经济机制、社会效应和生态平衡相结合原则，将市场的自由竞争机制、社会公平正义的原则和生态系统的健康稳定连接在一起，形成一个自然、人文和生态相结合的综合系统。因此，生态文明建设是一个完整的社会系统，是构成一个新型社会的基底，是多个方面的共同体现。

（一）积极树立生态理念，为生态文明社会奠定文化价值基础

生态理念是生态文明建设需要遵从的基本价值理念，它倡导以人与自然为价值主体，每一个主体都具有自己特定的存在价值。生态文明建设就是要改变工业文明社会中的“唯人类”价值观，将人类生存依赖的自然看作与人类同等重要的价值主体，对自然的内在价值、自身规律、生态功能、物质和能量交换进行重新的认识；要认识到人类的生存发展是以自然规律、生态平衡和良性运转为基础。如果自然遭到破坏，那么人类的生存发展将难以为继。从人类社会发展的历史轨迹来看，违背自然规律、破坏生态平衡，必然会遭到自然界的惩罚。“科技至上”“人类至上”“利益至上”“金钱至上”等观念是现代工业化生产的产物，不论是为人类的自身发展，还是为自然界的系统稳定，都必须摒弃。生态文明建设需要的是一种

全新的理念，是把人类的需求和自然环境的承受、经济发展与环境保护、物质追求和精神进步等协调统一起来，对人类破坏的自然环境进行修复、保护，停止错误的脚步，对于已经不能修复的自然环境要终止人类的行为，让自然环境逐渐实现自我修复。人类必须清醒地认识到：在自然面前，人类并不是无所不能的主宰者，并不能穷尽对自然界的探索，人类永远都是自然界的组成部分；人类只有尊重自然、敬畏自然、珍爱自然，才能与自然和谐相处，也只有这样才是明智的选择。

（二）创新循环绿色经济，为生态文明社会奠定物质基础

生态文明建设将超越工业现代化对物质财富的追求，突破经济增长无极限的谬论，在保持自然环境生态系统健康、自然资源和能源可承受的范围内，满足人类基本的生存与发展需要。在这种条件下，“发展绿色低碳产业，推进生产系统和生活系统循环链接”①。生态文明建设中，社会经济发展不是让人类倒退到落后的社会生活中，不是限制人们的基本生活需求，不是抛弃文明、进步、快捷和方便的生活方式，而是对浪费、污染、有害和有毒的产品与商品进行革新、创新，用生态原理改变原有的生产、生活和消费等方式，实行生态的、持续的、绿色的和循环的新发展模式，实现资源、能源的合理和可持续利用；同时确保生态环境的健康、生态系统的平衡。生态文明建设就是要对现存的生产、生活和消费等方式进行反思与检讨，改变资源无限利用的经济理念和基本思路，树立资源有限、节约和克制使用资源的观点；改变人们对物质的占有欲望和奢侈消费心理，提升人们的道德意识和精神追求；改变市场经济完全自由的经济体制，建立统一、开放、竞争和有序的新型生态经济市场体系。生态文明建设要通过工业生态化的推进，为人类提供充足的物质和文化产品，为生态文明社会创造丰富而有限度的物质生活产品，使产品能够充分利用，不会产生浪费

① 中共中央宣传部：《习近平新时代中国特色社会主义思想学习纲要（2023年版）》，学习出版社、人民出版社，2023年，第227页。

和污染，不会对人体和环境造成伤害。生态文明建设要为社会主义文明体系提供必要的物质基础，并为生态文明社会中其他文明的发展提供良好的生态条件。因为文明是一个相互联系、相互影响的组合体，没有良好的生态文明条件，人类也很难享有其他文明带来的成果。没有自然生态环境安全和地球生态系统健康稳定，人类自身就会陷入不可逆转的生存危机。

（三）进行科技生态革新，为生态文明社会提供正向技术支撑

生态文明建设要求充分利用科技的优势，消除科技的负面效应，将生态观念、生态意识融入科技产品的功能中，生产出高效、节能、环保的产品，避免带来二次污染和对资源的浪费，使社会中的产品能够发挥最大功能。“取之有度、用之有节是生态文明的真谛。”[①]物尽其用的同时也不会带来对环境的污染和破坏，这才是生态文明建设对科技的基本要求。现代科技要进行生态革命与创新，发展生态技术。生态科技不同于一般意义上的传统科技，它是一种在生态理念指导下的新型科技，它的目标不是单纯追求产品的大量生产，而是追求产品功能的充分、合理和环保，将对社会产品的生产与自然世界的生态服务功能连接在一起，实现自然世界与人类社会之间的良性生态互动、能量的正向流动和物质交换的生态循环。生态科技的发展不应以经济增长为指标，而应以生态环保和生态功能为导向，要改变对科学技术的盲目崇拜和科技万能的错误认识，要维护自然生态系统的健康运转，不能以牺牲自然环境为代价。历史上的科技革命给人类带来诸多科技成果的同时，也同样给自然环境、自然资源和自然生态带来严重的破坏。因此，现代科技需要转型为生态技术，减少和终止对自然环境的破坏，“生态技术创新能够通过提升资源配置与利用效率，降低保障生存基本需求对生态系统占用的依赖，从而拓展生存基本需求压

---

① 中共中央宣传部：《习近平新时代中国特色社会主义思想学习纲要（2023年版）》，学习出版社、人民出版社，2023年，第227页。

力与生态系统承载能力间可决策空间，为相关措施制定落实奠定现实基础，同时增强经济社会绿色发展转型的内生动力”[①]。因此，生态文明建设就是要对传统的科学技术运用理念进行生态更新和生态变革，科学技术的研发利用要遵守自然世界生态平衡的基本法则，在自然世界和人类社会的物质交换、能量传递和命运一体中实现正向可持续发展。

（四）实施政治生态变革，为生态文明社会奠定政治基础

政治是现代文明社会构成的基础要素。生态文明社会的政治是一种新型政治，它是具有生态秩序的现代政治，将生态文明纳入现代政治生活中，塑造具有生态理念的新型政治社会。生态文明社会中的政治内容、政治体制和政治机制需要融入生态理念，实现政治生态化，构建新时代生态政治格局，从参与国家政治的角度追求更加有效地改善政治生活环境。“促进政治生态化的生成是一项浩大的工程，任重而道远，但它是人类面对生态危机的必然选择，通过政治改革、实现政治生态化已是当前社会发展进程中的一大战略考量，也是解决生态危机、成功走向真正的和谐社会的战略抉择。”[②]生态文明建设就是在政治活动中提供生态环境建设服务，让更多的社会主体参与到生态环境治理中，政治上实现具有生态秩序的权力结构。生态文明建设对国家政治改革提出新要求，政党政治、民主政治、政府政治等发展要围绕生态文明建设，高度一致地推进生态文明建设，为生态文明社会的形成奠定基础。

（五）推进生态劳动，为生态文明社会提供新型劳动方式

工业文明下的劳动因为资本主义制度对资本和利润的追求而导致异化，使劳动远离了其本性。劳动不仅是为了满足人的基本生活需要，还是

---

① 王思博、庄贵阳：《生态技术创新：理论阐释、作用机制与案例检验》，《经济体制改革》，2023年第1期，第26页。

② 李咏梅：《生态危机解困之路：从生态政治化到政治生态化》，《青海社会科学》，2011年第2期，第32页。

人的自我价值的实现。劳动不仅制造财富,还带来精神的满足。“劳动是人类社会存在的基础,但在资本主义社会,人类的劳动却成为雇佣劳动,受资本逻辑制约,成为资本家剥削工人的手段。”[①]资本主义制度扭曲了劳动的本性,歪曲了劳动的价值,使劳动变成了获取利润和财富的手段。生态文明建设将生态理念融入劳动活动中,实现劳动的本质意义,将人的劳动和自然环境连接在一起,改变劳动的异质化,使劳动重新回归人和自然的和谐一体。劳动将成为人的基本活动方式,成为人依赖自然环境下的基本行为,成为人与自然之间的可持续的、良性的物质交换活动。于是,生态劳动就成为生态文明社会的必要劳动。生态劳动就是将生态理念融入人的行为中去,进行生态化劳动,实现人的生态性劳动,真正将人和自然融入一个整体中,实现二者之间的有机互动和整个生态环境的平衡。“生态劳动的本质是实现人与自然物质、信息和能量的良性变换,是生产和废弃的统一。”[②]生态文明建设就是要推动人的生态劳动,形成一种新型的劳动方式,为生态文明社会提供坚实的基础。

(六)培育新时代生态人,为生态文明社会提供合格的社会新人

不同社会环境需要不同素质的社会主体。生态文明建设对人的发展提出更高的要求。马克思、恩格斯对共产主义未来社会新人提出的目标是实现人的“自由全面发展”。“马克思主义‘生态人’的生命状态是一种生态化生存,是对以往‘自然人’的自然化生存、‘社会人’的社会化生存的积极扬弃。”[③]生态文明建设的主体是具体的个人,因此,个人的发展直接关系到生态文明建设的进展。人的全面发展是社会进步的最高价值目标。生态文明建设就是要不断塑造文明、进步的社会新人,推进人的自由全面

① 徐海红:《生态劳动的困境、逻辑及实现路径——基于马克思主义政治经济学视角的分析》,《上海师范大学学报(哲学社会科学版)》,2021年第1期,第71页。

② 同上,第76页。

③ 郁蓓蓓:《马克思主义“生态人”与共同富裕》,《中国社会科学报》,2022年9月28日,第11版。

发展。生态文明社会是人类建立的超越工业文明的新社会,首要满足人的全面需求,促进人的全面发展,塑造适应生态文明社会的新人,也就是生态人。所谓生态人,就是生态文明社会的合格公民,是拥有生态意识、生态思维和生态行为的生命个体。生态人要将生态意识融入自己的行为活动中,改变自身异化,形成生态行为,成长为社会生态人。首先,要克服人自身的异化,也就是作为生命意义上的个人要克服自我因本位思想意识所产生的利己行为,改变被异化的思维意识。其次,养成人的生态化行为,就是将生态意识纳入人的实践行为中。最后,也是最重要的,就是成为社会生态人,将人的生态意识、行为融合到社会中,最终发展成生态化的社会新人。当然,人的社会属性不可磨灭。生态文明建设在重塑人与自然关系的过程中,最重要的就是人自身生态素质的提升和生态行为的塑造,因此,生态人的培育直接关系到人与自然关系的发展进程和方向,全社会应该共同努力促进生态人的形成。

三、生态文明建设的时代意义

生态文明建设将带来诸多变化,推动人类生存方式的根本改变。生态文明建设是对现有资本主义生产方式为主导的生存方式的变革,是人类处在高风险社会的自我修正。人类应该有这种智慧,即在社会发展出现严重危险的时候能够及时找到化解危机的方法,从而化危为安。事实表明,在人类社会历史发展的长河里,人类就是依靠这种不断自省、不断变革和不断进步的智慧发展到了今天。那么,在21世纪的生态危机面前,生态文明建设无疑就是人类可以选择的一条新型发展道路和新发展模式,也将是人类社会变革的一个新的起点。

(一)生态文明建设将创新思维模式

思维模式是人类社会发展中形成的一种人类对事物认识的思维形式。生态文明建设是建立在人与自然和谐关系哲学基础之上,强调的是人与自然的逻辑统一。工业文明社会所遵循的哲学基础是主体与客体相分离的二元对立,人作为超越自然的主体,对作为客体的自然界具有控制与支配的作用,这种主客二元对立的思维模式带来自然界的破坏,引发生态环境的恶化。生态文明建设主张人与自然和谐统一,人是自然的一部分,人依赖自然,人与自然在地球上具有同等的生存权利。思维是行动的指针,思维方式的改变将直接影响人们的行为方式。生态文明建设的推进将给人类社会带来一种全新的思维模式,有利于人类社会的可持续发展。

(二)生态文明建设将推进生产方式的变革

生产方式是一定阶段社会发展的根本标志。生产方式代表着一定社会发展的基本形态和方向。现代的资本主义生产方式追求高生产、高消费和高浪费,这种生产方式带来的后果是对自然资源的严重浪费和过度消耗,对自然环境的严重污染和极度破坏,受损的自然环境反过来制约了社会的持续发展,并且给人类社会带来严重的负面影响和深刻伤害,结果造成人与自然之间关系的极度紧张。生态文明建设要求变革现行的生产方式,将生态理念纳入生产领域,用生态学原理进行经济生产和社会活动。这种新的生产方式应遵循适度原则和系统整体原则,生产活动中对自然资源的开采、利用和消耗要有节制,对自然环境的系统不伤害、不破坏、不污染。这是一种生态的生产模式,是生态文明建设的基本要求。

(三)生态文明建设将改进人们的生活方式,使之趋向更加和谐健康

当今世界,人们生活在一个高度紧张、压力颇大、节奏很快的社会环境中,追求物质享受和新奇刺激也成了一种生活方式。对物质财富的追求占据了人们的生活空间,人们就像是上了发条的闹钟一样停不下来。物质欲望填满了人们的心灵,精神的家园逐渐沦丧,人们变成了物质的奴隶,在追求物质财富的道路上停不下来。生态文明建设要求人们对自然界要有伦理关怀,对动植物等非人类生命要有关爱之情,要懂得保护人类赖以生

存的自然环境。生态文明社会中的人类要站在尊重自然、保护自然、关爱自然的立场上开启新的生活模式，将人类的生活与自然界的生态平衡连接在一起，创造出一种新型的生活方式。这种生活方式是建立在人与自然相互依赖、相互影响的道德伦理关系范畴中，是人类未来的一种选择。

（四）生态文明建设将改变人们的消费方式，有利于资源永续、环境美丽

现今世界，资本主义市场经济推动下生产了丰富的物质产品，人们拥有了大量可以消费的物质资源。物质产品的制造离不开对资源的消耗，生产过程中产生的污染也严重破坏了自然环境的生态健康。大量一次性产品的问世消耗了更多的资源，同时也产生了更多的垃圾和废弃物，充斥在自然环境之中，造成对环境的污染和破坏。生态文明建设提倡有节制的、合理性的、科学化的生态消费，这将带来一场消费模式上的革命。人们对物质产品的欲望将得到抑制，对物质产品将物尽其用，降低对一次性产品的使用，同时对产品尽量做到循环利用，减少对资源的无节制剥夺和无限制消耗，从而使资源能够延长使用的寿命，使环境能够不被废弃物和垃圾破坏，自然生态环境能够保持平衡和健康。

生态文明建设为走出工业文明社会提出了社会整体发展的新目标和新方向。生态文明建设是人类社会发展的一个文明发展新阶段，需要对长期的社会政治经济原则做出相应调整，需要进行全球层面的整体生态文明建设。这种历史发展进程离不开世界各国民众的积极参与，携手推动。生态文明建设，说到底是以生态文明的价值理念为指导，对工业现代化的社会发展进行修正与变革，重建人类社会整体的生存发展新方式。

第三节　生态治理与生态文明建设的关系厘定

生态文明建设是现阶段一种新的生存方式，是对工业资本主义模式

的否定、超越和创新。生态文明建设就是要修正工业资本主义发展模式中否定自然价值、违背自然规律以及破坏自然环境的做法，将生态文明的理念融入社会发展的所有领域，实现对一切生命的尊重，恢复生态平衡。“事实上，在生命与非生命中并没有确定的边界。”“生命不只是他本身的目的，而且也是生物的所有派生性目的的根源。”[①]我们需要理解生命的深层意义，“生命来自一种超越，这种超越来自尚未成为现实的道的德行”[②]。这种“道的德行”已经变得尤为重要。“不过，在人那里还存在一种确定生命的至上性的自由，这样的自由经常会反过来威胁到星球本身，人本身也由此成为地球的最大威胁者。”[③]因此，生态文明建设就是要将人的“道的德行”推及到人类之外的生命以及非生命身上。生态治理无疑成为生态文明建设不可缺少的组成部分，是推动生态文明建设的一种具体实践路径，是实现生态文明的具体方案和行为活动，因为，“生态治理指向生态文明。从具体的实践层面来看，它不仅是在传统的治理实践中加入一个生态的维度，更是要打破原有的治理结构，构建新的发展模式，实现新的发展目标”[④]。换言之，生态治理是推进生态文明建设的一个应然向度，全球生态治理是生态文明建设在人类向度上实现升华的核心维度。生态文明建设彰显了生态治理为谁治理的价值诉求；生态文明建设为实施生态治理提供了精神力量，以一种新文明来理解人与自然的关系，从而转变人们的生活方式和生产方式。“在可以预见的未来，导致建立基于可持续发展理念中的道德体系的力量可能比支持建立生物中心主义的体系的力量更强大，对人类世的治理特征的需求来说尤其如此。”[⑤]简言之，在人类应对

---

①[澳]伯奇、[美]柯布：《生命的解放》，邹诗鹏、麻晓晴译，中国科学技术出版社，2015年，第191、199页。

② 同上，第190页。

③ 同上，第199页。

④ 马文佳：《生态治理中的价值选择与伦理建构》，《中国社会科学报》，2021年11月24日，第8版。

⑤ [美]奥兰杨：《复合系统：人类世的全球治理》，杨剑、孙凯译，上海人民出版社，2019年，第168页。

全球生态危机的历史进程中,生态治理是手段,生态文明建设是目标。

一、生态治理的概念和内涵

(一)治理的界定与特征

1.治理的界定

英语中的"governance"(治理)一词最初来源于拉丁文,原意是控制、操纵和引导,主要运用于国家公共事务的管理和政治活动中,而在政治学领域中,一般是指国家治理。从中文的释义上分析,"治理"一词是"治"与"理"的组合,由统治的"治"与管理的"理"组合而成,形成一个具有双重内涵的新词语,一般意义上是指单向度的自上而下的治国理政。世界银行、联合国发展计划署以及全球治理委员会等国际性组织对治理术语作出不同含义的界定,但是,"治理"一词所强调的依然是适度调节治理的主客体间的向度与方式。国际组织和国际社会并没有将治理运用在民族国家和国际社会范围之内。尽管治理与统治、管理有着一定的联系,但是,在目前的政治环境下,治理还不能完全代替"统治"和"管理"概念。

"治理危机"(crisis in governance)一词最早出现在1989年世界银行关于非洲情形的报告中,突出了治理在政治领域的应用,特指描述后殖民地和发展中国家的政治状况。联合国成立的"全球治理委员会"和出版的《全球治理》杂志进一步突出了治理的政治意义。目前,"治理"已经不再局限于管理学和政治学领域的应用,而是被广泛地应用于社会、经济、环境等众多领域。英国社会科学院院士、南安普敦大学教授罗茨(R.A.W. Rhodes)列举了治理六个领域的概念及其使用,他指出治理有六种不同应用。[1]在西方,治理概念被政治学家和管理学家提出之后就开始代替传统的"统治"一词,原因在于他们对现存社会资源配置中的"双失效"(市场失

① 这里六种应用具体是指作为最小国家的管理活动、作为公司管理、作为新公共管理、作为善治、作为社会—控制体系以及作为自组织网络等。

效和政府失效)的失望,希望通过治理来解决社会中的“双失效”问题。中国出版了包括《大国治理》《政府治理》《社会治理》《基层治理》《全球治理》和《生态治理》等“国家治理现代化”系列丛书,展开对治理的深入研究。

目前,关于治理的概念与解释并不统一,基本形成三种不同观点。第一种认为,治理是指具有多元主体的一种特殊活动。代表性的学者是美国的詹姆斯·罗西瑙(J.N.Rosenau),他通过与“统治”的比较,认为治理与统治是不同的概念,“治理指的是一种由共同的目标支持的活动,这些管理活动的主体未必是政府,也无须依靠国家的强制力量来实现”[①]。第二种认为,治理是利用权威维持秩序。中国学者俞可平认为,“治理一词的基本含义是指在一个既定的范围内运用权威维持秩序,满足公众的需要”[②]。此外,他还进一步指出,“治理不同于统治,它指的是政府组织和(或)民间组织在一个既定范围内运用公共权威管理社会政治事务,维护社会公共秩序,满足公众需要”[③]。第三种认为,治理是一个过程。这一观点是在《我们的全球伙伴关系》研究报告中提出来的,这种观点主要是通过分析治理特征而来:“它有四个特征:治理不是一套规则,也不是一种活动,而是一个过程:治理过程的基础不是控制,而是协调;治理既涉及公共部门,也包括私人部门;治理不是一种正式的制度,而是持续的互动。”[④]

由此看来,治理是一个特定历史概念,是不断发展变化的,其内涵与外延不断扩展。目前关于治理还没有一个统一的界定,不同学科领域对此都有不同的认识。总体来说,治理是由多元主体在一定范围内运用权威管理社会事务,维持公共秩序,满足公众需要的一个持续协调的过程。

2.治理的特征

“治理”有五个方面的特征。

一是治理的主体身份多元化。包括除去政府外的民间社会行为者也

---

① 俞可平:《治理与善治》,社会科学文献出版社,2000年,第2页。

② 同上,第3页。

③ 曹荣湘:《生态治理》,中央编译出版社,2015年,序言第1页。

④ 全球治理委员会:《我们的全球伙伴关系》,牛津大学出版社,1995年,第23页。

参与到国家公共事务中，并发挥相应的作用，反映了社会中既定权力结构的变化和现状。“任何一个行动者，不论是公共的还是私人的，都没有解决复杂多样，不断变动的问题所需的所有知识和信仰；没有一个行为者有足够的能力有效地利用所需的工具；没有一个行为者有充分的行动潜力单独地主导一个特定的政府管理模式。”①

二是治理的客体范围更加广泛。治理的对象变得更加广泛，涉及所有公共事务。治理的对象范围比政府的管理范围更广，它改变了国家的边界，意味着公共的、私人的以及志愿部门之间的界限变得更加灵活、模糊了。

三是治理的目标更具社会性。为了更好地为公众提供公共服务，治理目标具有明显的社会性。治理是为了更好地促进国家与社会之间关系的互动，是为了纠正政府与市场在提供服务过程中的“双失灵”。说到底，治理主要是社会层面的治理，是解决人与人之间的关系。

四是参与治理的行为体之间的关系发生变化。多元主体之间形成相互依存的新型关系，具有利益的共同性。多元主体自主地参与互动，形成具有间接调控功能的管理结构。这一管理结构不是对某一主体负责，而是对所有参与主体负责，发挥协调作用。多元主体之间的互动是在没有统一的权威机构和部门的帮助下进行的，它需要行为者之间相互信任，共同参与协商和共同制定规则来调节。

五是治理的行为与理论在交织影响中发展。因为每一个治理行为都或多或少地围绕着一定的理论信念与概念载体而展开，同时每一个治理理论化和信念的展开也需要依赖治理行为来实践。没有理论指导的行动是缺乏灵魂的，离开行动的理论是没有活力的。

（二）治理的生态性要求

随着在众多不同领域、不同背景下的使用，“治理”在不同利益主体共

① Kooima J. “Social-political Governance: Overview, Reflections and Design”. *Public Management*, 1999(1) p.4.

同发挥作用的领域建立起一致或取得认同。治理被看作一个工具、一个过程、一种机制、一种理念、一种新管理方式、一种新型关系模式、一种范式、一种善治和一个“社会—控制”系统。总之,治理的出现与应用被看作是人们与传统和过去的决裂,体现了人类从重视社会环境到重视生态环境的进步。

长期以来,人们受到“人类中心主义”思想的影响,关注更多的是人类自身的利益,研究的理论、技术、理念等也大多围绕人类社会,认为人类在地球上至高无上,人类之外所有的一切都是为人类服务的,而且这些都是无限的、无需考虑的。“治理”这一词语的出现同样是人类社会发展过程中的一个新生事物,是为解决人类社会发展中的某一问题而出现的。“治理”一词从产生以来,在人文社会领域得到大力推动和广泛应用。但是,人类社会面临的问题已经超越了传统界限,人类社会所处的生态环境的变化对人类社会的影响已经成为人类社会面对的新问题和新挑战,治理也必须从人类社会自身更广的生态环境方面得到发展。

从18世纪以来,人类社会对地球资源和环境的影响进入一个新的时期。三次科技革命将人类社会与自然环境推到一个新的关系阶段,人类不断征服自然界,不断加强对资源的挖掘和使用,自然环境也遭到不断污染与破坏。同时,人口数量的增加、城市化的建设、战争与冲突的频发、化学产品的使用和工业现代化的发展等对自然环境的生态系统造成严重的冲击与破坏。20世纪30年代,受损的生态系统在空气、海洋、一些动物和植物物种、土壤和河流等领域表现出来,并开始危及人类的生命健康。全球生态环境的不断恶化引起国际社会的关注。人类社会开始认识到经济发展给全球生态环境带来的伤害越来越严重,国际社会已经到了必须直面生态系统破坏严重性的时候了。1972年在斯德哥尔摩举行的“联合国人类环境会议”上,人类对社会系统与生态系统之间的关系第一次有了全球共识。从此之后,国际社会不断采取措施推进对自然环境的关注与保护。但是,直到21世纪的前二十年,全球生态环境一直在恶化,全球变暖的趋势依然没有得到有效控制,臭氧层破坏的程度也没有减缓,水污染的问题没有得到有效处理,海洋污染在加剧,生物多样性的锐减加速,一桩桩污染危机事件不断发生。生态环境对人类社会的影响已经越来越严重,人类社会已经到了必须关注生态环境变化的地步。

生态环境问题的出现给人类社会敲响了警钟。据联合国发表在《自然资源论坛》上的报告称,“全世界共有24万平方英里(约合62万平方公里)农田已被污染。巴基斯坦的印度河河谷就是受影响最严重的地区,盐化导致该地区近年来的稻米产量下降48%,小麦产量下降32%。盐化土壤每年给美国西南部干旱地区科罗拉多河谷造成的损失高达数亿英镑。在土库曼斯坦,有一半以上的灌溉农田被盐化毁掉”[①]。生态环境问题的解决已经不能单纯依靠科学技术。因为单一的科学技术对解决生态环境问题的不断升级并没有带来正向的、明显的积极效果,反而还引发了生态环境的恶化。正像蕾切尔·卡森在《寂寞的春天》中所说的那样,“人类将杀虫剂不加区分地喷洒在大地上,直接杀害了包括鸟类、鱼类、哺乳动物等在内的几乎所有野生生物”[②]。生态危机在不断升级,生态灾难正在逼近。“2017年国际自然保护联盟(IUCN)研究中列出的2.7万种脊椎动物中结果发现近数十年,约三分之一品种数量大幅减少。领导该项调查的墨西哥国立自治大学科学家塞瓦略斯指出,这些消失的品种并非濒危动物,而是一般常见品种,例如燕子。科学家警告:地球已步入自4亿多年前冰河时期以来的第六次‘生态大灭绝’,速度之快超出预期。”[③]这个研究结果表明,人类对生态物种的破坏已经到了极度疯狂的地步。生态环境问题的解决需要运用治理的理念与方式。对于日益严峻的生态环境问题不能依赖传统的方式来解决,“治理”的出现对生态环境问题的解决提供了新的、有益的思路。治理本身的特性与生态环境的内在联系使二者有机地

---

①《联合国报告称:“全球土壤盐化毁掉法国面积大小农田”》,参考消息网,http://science.cankaoxiaoxi.com/2014/1103/551671.shtml,2021年8月20日浏览。

②[美]蕾切尔·卡森:《寂寞的春天》,龚勋编译,北京燕山出版社,2018年,第65页。

③《地球步入第六次“生态大灭绝”:速度之快超出预期》,中国新闻网,http://tech.sina.com.cn/d/n/2017-07-12/doc-ifyhwehx5717382.shtml,2017年8月1日浏览。

结合在一起，治理的出现将对生态环境问题的解决发挥至关重要的作用。

生态环境所构成的生态系统要求环境系统的各个组成部分与环境系统整体之间是一个相互制约、相互作用的关系。在生态环境系统中，每一个物种群落与其生存依赖的外部环境构成不可分割的统一体。生态环境系统的范围是不同的，有大有小，并且彼此相互交错。与地球最大的生态系统——自然生物圈相比，人类主要生活在以城市和农田为中心的人工合成的生态系统中。生态环境的系统是开放性的，它需要源源不断地在不同系统之间进行能量传递，借此维系自身系统的稳定与平衡，否则，能量传输一旦中断，系统自身一旦失衡，将会给整个系统带来致命性的危机。人类是生态系统的一部分，人类社会与生态环境之间是相互作用的，因而人类社会与生态系统其他部分之间的相互作用是不可分割的。人类在生态系统中的地位是很难改变的，因为人类活动直接影响生态系统。生态系统为人类社会提供包括物质、能量和适合人类需要的社会系统信息等在内的所有生态服务。这些服务从人类社会向生态系统的移动就是人类活动对生态系统影响的结果。正是因为人类社会对生态环境系统不断产生破坏和危害，导致生态环境问题的出现，生态环境问题出现使得生态系统不能再继续为人类社会提供所需的服务。生态环境系统是由包括人类在内的各种植物、动物和微生物的生态系统组成，其中，人类对生态环境系统的作用将直接或间接地作用于生态环境，同时，人类受到来自生态环境的反作用。在人类与生态环境的相互作用中，人类必须担负起对生态环境的保护责任。只有生态系统健康运行，人类才有良性的、健康的生存环境。因此，生态治理势在必行，刻不容缓。“一个健康的社会同样需要关注生态可持续性、经济发展和社会正义，因为它们是相辅相成的。”①

人类社会与其生存依赖的外部环境之间已经形成不可分离的整体系统，在这个系统内，人类社会系统与自然环境的生态系统处在一个相互联

① [英]杰拉尔德·G.马尔腾：《人类生态学——可持续发展的基本概念》，顾朝林等译，商务印书馆，2021年第1版，第12页。

系、相互作用的动态链条之中。自然环境的生态系统在保持正常的、健康的状态下才能为人类社会系统提供需要和服务，一旦生态系统被破坏，它不但不能再为人类社会系统提供需要和服务，还将对人类造成严重的伤害甚至致命的灾难。因为只有自然环境的生态系统保持了健康和平衡，它们才能源源不断地为人类和系统中的其他生物提供能量、物质和各种需要，而“已经被破坏的生态系统一旦失去了满足人类基本需求的能力，就很难有机会去实现经济发展和社会公正”[①]。

这些使我们不得不深深地思考人类社会系统与生态系统的相互关系和相互作用，不得不增强我们的生命危机感，人类的治理将从对生命负责的态度，对生态关爱的高度，积极投入到保护全球生态系统健康的历史使命中来，走上全球生态治理的新道路。

（三）生态治理的界定与内涵

1.生态治理的界定

生态治理是随着生态环境问题的出现而产生的。将治理运用在生态环境问题的解决上是人类社会的又一进步。关于生态治理的概念目前还没有明确的界定和统一的认识，学者们在使用中也没有给出明确的概念。

关于生态治理的含义，学术界主要有三个不同的定义。一是从关系的角度进行界定。该定义主要是由荷兰学者阿瑟·摩尔（Arthur P. J. Mol）提出的，他指出生态治理应该集中在理论和实践两个方面，而理论和实践模型的塑造应该立足于环境改革和工业转型，在这个过程中要处理好三个关键性的概念，即现代技术制度、市场经济体制和政府干预机制。二是从微观与宏观的层次进行界定。该定义主要来自荷兰学者哈杰（M. Hajer）。他认为生态治理要以“预防性”原则为主，这种原则主要体现在政策制定的策略上，并在宏观和微观上来实施。微观上则通过“防治污染

① [英]杰拉尔德·G.马尔腾：《人类生态学——可持续发展的基本概念》，顾朝林等译，商务印书馆2021年第1版，第12页。

有回报”理念来在环境保护方面制定预防性的政策策略改变人们对环境保护就会增加成本这种传统理念。宏观上则将自然定义为公共商品或公共资源,涉嫌的污染企业应当承担举证责任。这里“环境保护是一个‘正收益过程’(positive-sum game),通过环境决策的技术变化,微观与宏观经济观念的变化,环境立法与决策的变化等,可以体现低碳城市生态现代化的‘六个转变’”①。三是从多元主体的角度。中国学者薛晓源、陈家刚在《从生态启蒙到生态治理》一文中提到,“生态治理是在健康的政治共同体中,政府与社会中介组织,或者民间组织,将公共利益作为最高诉求,通过多元参与,在对话、交流、沟通中,形成关于公共利益的共识,做出符合大多数人利益的合法决策。生态治理是一种新的治理模式、一种多元参与的治理,是一种通过善政走上善治的治理”②。王库在《试论生态治理视域下的新加坡城市管理》一文中指出,“生态治理是人类生存与发展过程中维持良好生态状况的管理过程,是政府、社会组织以及民间组织共同参与的,形成良性互动并且诉诸公共利益的一种和谐治理形式”③。

此外,还有一些学者从公共管理的角度出发,提出生态(环境)公共治理的概念。例如洪富艳在《生态文明与中国生态治理模式创新》一书中指出“所谓生态环境治理就是指在实现人与自然和谐的共同目标下,政府、公民社会和市场相互协调、相互合作,共同承担,促进自然生态系统平衡的基本职能的一系列理论、制度和行为”④。王轩从逻辑层面上提出“生态治理是人类生态精神在对自然、社会及自身认识和实践中自我展现与发展的本质力量实现形式,它既是一种实践事实性逻辑,又是一种文化价值逻辑,是基于人类总体性实践运动、变化的生态精神机制、规律的澄明、重

---

① 李志昌:《论社会信息生态问题》,《中共云南省委党校学报》,2004年第5期,第42页。

② 薛晓源、陈家刚:《从生态启蒙到生态治理——当代西方生态理论对我们的启示》,《马克思主义与现实》,2005年第4期,第14—21页。

③ 王库:《试论生态治理视域下的新加坡城市管理》,《吉林省社会主义学院学报》,2008年第3期,第40页。

④ 洪富艳:《生态文明与中国生态治理模式创新》,吉林出版集团股份有限公司,2016年,第108页。

构与改造”[①]。谭羚雁从政府治理的角度提出“生态治理是遵循生态系统原则，将生态学世界观和绿色政治理论应用到政府治理中，从而指导和规范政府治理行为，以提高政府治理效率和效益的一种具有系统性、整体性和可持续性特点的结构化治理模式”[②]。

李臻则从狭义和广义，以及治理现代化等角度对生态治理进行多元性分析与界定。一方面，指出生态治理应从狭义生态学上运用生态学原理，宏观调控和管理有害物质，另外，生态治理是生态文明建设的全过程；另一方面，指出生态治理应从治理现代化的角度分析，包括责任主体的变化、引擎机制的变化、权力运行方向的变化以及作用外延的边界变化。

通过上述分析，生态治理的概念基本分为两种解释：第一种是狭义层面的界定，是指对生态环境问题的治理，简称生态治理，具体是指对自然环境的生态治理；第二种是广义层面的界定，是针对某些问题用生态思维和生态方式、方法、技术等实施的恢复生态系统的治理，称为生态化治理，从治理环境的角度可以分为三个领域，即自然环境、社会环境和人自身环境。从概念的界定上来看，狭义的界定基本等同于广义层面的自然领域。从目前的使用情况来看，自然环境领域的生态治理使用是较常见的，也是较普遍的。这与现在国内和国际的自然环境出现的生态危机密切相关。随着人类社会的发展和人类认识的提升，对社会领域、人的身体领域等的生态治理将成为研究和使用的发展内容。随着中国生态文明建设的推进，生态治理已经成为生态文明建设过程中的具体实践活动，生态治理的研究也将成为重要的问题领域。生态治理是一个发展的概念，其内涵丰富，应用广泛，不仅应用在自然环境的生态治理方面，还应用在政党政治、经济发展、社会建设等众多方面。总体来看，生态治理已经成为一种解决问题的方式和途径，它不仅是一种理论思想，更是一项实践活动。

从词源上看，生态治理(ecological governance)是一个合成概念，是由

---

① 王轩：《生态治理的内在伦理与动力机制》，《重庆社会科学》，2016年第4期，第35页。

② 谭羚雁：《当代中国政府生态治理：一种新的结构治理模式探索》，《辽宁行政学院学报》，2010年第12期，第14页。

生态与治理组合而成的新术语，是指运用生态学原理，遵循生态平衡原则，对人类有害的环境、生物、资源等进行有效的管控，对受损或失衡的生态系统进行修复、重建，对濒临灭绝的物种进行重点保护，对与人类生存直接相关的破坏严重的领域环境实施生态性的改良、改进、修补、更新和再植等的过程或活动，这些过程或活动应符合生态系统的基本法则或要求。本书中的生态治理是一个狭义的概念，专指自然环境的生态治理，是为了解决人类与自然环境之间的失衡问题，恢复人与自然的和谐关系而实施的具体活动。生态治理解决的问题主要是生态环境的破坏和环境污染，主要体现在自然生态系统、农地生态系统和城市生态系统这三大生态系统。从生态治理的范围可以划分为国内和全球两个范畴。目前的生态治理主要集中在国家层面，并且政府发挥了不可缺少的作用。

2.生态治理的内涵

生态治理的区域具有系统整体性。生态治理要求打破行政界线和区划，从生态系统的角度实施生态治理，实现责任共担、利益共享。不论是中央政府、地方政府、企业还是民众，作为参与者都应该在生态治理中担负责任。

生态治理的对象具有公共特性。生态治理的环境资源具有公共物品的属性，受损的生态环境得到解决后产生的健康生态环境并不排除任何个人、团体、国家对它的使用，并且都可以从中获益，生态治理效果的这种非排他性导致“生态环境的公用地悲剧”“搭便车”和“集体行动困境”等现象出现。因此，从生态治理效益的非排他性和非竞争性看，其对象的公共产品特性尤为突出。

生态治理的实施要求遵循生态学原理。生态治理的问题具有群体性，对待问题解决不能用简单的“头痛治头、脚痛治脚”的方法，要按照生物与环境是一个系统的原理，对出现的问题进行合乎生态系统的治理。

生态治理的行为主体要遵守协调一致的合作原则。参与生态治理的相关方要协同行为、合作治理，要求生态治理中的信息公开，协商制定政策，建立沟通渠道和协调机制，促进各方的相互理解与彼此信任，尊重参与各方的利益、目标与要求，参与各方都有权提出建议与对策。

实施生态治理的主体身份是多元的。从多中心治理理论看，国家、政府、企业、个体和民间组织等都可以作为治理主体。这些不同的主体既可以单独采取措施也可以合作共同行动。从全球范围来看，国家、国际组织、跨国公司等都可以作为生态治理主体，从事生态治理活动。实际上，国际社会中，由于国家的特殊作用，国家依然是国际社会的主要行为体，因此，不论是在国家内部还是全球范围，国家在生态治理中的作用，依然是其他主体无法替代的。

二、生态治理为推进生态文明建设提供具体方案与实践路径

生态治理是一种实行节约资源、秉持环境友好和维护生态平衡的具有生态寓意的治理。“在生存和发展两大主题中，生态治理是人类最为基础的共同需求。”[①]随着人类活动对自然环境生态系统的破坏与干扰的日益严重，自然界对人类的负面影响与反作用不断增强。人类逐渐认识到保护自然生态环境的重要性，认识到庞大的工业帝国给人类带来的灾难。生态治理将成为人类社会修复生态环境的主要手段与举措，“以修复保护为主要内容的生态治理则是推进生态文明建设的基础性工作”[②]。生态治理也将贯穿于生态文明建设的全过程，在生态文明建设中发挥关键作用，是不可缺少的重要举措、重要保障。

（一）生态治理为生态文明建设提供社会生态服务保障

生态治理的宗旨是修复失衡的生态系统，也就是重新构建良性健康的生态环境，将人类破坏、污染和伤害的自然环境进行生态性、生态化的治理，重新恢复人类生存所依赖的自然环境的生态平衡。实施生态治理

① 宁波大学马克思主义学院丁燃、宁波大学习近平新时代中国特色社会主义思想研究中心魏雪敬：《构建全球生态治理共同体》，《中国社会科学报》，2020年11月11日，第7版。

② 张孝德、张文明：《习近平生态治理思想的深层实践意蕴》，《国家治理》，2017年第4期，第37页。

将修复和恢复自然生物系统的平衡，使生物群落恢复自身的生态链条，人类所依赖的生态服务功能重新恢复正常，再现勃勃生机。生态治理的重点领域主要是自然生态系统、农地生态系统、城市生态系统，这些系统与人类社会系统密切相关，如果这些领域得到有效治理，那么人类社会所依赖的生存环境将会得到改善。生态文明建设是人类走向新型文明阶段的选择，将为人类社会营造更加美好的发展前景。生态文明建设涵盖了人类社会的各个领域和人类社会与自然环境的生态系统，它第一次突破人类自我的狭小界限，将人类与自身环境真正形成一个不可分割的整体。生态治理的实施，将使自然生态系统实现健康运转，将为生态文明建设提供一个健康、良性的自然生态系统，为生态文明建设的整体发展提供基本的生态服务保障，在人类社会与自然环境关系的构建中，有利于人与自然和谐关系的顺利发展。

（二）生态治理为推进生态文明建设提供社会生态环境

社会生态环境是生态文明建设的必要条件。良好的社会生态环境有助于生态文明建设的推进，生态治理可以营造良好的社会生态环境。现实的社会发展中，“资本主体化的过程不仅使资本具有了独立性，使活动的个人丧失了自由和个性，从而出现人的发展悖论，而且会随之产生环境悖论”[①]。由于工业现代化的推进，资本逻辑引发了社会生态危机，“马克思揭露了资本家在资本逻辑的支配下通过延长工作日对工人的生存环境造成了极大破坏，引发工人为争取正常工作日而进行斗争，导致资本主义社会中工人阶级与资产阶级的矛盾日益加剧和社会不稳定性不断增加，从而造成了严重的社会生态危机”[②]。生态治理通过运用生态理念、生态技术、生态原理等变革生产关系中的劳动关系、经济关系和利益关系，使人与人之间逐渐形成生态寓意的社会关系，从而缓和了资本造成的社会

① 王传玲、杨建民：《资本逻辑与生态文明》，山东人民出版社，2019年，第2页。

② 万冬冬：《自然生态·社会生态·人类生态：马克思生态思想的三重维度》，《理论导刊》，2021年第11期，第94页。

矛盾，为生态文明建设的发展提供有利的社会生态环境。

（三）生态治理为生态文明建设的推进提供社会生态新人

生态文明建设离不开一批推动社会发展的新型社会行为主体，也就是需要一种能够爱自己、爱他人、爱社会和爱自然的，具有大爱的社会生态新人。"'生态新人'的基本要求体现在新思想、新使命和新作为三个方面。"①他们具有无私的品格、高尚的心灵，他们崇尚和平，热爱自由。人性的自私、贪婪等劣性将被遏制，一个人的心灵与身体将得到和谐融合。生态治理的实施将对人的身体与心灵进行生态化的修炼，将生态理念注入人的思想意识、心灵深处、行为举止。生态治理的具体实践活动中，实施的社会行为主体也将具有生态意识和生态素养，逐渐塑造成具有生态理念的社会生态新人。社会生态新人本质上是生态人与时代人的融合体。一方面，社会生态新人不仅关注自身的权利需求，同时也关爱和尊重自然的权利。社会新人作为现代社会的新型公民在关注自身政治权利、自由和利益的同时，开始将自身生存的外部环境——自然界纳入自己的思想意识和行为活动之中，成为自觉的环境保护人。另一方面，社会生态新人在社会关系的构建中，在人与人的关系中增加了更多的共同意识与共同利益，人与人之间并非单纯自助，更多的是一种互利共生。持续性社会逐渐成为社会新人的共识，其实践行为活动以生态为标杆，对自己的行为进行规约，从而深化自己的生态意识，塑造自己的生态行为。当一个生命体能够将生态融入自己的血液里、骨子里，自身升华为自然的一部分，并与自然万物的命运连接在一起的时候，这个生命体的生态价值意识也就实现了。这种具有生态价值意识的生命体将充当生态文明建设的社会主体，成为生态文明社会的新型社会公民，大力推进生态文明建设的正向、健康发展。

---

① 欧巧云、甄凌：《习近平绿色发展观视域下"生态新人"探究》，《湖南省社会主义学院学报》，2019年第6期，第12页。

(四)生态治理为生态文明建设提供新型社会生态关系

生态文明建设需要建构一种新型社会生态关系。生态治理在实施具体的治理措施、方法和手段的实践中,都应遵循人与自然关系和谐的基本理念,将生态理念融入具体的社会行为活动中,使人类社会与自然世界之间建立起一种新型的关系。生态治理的实施过程,实际上是社会中不同行为体解决人与自然矛盾关系的协调合作过程。为了推动生态问题的解决,行为体可以通过个体或集体的方式,利用政府或民间的不同机构或组织,制定具体的行为方针和活动措施。生态治理要求社会中的行为体之间构建具有生态寓意的社会行为原则和行动规约,以此作为其社会行为指针。行为体在生态治理的过程中,遵循生态原则,建立合作机制,共同担负职责,利益共享,从而形成以生态共享为宗旨的良性互动合作关系。在这种关系中,行为体建立彼此信任的共有信息和共享资源,既要遵循市场竞争机制,又要尊重生态利益共享原则,从而在生态问题的治理中形成互信、互利、互通的新型社会关系。这种新型社会关系将有利于推动生态文明社会的构建。

三、生态文明建设为生态治理实践提供的必要支撑

现代工业文明社会发展的背景下,生态文明建设是人类社会发展到特定历史阶段的产物,是人类在应对自身外部环境挑战下的新选择。目前,国际社会已经认识到生态文明建设的重要性,并开始积极推进。不论是从国家自身还是国际社会的某个层面来说,生态文明建设都是人类社会未来发展的新场域。生态文明建设是一个完整的系统建设,它包括诸多具体领域,比如制度领域、经济领域、政治领域、社会领域等。生态文明建设的发展为生态治理的实施提供了有利的环境和有益的指导。生态文明建设就是要实现生态环境的健康稳定和系统平衡,要制定健全完善的规章制度,在自然生态可承载范围内进行经济活动,构建民主、平等、自由的政治生活,营造一种人人和谐幸福的社会氛围。生态文明建设为生态

治理的实施提供了有利的环境和明确的方向，为生态治理的实施保驾护航，为生态治理解决了为谁治理的问题。事实上，新时代的生态文明建设既是满足人们对美好生活追求的迫切需求，也是引领全球生态治理的发展方向和必然诉求。简言之，生态文明建设为生态治理提供了必要的发展支撑。

（一）生态文明建设为生态治理提供必要的实施方向和行动指南

生态治理作为应对生态环境的具体措施和途径，离不开一定的战略定位和目标导向。生态文明建设是国家建设的重要构成部分和核心目标之一，为生态治理提供了明确的行动指导。生态文明下的政治建设加强了国家政治信念的坚定性、政治立场的一致性、政治环境的和谐性，保证国家政治机制运行平稳和政治功能的正向发挥，为生态治理的各种政策、方针的出台与制定提供强有力的政治保障。生态文明中的政治建设为生态治理的实施提供良好的政治环境，有利于营造良好的生态政治秩序，有利于各种力量形成一种有效的凝聚力，有利于集中各种力量推动生态治理的有效实施。

（二）生态文明建设为生态治理提供必要的物质基础

生态文明建设需要在经济建设中大力推动绿色经济、循环经济和生态经济等各种新型经济的发展，这类经济不再唯GDP而发展，而是在保护环境、维持生态平衡的基础上推动经济的稳步发展；经济增长也不再是经济发展的硬指标，而是资源、能源的合理使用与经济稳定发展紧密结合在一起，将自然规律与经济规律联系在一起，实现物质基础的充分供给。生态文明建设下的经济建设是在节约资源、避免浪费、没有污染、物尽其用的原则下推进的，这为推进生态治理提供了基本的物质基础和有利的条件。

（三）生态文明建设为生态治理提供一定的制度创新

生态文明建设中，最关键的是制度文明和法制规章的建设。习近平总书记指出，“生态文明建设要实施最严格的生态环境保护制度。生态文明建设要建立诸多的相关制度，如责任追究制度、健全资源生态环境管理制度，以及完善社会经济发展考核评价体系等”[①]。生态文明建设中的制度建设为生态治理提供可靠、完善而严格的制度保障，这些制度为生态治理的具体实施提供最基本的行为规范。同时，生态文明建设通过对法律、政策、法规等各种生态治理行为方式的具体有效规约，推进生态治理中各项法律制度的健全与完善，为生态治理提供有效的、强有力的法制保障。

（四）生态文明建设为生态治理提供多元的社会力量

生态文明建设的推进促使人们对生态治理的意义和重要性有了新的认识。长期以来，人们对环境的保护、污染的治理、资源的利用等大多停留在单纯的、低标准的保护和维护层面，停留在单一的措施方面，缺乏科学、系统而深刻的认识。生态文明建设提出了人与自然要和谐与共，有助于人们将生态意识融入环境保护和污染处理的具体工作中，形成自觉的行动。“生态文明建设是一项复杂的社会系统工程，不仅需要政府发挥主导作用，也需要企业、社会组织和公众等治理主体共同参与。”[②]从公民层面来说，生态治理需要公民在日常生活中重视个人生活方式和行为习惯的变革，践行绿色生态的生活方式；而生态文明建设中对公民的生态教育和培育则为生态治理提供了具有生态意识的生力军。从政府层面来说，生态治理需要政府的工作人员在日常的工作中，对政策、方针、制度、规章等的执行要始终将生态文明理念纳入进来；而生态文明建设提出政府工

① 中共中央宣传部：《习近平总书记系列重要讲话读本》（2016年版），学习出版社、人民出版社，2016年，第240—241页。

② 陶国根：《生态文明建设多元主体协同治理机制之梳理》，《行政与法》，2021年第10期，第1页。

作人员要以“人与自然和谐与共”为行为导向，这为政府工作人员在生态治理中发挥其首要责任，转变政府服务职能，提供系统完备的制度供给和有效的政治保障等提供了有力的政治制度保障。从企业层面来说，企业工作人员应充分认识到生态环境治理和绿色发展要进行产业结构和绿色生产方式的调整，而生态文明建设对企业发展提出将生态文明理念融入整条产业链的构建中，则为企业的生态治理提供了有效的导向和管控。总的来说，生态文明建设中，政府、企业、公民等具有生态意义的实践行为成为实施生态治理的主要社会力量，有力地推动了生态治理的发展。

（五）生态文明建设为生态治理多元主体提供合作共识

社会环境治理中的生态治理需要政府、企业、公民、民间组织等诸多主体参与进来并进行协调与合作。生态环境治理的责任应该由全社会共同担负，不应该完全由政府担负。在生态治理活动中，由于现实的政府、企业、公民个体、民间组织等各自的立场、利益、要求不同，工作的方式也存在差异，往往导致生态治理中不同主体之间存在合作障碍。生态文明建设对这些不同主体提出新的生态文明理念，有利于推动生态治理中诸多主体加强协调与合作。生态文明建设对政府提出更高的要求，将生态理念纳入国家治理，可以很好地发挥国家职能和政府的计划和调控作用，构建新型的生态服务政府，这对政府生态治理功能的发挥起到了推动作用。生态文明建设的推进在一定程度上对企业发展提出了清洁发展、绿色发展和生态发展等新要求，将生态理念纳入企业发展过程中，这样企业就要对造成的污染运用生态学原理进行处理，生态治理自然就成为企业的内在行为选择，从而助推了生态治理的实施。生态文明建设对公民提出关爱自然、保护环境、珍惜资源的要求，并对公民进行生态意识教育和生态素质的培育，塑造公民的生态行为，这些为生态治理的实施提供了拥有生态素质的具体行动者，推动了生态治理的积极实施。生态文明建设下的社会发展倡导民间社会应发挥应有作用，民间组织不再单纯追求单一的环保目标，不再单打独斗、各自为政，而是进行联合与合作，在生态环境的良性发展构建中形成生态合作理念，这对生态治理中民间组织功能的发挥起到了促进作用。生态文明建设对政府、企业、公民以及民间组织的积极推动，为生态治理中多元主体之间的协调合作、共同作用提供了有力的保障。

四、生态治理与生态文明建设的向位层级

当今世界，各国都要面对工业资本主义带来的负面后果，探寻人类可持续的发展道路。生态治理作为应对工业文明社会资本主义不良后果和协调人与自然矛盾关系的修正手段应运而生；同时，生态文明建设成为人类社会发展的新方向和国家发展的新起点。生态治理与生态文明建设的出现几乎是在相同的时代背景下，都面临着生态环境的危机与挑战，有着相同的发展方向和不同的具体任务。

（一）生态治理与生态文明建设的同向发展

现代工业文明社会需要一个新的文明转向，而生态治理与生态文明建设的出现提供了一个新发展方向。它们体现了共同的生态本质理念，体现了人类与自然关系的重新定位，都向着改善人与自然关系的方向发展。一是从关系角度看，二者有着相似的生态性质的关系要求。不论是生态治理还是生态文明建设都要按照生态系统的整体性来处理不同关系，不论是人与人、人与自然还是自然界中的其他物种之间，尤其是人与自然的关系，要求将人与自然放置于同一个系统中，形成和谐统一的新关系。生态治理在处理生态问题上需要应对各种复杂的关系，在这些不同的关系处理中必须遵循生态的系统性、整体性；同样生态文明建设中，不论是社会领域、政治领域、文化领域还是经济领域，同样也需要对每一领域中的不同关系按照整体性、系统性来处理，只有这样才能实现每一领域的有机和谐。二是从行为主体的角度看，二者有着相同的生态行为要求。生态治理和生态文明建设中，行为主体的各种行为都要求在生态意识的引导下发生，养成一定的生态意识，遵循生态道德原则，进行生态活动。

行为主体的行为活动离不开生态思想意识的指导,思想意识经过行为主体的认识、沉淀,最后转化为行为活动,再通过具体的行为活动进一步深化生态思想意识的内涵,经过不断的转化与升华,行为主体将逐渐向着社会生态人的方向迈进。三是从社会层面看,二者有着相近的生态价值理念。生态治理与生态文明建设在社会的发展层面体现出相同的生态价值理念。不论是生态治理还是生态文明建设都需要社会倡导公平、民主、正义的社会价值理念,体现在社会成员的利益和权利的享有方面,具体表现在社会成员在社会医疗、教育、居住、饮食等方面。生态治理和生态文明建设中,最主要的就是要给全体社会成员提供均等的教育机会、充分平等的医疗保健、安全健康的食品、舒适方便的居住条件和居住环境、公平的政治权和民主权。这样社会成员作为个体的生命体存在价值才具有一定的公平性、正义性。

(二)生态治理与生态文明建设的不同定位

尽管生态治理与生态文明建设都是为了解决现代工业文明社会中的生态问题,但二者在同一时空下有着不同的定位。首先,生态治理是以解决问题为任务,而生态文明建设则是以未来方向为任务。生态治理主要是实施主体运用生态理念、生态方法、生态技术等针对出现的生态环境问题进行生态化治理,对健康的自然环境进行保护,对受损的自然环境进行修复,立足于现实状态下的生态环境。生态文明建设则更注重用生态文明理念对国内的制度、经济、政治、社会等不同领域进行建设,是为了发展出一个新型的未来社会。其次,生态治理属于比较具体的实践活动,而生态文明建设则是属于战略性的长期发展。尽管生态治理与生态文明建设都是以生态为核心,但是二者的定位还是不同的。生态治理更多的是关注具体领域的非生态问题的治理,运用具体的措施和手段,改变违反自然生态规律的行为,恢复自然系统的平衡和健康的生态功能。生态文明建设是一个综合性的系统工程,它涉及人类社会的各个领域,将人类社会与自然世界协调统一在一个整体系统中。最后,生态治理的目标是修正并恢复系统的正常运转,生态文明建设则是为了实现人类社会的美好生活。生态治理就是要遵循生态学原理,恢复被破坏了的陆地、海洋、气候等自然环境的生态功能,维持健康的生态环境,保护全球生态系统的均衡、健康,为人类社会提供必要的生态服务功能。具体来说,就是保护地球上濒临灭绝的物种,对污染的海洋、水域、土壤和气候等进行生态治理。生态文明建设是国家运用生态文明理念推动全社会文明的发展方向,形成社会新内容,指明人类发展的新路径。简言之,“从人类向度来看,新时代推进生态文明建设以开辟共商、共建、共享的全球生态治理理念,构建人类命运共同体”[①]。人类社会必须与自然界和谐共处,人类社会文明的进步离不开健康稳定的自然生态服务系统。

(三)生态治理与生态文明建设的层级相接

生态治理与生态文明建设都是为了解决与生态环境有关的问题,从国家作为行为主体来说,同生态环境相关问题的治理和文明建设涉及的不同层面大致包括三种情况。一是国内方面。一个国家的生态环境问题只是给本国民众的生存、生活、生产等方面带来威胁,比如江河湖泊的污染、森林砍伐造成的沙漠化、空气污染等。这些生态环境问题主要是依靠本国政府、企业和民众来解决,生态治理与生态文明建设局限于本国境内。二是区域方面。一个国家破坏环境的行为给邻国和一定区域的环境带来威胁和破坏,并造成一定的损失,比如跨境的森林砍伐,流经多国的河流湖泊的污染,跨国空气污染等。这些生态环境问题不是一个国家的政府和民众能够解决的,需要和相关邻国、区域内的国家进行协商、进行合作加以解决。生态治理与生态文明建设超越了国界,具有了区域性。三是全球方面。世界性的环境变化已经不再单纯影响或者威胁某个国家、某个区域,而是影响整个地球,比如气候变暖、森林减少、生物物种减

---

① 黄秋生、朱中华:《新时代推进生态文明建设的应然向度:从人民美好生活到全球生态治理》,《湖南社会科学》,2018年第3期,第60页。

少、水资源恶化、臭氧层变薄或出现空洞等。这些全球性的生态环境问题需要世界各国和所有民众一起应对,共同解决。生态治理与生态文明建设具有全球性,需要全球层面的合作治理和全球生态文明建设的共同推进。需要说明的是,尽管对生态治理和生态文明建设做了三个层级的划分,但是从生态环境问题的相互依赖、系统整体性来看,不同层级之间是紧密相连的。国家的生态治理与文明建设是在一定区域内进行的,它的发展进程将会影响邻国和区域内生态环境问题的解决,同时也将对整个地球的生态环境问题带来不可忽视的影响。相应地,区域生态环境问题的治理和文明建设的进展也会影响区域内的国家,整个地球的生态环境问题变化也会波及地球上任何一个国家。

概括来说,生态文明建设是一个宏观的战略规划和长期的建设任务,在推进过程中需要具体的行为活动和实施方案。生态文明建设要求遵循人类命运共同体意识,在全球范围走生态系统健康发展的道路。但是,现实的情况并不乐观。生态文明建设遇到的问题和困难相当复杂和严峻。生态治理的行动理念和实践路径必须符合生态文明建设的主旨要求,它能够促进生态文明建设的正向、顺利和健康发展。生态治理的实施就是改变人类对待自然的行为方式,消除人类对自然的无情破坏,实现人与自然的和谐相处。

第二章　世界范围内生态文明建设的不同模式

需要说明的是，生态文明建设不是一个特例，而是人类社会发展进程中的一个趋势。这里的生态文明建设是一个广义的具有生态特质的新型文明的生存方式，是人类在生产生活过程中具有生态意义的创新和革命。生态文明是超越工业文明发展的新型文明形态，是人类社会发展的新方向。世界各国在推进本国的生态文明建设过程中，出现了诸多的措施与途径，类型多样。在国际社会发展的实践中，各类不同国家在应对生态危机、发展困境，以及处理人与自然发展关系中出现不同的选择路径。

世界各国在发展和处理人类与自然界的关系上采取了不同的方法、措施，使各自国内的生态环境得到不同程度的治理，生态文明建设也取得不同的成就。在国家推进生态文明建设中，不同社会制度对生态文明建设带来重大影响。从社会制度角度看，主要是社会主义和资本主义两种不同的制度类型。目前，社会主义国家、发达资本主义国家和发展中国家等都不同程度地认识到生态环境对社会经济发展的重要性，在生态文明建设的实践中形成各具特色的发展模式。政府与市场是国家推动生态文明建设的两个轮子，如何驾驭和平衡直接关系到国家生态文明建设的进程和成效。由于国家的经济发展、社会制度、民众意识、科技水平和体制依赖等千差万别，因此，在生态文明建设的实践中出现了众多不同的发展模式和表现样态。根据政府和市场在生态文明建设中的作用，基本可以分为"政府为主市场为辅""市场为主政府为辅"等不同模式。政府为主市场为辅的国家主要有委内瑞拉、巴西、阿根廷等国家；市场为主政府为辅的国家有美国、丹麦、挪威、澳大利亚等。

第一节　生态文明建设不同模式的内涵与特征

“生态文明建设”这一术语虽然是中国提出的，但是世界各国以不同的形式推进本国的生态文明建设，形成了不同的发展模式。世界各国在迈向生态文明的道路上呈现出不同的选择路径。从社会制度、经济发展水平、环境保护措施、国家战略意识等方面综合来看，生态文明建设成为目前国际社会国家建设不可缺少的组成部分，在国家发展中发挥着重要作用。彭向刚、向俊烈在《中国三种生态文明建设模式的反思与超越》一文中指出，生态文明建设有政府主导模式、市场主导模式和社会主导模式三种。[①]“在生态文明中，市场制度可与民主法治一起激励产业结构的转换，激励人们消费偏好的转变。当越来越多的人具有生态良知，具有对清洁环境和自然美的偏好时，就会有越来越大的对生态产业和清洁生产的呼声，有越来越多的对绿色产品的需求，从而逐渐发育出生态产品和绿色消费的市场。这样的市场会呼唤、支持并激励生态经济制度。”[②]

一、生态文明建设模式的渊源、概况与形成

（一）生态与文明的关系是相融不是对立

“生态”属于自然状态，是自然生命体的生存和延续。生态体现了地球上生物系统内部的自然生存规律和彼此的依存逻辑，它遵循着相互依存、相互影响和自然竞争的生物能量传递原则，在地球上维持整个系统的稳定平衡与动态发展。生态是人类对包含人类自身在内的整个地球生存

---

① 彭向刚、向俊杰：《中国三种生态文明建设模式的反思与超越》，《中国人口资源与环境》，2015年第3期，第12—18页。

② 郇庆治：《重建现代文明的根基——生态社会主义》，北京大学出版社，2010年，第161页。

环境与条件的深入认识,是超越人类自我狭隘利益的共享利益的认同,体现了人类思维意识的进步,也是人类自身知识的新发展。生态的出现意味着人类对自然界、人类自身以及彼此关系认识的进步与提高。同样,也是人类认知能力提高的表现。

“文明”是人类超越自然,对发生在与人相关的客观世界的人文精神的认知。这种认知是获得同一时代以及后代承认并传承下来的人类精神财富的总和。文明被标注着特殊的共同认知,并在人类历史发展的实践中不断沉淀、不断丰富,形成一代又一代的人类精神认同轨迹。某种意义上来说,文明是人类在与自然界的相依相斗中发展起来的,逐渐与自然界的本源渐行渐远。但并不能说文明是背离自然规律的。文明的本质是脱离人类自身的野蛮,向着更加人性、更加符合社会道德的方向发展。

事实上,从人类社会发展的实践过程来看,生态与文明是交织在一起的。在不同时期、不同阶段,二者的关系呈现出复杂的变动,有时候甚至被扭曲。在原始社会时期,人类社会严重依赖自然界和自然环境,完全受到自然规律的支配,人类文明处于蒙昧阶段,自然界的生态处于自我的规律支配之中。随着人类对自然界的索取不断增加,达到了前所未有的历史高度,人类在自然界面前表现出尽可能的改造者和主导者的姿态。自然环境越来越被人工环境所取代,自然产品也越来越被人工产品所替代。人类社会的发展与自然的生态健康正在背道而驰。人类创造了越来越多的物质财富、越来越多的人文景观和越来越多的人工产品,而自然界的生态环境越来越恶化,人类的文明也越来越扭曲。“在不同文明形态下,人和自然的关系也呈现出不同的阶段变化,历经敬畏自然、模仿自然、改造自然、征服自然、善待自然的过程。”[①]近代以来的现代化理论与实践给人类和自然生态带来的双重伤害,需要引起人类的深刻思考和反思,需要重新调试自然界与人类社会的关系,需要重新定位人与自然的关系,这就需要我们深入分析生态与文明的关系。

---

① 袁玲儿等:《全球生态治理:从马克思主义生态思想到人类命运共同体理论与实践》,中共中央党校出版社,2023年,第2页。

尽管生态与文明属于两个不同的范畴和空间，属于不同的性质，但二者有着天然的内在联系，因为自然界是人类赖以生存的基础和条件，人类在构建自身存在方式和文明形态的过程中，依然是离不开自然界的，这种人类文明最终要从自然界中超脱出来，在人的机体机构和精神功能上不断进步与演化。人类在自然环境条件的支撑下，人的衣食住行等方面逐渐社会化了，形成独特的文化，并传承下来，这就是人类社会文明的发展。在这个过程中，人类文明形态与自然界的关系越来越远，受自然规律的支配越来越弱。在人类社会文明中，利益、价值、道德等具有人属性的原则和观念逐渐占据了文明的主阵地。因此，导致人类社会与自然界、自然规律逐渐疏远，生态与文明也逐渐脱离。这种现象从本源上背离了人类与自然界的整体统一和相互依存，需要改变这种状态，重新回归自然与人类的命运一体认知。因此，生态与文明从本源上来看有着内在的一致性。生态与文明是和谐的，并非对立与不协调的。生态文明的出现，恰好证明了二者关系的和谐统一。因为“生态文明概念的提出，意味着对人与自然关系的一种全新理解，这里需要一种全新的观念和方法，在新的思想和时代高度上探析生态与文明的时代性统一”[①]。

（二）生态文明建设是对工业现代化发展的超越

现代化是人类社会发展过程中的一个阶段，也是人类社会发展的一个方向。近代以来的现代化模式所造成的生态问题需要重新思考现代化的发展模式。从18世纪开始，西方工业化大生产对传统的农耕生产进行了颠覆性的变革，西方社会从农耕社会时代迈进工业现代化时代，从而给人类社会与自然界的关系带来历史性改变。农耕社会时代的人们紧密地依附在自然土地上生存，人类与自然界保持着亲密的接触和联系，人类对自然界的依赖是直接的、绝对的。但是，工业现代化的到来，将人类从对土地、对自然资源的依赖上分离开来，不论是人的居住条件、食物来源方

① 欧阳康：《生态悖论与生态治理的价值取向》，《天津社会科学》，2014年第6期，第21页。

式还是出行方式等都发生了实质性的改变,从而人们的生存条件、生存方式等也发生改变,人类不再直接从自然界获取主要的生存需求。工厂、市场、人造交通工具、批量产品、大量集中居住环境等成为人类的主要选择。人类与自然界的关系越来越脱离,这种趋势需要通过生态文明建设来调适。

生态文明建设是新时代的一个宏大命题,是人类在工业文明社会困境中探寻的一条新的发展道路。从生态文明建设的内涵来看,在社会经济不断发展的同时,通过生产生活方式的绿色转型和温室气体的减排,降低生态环境压力,实现人与自然的和谐共赢。从生态文明建设的目标来说,不同国家有不同的要求。中国政府提出的生态文明建设目标是具体而明确的,即"确保到2035年,生态环境质量实现根本好转,美丽中国目标基本实现;到本世纪中叶,建成美丽中国"[①]。

生态文明建设又是一个系统性工程,是一个综合性的建设过程。从物质基础看,生态文明建设必须大力发展节能环保等战略性新兴产业,推动经济的生态化转型,使绿色经济、循环经济和低碳技术成为整个经济结构的支柱,形成发达的生态经济体系,完成对传统产业的生态化改造。从价值取向上看,生态文明建设必须树立先进的生态价值观念,要遵循自然生态规律,推动生态文化、生态意识、生态道德等生态文明理念的形成,使之成为人类社会的主导价值要素。从发展方向上看,生态文明建设要求在工业文明取得成果的基础上,用生态文明的态度对待自然万物,摒弃对自然界野蛮与粗暴的掠夺,积极构建和保护良好的生态环境,改善与优化人与自然的关系,实现经济社会的永续发展。从根本目的上看,生态文明建设必须改善生态环境质量,确保全球生态服务系统功能的健康有序。

工业现代化在市场化、全球化和殖民化的综合作用下几乎笼罩了整个地球,世界处于工业现代化的包围之中,工业现代化的不良后果在世界

---

①《习近平总书记在全国生态环境保护大会上的讲话引发热烈反响》,http://www.chinanews.com/gn/2018/05-20/8518377.shtml,2018年7月2日浏览。

各地不断上演。工业现代化发展遵循资本的逻辑，对全球资源进行疯狂掠夺和消耗，引发资源危机、环境危机甚至生存危机。

（三）生态文明建设模式的概念及特征

所谓生态文明建设模式是指国家在社会发展过程中运用生态原理、生态技能和生态规律等合理利用自然、改造自然，并在政治、经济、文化、社会以及自然环境等方面形成的一整套具有生态特征的生存发展方式。从模式发生的范围上可以分为区域性和全球性，从模式发挥主导作用的主体上可以分为中央政府和地方政府。如今，生态文明建设还处于初始阶段，世界各国在本国的生态文明建设中大多还处于摸索时期，生态文明建设模式本身具有复杂性，并受到多种因素的影响，所以对生态文明建设模式的探讨还处于早期阶段，研究成果也比较有限。尽管如此，生态文明建设模式还是具有一些初现的特征。

1.生态文明建设模式具有稳定性

生态文明建设模式一旦形成后将会在一定时期内保持相对的稳定性，模式的内在结构基本保持不变，这种稳定性有助于该模式作用的有效发挥。稳定的模式结构确保了模式的正常运行。生态文明建设模式结构的稳定性体现在稳定的制度和政策方面，这些是模式稳定的基本保障。

2.生态文明建设模式具有独特性

生态文明建设模式是在生态文明建设的实践发展中形成和发展起来的，具有自身特殊的运行机制、运行条件和运行规律。这种模式具有与众不同的要求和功能，表现出独有的性质。不同的生态文明建设模式展现出生态文明建设的多样性和丰富性。

3.生态文明建设模式具有长期性

生态文明建设模式一旦形成，将会在一定时期内存在，不会昙花一现。生态文明建设模式是在生态文明建设的实践活动中逐渐形成的，是实践经验的产物和体现。生态文明建设模式形成后表现出一定的路径依赖，将在相当长的时期内保持基本的发展目标、运行手段与基本环境。

4.生态文明建设模式具有多样性

生态文明建设模式是世界各国在探寻人与自然关系和谐发展过程中的一种选择,因此,不同国家和地区将根据本国和本地区的实际情况,形成符合本国和本地区的、有助于构建人与自然和谐关系的途径。国家和地区的选择不同,生态文明建设模式的具体样态也不相同,于是出现了多样的模式。

二、生态文明建设模式的基本叙事

生态文明建设不是回到历史上的其他文明,而是要超越工业文明,对先存在的工业社会进行一场绿色革命,开展一场生态变革。生态文明建设是人类历史的一个崭新起点。生态文明建设是在改善人民生活水平的同时,关注生态环境的健康,实现经济发展和生态健康的协调发展。不同国家在寻求二者关系的发展中,很难实现整齐划一,途径也是各不相同,因为各个国家在市场、政府、第三方的不同力量的使用和分配上存在差异。“生态问题由于对人类生存质量影响的程度不尽相同,而且人们感受生态危机的角度不同,尤其是既得利益促使人们在化解生态危机时的态度不同,所以生态文明建设充满了选择性。”[①] 总的来说,生态文明建设模式是国家在实践生态文明理念过程中形成的运行手段、路径与方式。

(一)生态文明建设模式是历史的必然

每一种文明都是不同的,每一种文明建设都是具体的。人类文明从不同角度划分为不同文明类型。生态文明是人类生产生活方式进步的一种体现,是对现存文明形态的一种超越。工业现代化是世界各国在现阶段的主要生产生活方式,实行机械化、集体化、规模化的生产,带来的是高污染、高消费,导致自然资源的存量告急、人类生存环境质量的下降和生态环境的恶化,工业现代化的不可持续的发展模式迫使人类寻求改变与

---

① 靳利华:《生态文明视域下的制度路径研究》,社会科学文献出版社,2014年,序言第3页。

超越。世界各国在不同的条件、环境下纷纷开始探索适合本国的新型发展模式。尽管各国的具体实现方式存在差异,但是各国面临的本质问题是相同的。不改变,没出路;不改变,难长久。对于世界各国来说,重新认识人与自然、人与人的关系不仅是一种哲学的理念探索,更是国家的责任和使命,国家要承担起带领本国人民走出困境、走上新生的道路。生态文明建设成为国家的历史性使命,选择不同的道路也是国家完成使命的必然要求。

(二)生态文明建设模式是对发展与环境关系的抉择

生态文明建设模式实际上就是世界不同地区、不同国家在处理本国社会经济发展和资源环境关系时的不同选择。这种模式体现了不同国家在生态文明建设中的差异性。生态文明建设就是要对本国经济发展不能继续的环境与条件进行调整,对本国的污染问题进行治理,改善和提高民众的生活环境质量,使本国的社会经济发展状况得到良性的发展,使本国的自然资源和自然环境得到治理,生态系统的服务功能得到健康运行,生态环境质量能够得到保证和维持。从国家层面和范围内实现人与自然的和谐共生,使国家的经济社会发展与本国的资源环境能够实现长久的相依互存。任何国家无论什么性质、什么发展程度,都不可避免地要处理本国的这种关系。如果处理不好,国家将失去发展的基础和条件,因此,国家的生态文明建设无论采取什么政策和手段,都要围绕社会经济发展与资源环境的关系来判断和做出决策。

(三)生态文明建设模式是不同的生态革命进程

对生态文明的不同理解,国家建设模式选择上也有差别。生态文明建设既是一种对理想生存方式的设想和追求,同时也是人类在实践生产生活方式上的探索。世界上不存在任何相同的事物。不论是农业文明时期的农业生产还是工业文明的工业现代化生产,不可能出现一模一样的生产方式或生存状态。尽管是在相同的文明阶段,但是世界各国在实现本国、本民族文明的过程中，却呈现出丰富多样的成果。同样，在人类超越工业文明和建设生态文明的进程中，必然也是百花齐放、百家争鸣。不同国家在本国文明基础上，根据本国的实际情况选择具体的实现手段和措施。各国将在自身的基础上选择属于本国的具体模式和发展路径，多元模式将是一个必然的现象。

三、生态文明建设模式的具体表现

世界各国在生态文明建设的实践中，形成了诸多不同的模式，这些模式各有优劣，在实践中经受着考验，有成功也有失败，给我们留下了诸多的宝贵经验和深刻思考。当今世界，从社会制度性质的角度看，存在资本主义国家和社会主义国家；从社会主体的角度看，分为政府、企业、市场、市民社会和公众等多元行为主体，他们的作用和关系也存在不同模式。国家的工业现代化发展引起了自然环境与经济发展之间的矛盾，不同国家工业现代化发展的差异使各国采取了不同的生态文明建设模式。

生态文明建设的出现是一个从思想到实践，从局部到全部，从微观到宏观，从个别到整体逐渐发展的过程，不断出现在人们的视野里。从最早“生态”概念的出现、生态学科的产生、生态在不同学科领域的应用以及出现浅生态学、深生态学，到生态在西方发达国家经济和环境中的实践使用，进而产生西方生态现代化、绿色经济、循环经济以及生态经济，到中国率先提出生态文明建设的战略目标，这一系列的变化表明生态文明建设已经成为全世界走出工业现代化困局的重要共识和优先选择。不同国家的文化传统、民众信仰、政治基础、经济发展、历史积淀和文明传承等千差万别，工业文明建设过程中的发展方式、发展程度、发展环境、发展成果等也各不相同，因此，世界各国在向生态文明建设转向的发展过程中，出现诸多不同的发展模式也是理所当然。生态文明建设在世界各国的产生、发展和具体路径是不同的。我们尚不能说发达资本主义国家已经存在一种资本主义的“生态文明”，但是，有一些国家却存在某种发育成型的“生态文明”要素。毕竟发达资本主义国家享受着舒适物质生活的人们同样也希望拥有碧水蓝天的高品质的生活环境。

根据世界范围内各国在推进生态文明建设过程中不同主体发挥的作用来看，社会组织或民间力量的作用依然有限，政府和市场依然是主要力量，因此，生态文明建设模式的划分主要选取国家在政府、市场、技术方面的不同选择，以此分为两种类型，主要表现为：发达资本主义国家的政府为辅助，技术和市场为主要引领的“市场引领政府辅助”模式，以及发展中国家的政府为引导，市场和技术为辅助的“政府引导市场辅助”模式。

（一）市场引领政府辅助模式

生态文明建设在西方发达资本主义国家是以坚持资本主义制度为前提，对工业生产的方式进行生态化改革，将生态的理念和技术运用到工业生产中，实现工业生产的生态化，运用市场机制，发挥市场自由机制的作用，希望在生产领域实现生态化变革。在此理念上，西方发达资本主义国家走的是工业生态化道路，只是单纯的将生态技术应用到工业生产的环节中去，用生态技术解决工业社会中的生态问题。这种模式发展成为以市场机制为主导、生态技术为手段、工业生产为对象、政府为辅助的市场引领政府辅助模式。在发达资本主义国家的具体实施中，模式基本相同，不同国家的具体操作却存在差别。这种模式对其国内的污染企业、污染环境主要通过生态技术进行治理，也取得了一定的成效。但是，发达资本主义国家的生态文明建设并没有从社会发展的整体性上进行全面的生态化推进，并没有将生态文明的本质纳入社会发展的所有领域，因此，发达资本主义国家的生态文明建设还不是完整意义的建设，只是在工业文明基础上的生态化改进。

（二）政府引导市场辅助模式

相对于发达资本主义国家，发展中国家推进本国生态文明建设是一个比较艰难的任务。发展中国家处于工业现代化建设和生态文明建设的双重任务之中，既要发展本国的经济以满足国民基本的生活需要，又要处理好人与自然的协调关系。在环境生态维护和经济发展的双重压力下，发展中国家的生态文明建设是一个艰难的过程，不仅存在国内生产生活的双重压力，还受到来自发达资本主义国家的外部压力，因此，发展中国家在生态文明建设的道路上充满了困难和挑战。对于广大发展中国家来说，不同国家的具体情况也不相同。有的国家生态环境压力较小，经济发展的压力也不大；有的国家生态环境压力较小，但是经济发展的压力较大；有的国家的生态环境压力较大，经济发展压力不大；有的国家不但生态环境压力较大，国家经济发展的压力也很大。从总体上来说，如果一个国家的生态环境不好，经济发展也很难持续向好。因为生态环境是经济发展的基础和条件，没有良好的生态环境，一个国家的经济是很难得到持续正向发展的。大多数发展中国家处于两难的处境。发展经济破坏自然环境，产生生态问题是发展中国家在发展中面临的普遍问题。目前，少数发展中国家保持着良好的生态环境，大多数国家的发展问题依然很严峻。发展中国家的生态文明建设是双重型的，既要保护本国的生态环境，又要发展社会经济，形成经济和环境为对象、技术和政策为支撑、政府为引导的典型特征。

第二节　发达资本主义国家生态文明建设的“市场引领政府辅助”模式

发达资本主义国家的生态文明建设是在不改变社会制度的前提下，运用生态技术和市场机制的作用来发展工业生产，修复生态环境，改善人与自然的关系。发达资本主义国家在生态环境治理和文明进步的具体实施中表现出明显的差异。美国、日本、欧洲国家之间的差异尤为突出。从“政府与市场”的维度看，发达资本主义国家的生态文明建设是政府为辅，市场为主；从实施的主体来看，政府、市场、社会都参与到生态文明建设的活动中来，从运用的手段上看，主要是依靠技术的改进，运用生态技术对生态环境问题进行改良、改造和改进，保留原有的制度，严重依赖技术。但是在具体的发达资本主义国家所选择的路径上看，也存在差异：欧洲发达资本主义国家和日本主要采取生态现代化的手段，运用技术治理污染和改善环境，并促进经济发展；美国、加拿大、澳大利亚等国家在资本主义制度下，运用市场的作用，出台法律法规，运用法治手段辅助市场治理污染并为经济发展提供保障。

一、发达资本主义国家生态文明建设的理论基础

发达资本主义国家的生态文明建设选择依靠市场和运用技术来解决污染问题和修复环境生态，一定程度上是在既有的理论指导下形成的。“西方生态现代化理论将科学技术视作生态转型的先导因素。”[①]西方发达资本主义国家生态文明建设的理论基础主要是生态现代化。

（一）生态现代化的提出及含义

生态现代化是生态与现代化的合成，是由西方学者在对工业现代化的反思中提出来的一种新理论。20世纪80年代西欧发达国家最先提出生态现代化理论，荷兰学者阿瑟·摩尔和德国学者约瑟夫·胡伯（Joseph Huber）是该理论的创始人。生态现代化理论的提出与20世纪80年代欧洲国家工业现代化发展中出现的问题是分不开的，是西欧学者对“‘生存危机论’环境政治思维的反思、市场竞争和商业利润重心的转移、政府实践困惑”[②]的综合产物。20世纪80年代的欧洲，突飞猛进的工业现代化带来严重的环境污染和资源短缺，成为社会经济发展的主要制约因素。针对这种问题，一些学者开始研究解决工业生产负面问题的方法，并寻求一种新的发展理念。同时，西方学者开始关注生态的研究，并认识到生态的优势对

① 兰洋：《中国式现代化对西方生态现代化理论的突破》，《山西大学学报（哲学社会科学版）》，2023年第2期，第11页。

② 蒋俊明：《西方生态现代化理论的产生及对我国的借鉴》，《农业现代化研究》，2007年第4期，第462—463页。

工业现代化问题的解决有着一定的作用，于是约瑟夫·胡伯率先将生态优势和现代化发展结合在一起，提出经济发展和环境保护要齐头并进、同等重要的理论。该理论认为国家的现代化应是一个可持续的绿色发展过程，不仅要追求经济效益，还要确保社会公正和环境友好；经济增长离不开环境的支持，如果环境遭到破坏，经济增长也就失去了必要的条件；牺牲环境而获得经济效益或经济增长是得不偿失的，是人们短视的做法。

尽管"生态现代化"理论已经成为西方发达资本主义国家在生态文明建设中的重要理论支撑，但是，关于该理论的概念，还没有一个统一的认识。目前，生态现代化的含义包含四个方面。一是环境社会学理论角度。认为生态现代化是现代社会发展的一种形态，是环境改革的必然条件，环境与社会是密不可分的。二是环境与经济关系视角。认为生态现代化就是要调整经济与环境之间的关系，环境对经济发展具有一定的重要性和必要性。三是生产范式的转型角度。认为现代化生产需要的技术和政策需要向环境方向靠拢，需要将生态的理念纳入技术生产和政策制定中，形成一种生态型的现代化生产范式。四是社会变迁角度。认为随着人们环境意识的提升，现代化生产需要从工业向生态转变，人们在生活方式、消费模式、生产方式、现代科技、现代制度、经济发展、政府管理以及环境政策等方面都将需要生态理念，整个社会应向着生态方向转变。

从这些不同的含义界定中可以发现，生态现代化是一个集多学科、多角度的不同认识，反映某一领域的新变化和新发展，并将生态的寓意纳入进去，形成包含一定生态意义的新思想、新观念，促进人们对工业现代化的生态化理解，其含义丰富、内容多元，体现了人们生态思想的进步和对社会经济发展理念的转变。

（二）生态现代化理论的两次突破

生态现代化理论从20世纪80年代产生以来，经历了两次大的突破。第一次是确立了生态学原理在现代化中的广泛应用。在西方现代社会的诸多领域，比如社会、技术、经济、环境等领域实施一系列生态意义的转型、改革、革命和重建，重新构建现代化生产的内涵。现代化与生态在最原始的层面进行嫁接和搭建，把现代社会中的各个产业转向具有生态意义的新型产业。某种意义上来说，这些生态现代化是世界现代化的第三次转型与升级，是继前两次现代化的生态寓意的转变，是扭转与改善前两次现代化的负面作用和恶性后果，是一次生态化的修缮与反思。第一次现代化是通过工业革命将人类社会推进到工业社会，使人类社会出现了一系列新变化，包括经济生产方式、居民居住方式、地域空间格局、公民身份和权益的产生等；同时也造成资源浪费、环境污染、生态退化和自然环境人工化等违背自然生态的现象出现。

第二次现代化是借助科技的巨大威力，希望改变第一次现代化带来的负面影响，将人类的生产生活等方式推向一个更加便捷、高端、浪费和更新的阶段。它的到来不仅没有扭转第一次工业现代化造成的弊端与问题，反而在全球范围扩大了这种负面影响。第二次现代化从范围、程度和领域上进一步蔓延了自然生态环境破坏的恶性结果；同时，自然环境生态的负面作用开始反作用于人类，使人类的生存发展条件遭到严重破坏，不论是经济发展还是自然环境，不论是物种多样性及自然界的平衡状态还是人类的生存质量等，都在很大程度上受到严重的威胁。在这样的背景下，西方学者提出将生态学原理运用到现代化生产中来，重新建造人类生产的新模式，于是，在全球范围内开启了生态寓意的生产探索。西方发达资本主义国家是较早开始的国家，对现代化的工业生产进行生态革命性的改造，以期实现生产的生态化转型。

生态现代化理论确立之后开始了理论与实践的结合，各国将理论广泛地应用在社会和经济领域，并对理论进行丰富与发展。随着全球化的推进，生态现代化理论也从抽象的思想层面向着理论的应用层面发展。生态现代化理论的应用主要发生在三个方面的转变，即工业向经济转变，物质向生态转变，国家向全球的转变。这种转变的结果是出现了以知识社会、生态社会、全球社会为主要特征的新社会，知识经济、生态经济和全球经济为特征的新型经济。生态现代化理论在实践的作用下，内涵更加丰富,外延逐渐延伸。从内涵方面,生态现代化理论更加注重自然生态环境的区域与全球的关系变化,自然生态环境从本质上是一个系统、一个整体,不能因为行政区域或国家边界而受到影响,应该从自然生态内在的系统平衡和服务功能的健康角度出发,体现自然生态平衡和健康服务的本质要求。从外延方面,生态现代化理论应用在现代化发展的各个领域和各个层面,应用在与人类相关的所有关系中,体现在人文社会的方方面面,重新组合形成具有生态寓意的社会关系、生产关系和消费关系,人类社会的制度、组织、政策、技术、观念和文化等无不打上生态寓意的烙印。简而言之,生态现代化理论主要内容包括生态寓意的变迁以及经济、社会和生态的融合。

(三)第三代生态现代化理论

生态现代化理论的集大成者是第三代生态现代化,或广义生态现代化,是生态现代化理论的最新成果。中国研究员刘传启在《中国现代化报告,2007:生态现代化研究》中提出广义生态现代化的概念,并系统阐述了广义生态现代化理论的基本原理。生态现代化理论从产生至今大约经历了几十年的发展,经过诸多专家、学者以及政治家、社会工作者等的努力推进,已经从欧洲的狭小范围扩展到全球,成为世界范围的一种理论,并在世界各地带来不同的效果,反过来又丰富了生态现代化理论的内涵与外延。生态现代化发展到第三代,其理论逐渐成熟,人们对生态现代化的认识也逐渐深入,不再将环境问题简单地认为是污染问题,也不单纯地将其等同于生态问题,而是指出现代社会环境问题产生的根源在于人为的破坏,要想彻底有效地解决这个问题就要改变人的认识和行为,人的认识需要提升到生态认知,人的行为需要生态化培养。第三代生态现代化突破了人们狭隘的环境污染层面和简单的保护环境认知,将人类的生产需求与自然环境的生态维护连接在一起,关键是改变工业现代化发展中对资源的浪费、对环境的破坏、经济效益唯一和人类利益至上等观念。概言之，是“高效低耗、无毒无害、脱钩双赢、互利共生”[①]。广义生态现代化理论内容丰富，具体包含四个含义。

一是工业现代化的生态转向。广义生态现代化提出世界现代化的发展需要将生态和环境意识纳入经济、社会、文明和制度等不同领域，实现现代化的生态转向，实现自然环境的健康运转、生态系统的稳定平衡，人类的生产和生活置入新的衡量标准，生态成为制度、观念、行为和生活等的必要内在因素。国际社会中国家之间的竞争以及国际地位的变化同样以生态质量、生态效率、生态安全和生态健康等作为重要的衡量指标。

二是生态现代化是一个发展过程。从生态现代化产生以来，其理论不论是内涵还是外延，都有了极大的发展。该理论在不同时期表现出不同的特有内容。经过几十年的发展，广义生态现代化已经是生态现代化的最新发展，当然不是最终发展，而只是其中一个阶段。简单而言，基本经历了从“相对非物化和绿色化、高度非物化和生态化、经济与环境双赢、人类与自然互利共生等四个阶段”[②]。

三是生态现代化是一场新的国际竞赛。世界上的不同国家始终处在竞争甚至是斗争之中，每个国家为了自身在国际社会中生存下来，需要通过努力增强自己。工业现代化发展模式给世界各国带来程度不等的伤害，为了尽快从中走出来，生态现代化的发展也将是一种新的选择，“若我们及时进行生态现代化转型，那么未来就更有希望抢占市场，提高经济竞争力”[③]。而一旦选择将保持一段时间的存在。今后，世界范围内，生态现代化的较量将成为一个新的场域。

四是生态现代化的发展有双重维度。从国家自身发展的维度看，生态现代化的发展不仅是一个国家自身的发展，还与整个国际社会的发展密切相关。再从不同国家之间的竞争来看，国家内部的生态现代化是一

---

① 何传启：《生态现代化——中国绿色发展之路》（摘要），《林业经济》，2007年第8期，第15页。

② 中国现代化战略研究课题组：《实施生态现代化 建设绿色新家园——〈中国现代化报告(2007)内容综述〉》，《环境经济》，2017年第3期，第30页。

③ [法]安德列·高兹：《资本主义、社会主义、生态》，彭姝祎译，商务印书馆，2018年，第51页。

个绝对性的发展，但是与其在国际社会中的地位相比却是相对的。生态现代化的内在逻辑是自然环境的无国界，不同国家自然环境的相互作用。因此，一国生态现代化的发展是在自我发展和与他者的竞争中并行发展的。

（四）生态现代化是生态文明建设的理论支撑

1.生态现代化的基本原则体现了生态文明建设的基本要求

生态现代化与生态文明建设的一些原则是相同的，共同体现了人与自然关系的调整原则，反映了社会经济发展和环境保护的同等重要性，以及重视生态基本原理的运用。广义生态现代化提出的十个基本原则，分别是“预防原则、创新原则、效率原则、不等价原则、非物化原则、绿色化原则、生态化原则、民主参与原则、污染付费原则、经济和环境双赢原则”[①]。广义生态现代化的原则包含了社会发展、经济发展的诸多领域，这些领域也是生态文明建设的主要领域，对社会、经济、政治和环境等领域的生态建设具有重要的指导价值。

2.生态现代化的经济发展品质要求符合生态文明建设的生态经济诉求

生态现代化要求经济发展两高两低，即高效率、高品质、低消耗、低密度。广义生态现代化对高效率的要求是经济发展减少对自然资源的浪费，从而提高对这些基本经济条件的充分利用；对高品质的要求就是人们的生存质量不应停留在单纯的物质层面，不应生活在空气污染、垃圾成堆、水质污浊和人工环境围绕的空间中，而是应提高产品的服务质量，将生态因子纳入产品中去；对低消耗的要求就是社会经济发展中经济发展所需要的资源、对碳能的消耗等不能粗放浪费，同时减少对自然环境的污染；对低密度的要求就是要为居民的居住提供更加舒适、环保、健康的环境。这些符合生态文明建设对经济发展的基本诉求。

---

① 中国现代化战略研究课题组：《实施生态现代化 建设绿色新家园——〈中国现代化报告(2007)内容综述〉，《环境经济》，2017年第3期，第30页。

3.生态现代化的社会经济发展要求与生态文明建设的要求有相同性

生态现代化和生态文明建设都对社会经济发展提出纯净绿化的要求。广义的生态现代化要求纯净是指生产生活中对环境排放的是无毒、无害和无污染的废物、废气，排放物对自然环境的生态质量和人体的健康不会产生任何伤害；同时发展对环境和人类生存有益的技术、产品、能源，实现交通、生活的纯净健康。绿化是指社会经济生活中发展绿色产品、绿色能源，进行绿色生产、绿色生活，提高自然环境和人类生活的健康水平，实现环境友好、人体无害的和谐环境。总体上，生态现代化实践中蕴含着生态因素，“其基本过程是先将生态从附属于经济目标的状态中解放出来，而后将生态要素‘重新植入’(re-embedding)到经济活动全过程中，最终实现生态改善和经济发展同步的现代化”[①]。

4.生态现代化的经济发展主旨方向与生态文明建设的生产导向是对应的

生态现代化要求现代化的生产要遵守预防原则，就是在生产的产业领域将生态学原理融入整个生产过程，实现生产活动与自然环境之间能量交换的健康运行，保持生态均衡。创新原则的具体要求是生产技艺的改进和提升要以生态理念为指导思想，使生产产品向环保方向发展。循环原则的要求是生产活动和过程中要对物质资料充分利用和重复使用，提高利用的效率，降低废物的产出，使现代经济向着循环方向发展。双赢原则的具体要求是社会经济生产生活中，人类的需求和自然环境生态健康要同时得到实现，确保自然生态的均衡和人类的可持续发展。

广义生态现代化体现出经济发展的生态化方向，要求经济现代化发展不能牺牲环境质量、破坏自然生态系统，不能污染环境，要降低自然资源消耗，减少能源浪费，确保生态功能和生态环境的健康发展。经济发展与环境生态是相互促进的正向演进关系，要扭转历史上经济发展和增长

① 兰洋：《中国式现代化对西方生态现代化理论的突破》，《山西大学学报(哲学社会科学版)》，2023年第2期，第11页。

为主的物质利益需求理念，改变牺牲环境、污染环境，依靠自然消耗和能源消耗的增长方式。要树立环境生态健康是经济发展增长基础的观念，经济发展增长要维持自然生态健康系统，二者要相互促进，共同发展。

西方生态文明建设的生态现代化理论建立在西方基本社会制度和经济社会文化基础之上，体现了西方基本的价值理念，“在市场为主导的生态现代化下，消费者与生产者都是生态现代化的重要承担者”[①]。这里的生态现代化本质上是为了维护西方资本主义的利益，人们在生态化的技术修复和生态化活动中不可避免地包含了短视行为和非生态本质的行为。

二、发达资本主义国家生态文明建设模式的主要构成

西方发达资本主义国家的生态文明建设在资本主义制度的框架下，选择市场机制的自由调节和现代化的先进技术来对本国的生态环境问题进行治理，并继续维持社会经济的发展。发达资本主义国家从20世纪30年代开始对本国的环境污染实施治理，并关注社会经济的可持续发展。经过20世纪50至70年代的探索，发达资本主义国家开始从理论与实践上形成比较成型的模式，也就是依靠技术，运用市场引导和政府辅助，市场在生态文明建设的推进中发挥着引领作用。“20世纪80年代后，生态现代化（ecological modernization）的概念逐渐成为发达国家政策制定领域中的重要话语，其原因在于这一理论利用人类智慧去协调经济发展和生态进步，实现了绿色主义、市场经济和政府治理之间的价值平衡，由此获得了不同社会力量的一致认可。”[②]

（一）生态现代化为发达资本主义国家生态文明建设模式提供理论指导

生态现代化理论对解决工业现代化带来的负面效果和不利影响有着

① 李佳珉：《西方生态现代化理论发展评述》，《中国集体经济》，2023年第2期，第168页。
② 蒋俊明：《西方生态现代化理论述评》，《生产力研究》，2008年第22期，第163页。

一定的扭转和改进作用。发达资本主义国家将生态现代化理论与本国的工业化改进结合在一起，产生了不同的改良成果。生态现代化理论首先在德国得到应用，将生态现代化的降低消耗、减少污染、节约资源等应用在工厂、企业的生产过程中，从生产过程的原材料、产品的制造过程到产品的成型，每一个环节都牢牢把握生态现代化的基本理论，将生产过程生态化。德国绿党的生态现代化思想表现出明显的特征，包括"以气候保护为突破口引领新一轮经济和工业转型，统筹经济、社会和气候保护目标，打造覆盖各领域的综合生态观，要求同时发挥国家和市场的作用"[①]。此外，德国政府十分重视生态现代化的政策推动，不论是执政联盟还是在野党派，都将生态现代化纳入自己的政策纲领，尤其是社民党总理盖哈·施罗德、绿党领导人约希卡·菲舍尔和总理安格拉·默克尔。德国的生态现代化已经从学术界的理论研究转向国家的基本政策，并且在国家的生态文明建设中发挥了重要的作用。

荷兰的生态现代化同样经历了从理论到实践的转变，并成为欧盟生态文明建设的一个样本国。荷兰的生态现代化理论得益于阿瑟·摩尔教授对生态现代化理论的学术研究与传播。荷兰的生态文明建设主要体现在落实里约会议通过的人类可持续发展战略。荷兰在生态文明建设中先后制定了四次《国家环境政策计划》，计划中通过确定一些基本原则为荷兰推进生态现代化提供基本依据。在国家的生态文明建设中，可持续发展成为国家环境政策的首要原则，生态的理念已经和国家的现代化发展、生产过程、社会的部门协调、环境治理等紧密地结合在一起。荷兰的生态现代化在推进生态文明建设的进程中走得更远更深。

除此之外，其他的发达资本主义国家虽然没有直接实施生态现代化的理念和发展战略，但是也都采取了相似的处理本国社会经济可持续发展和污染问题的措施。比如，日本使用"公害处置""循环经济""可持续发

---

① 伍惠萍：《德国绿党生态现代化思想的演进与启示》，《当代世界》，2021年第10期，第60—61页。

展”等。

生态现代化是在市场机制的作用下推进的，市场发挥着主导和引领作用，将生态纳入市场的运行机制，给整个生产披上生态的外衣，在一定程度上实现了生产的绿色发展。发达资本主义国家对市场机制情有独钟，但是也深知“市场变化会打乱自然资源的可持续性，因为新的市场机制会鼓励人们使用一些过去很少有机会使用的技术”[①]。但是，他们依然将市场机制作为生态文明建设的法宝。“如果人们接受了自由市场经济体制下的游戏规则，当生物生产量无法与任何可选的投资方式匹敌时，不可持续地使用可再生资源就是理性的。”[②]在对生态危机的处置和应对中，发达资本主义国家把市场看作解决问题的制胜法宝，寄希望于市场发挥“优胜劣汰”的强大功能实现对生态资源的合理利用，对生态环境的修复与保护，以及对生态平衡的维护。

（二）法律行政措施为发达资本主义国家的生态文明建设提供基本制度保障

发达资本主义国家推行生态文明建设的进程中注重对生态技术的研发与运用。为了确保技术的有效使用，一些发达资本主义国家在自然生态条件相对优越或工业发展环境压力相对较轻的情况下通过制定行政法律政策等为生态环境问题的解决提供一定的制度保障，通过人为的约束机制来改善本国自然生态环境的质量。一方面，制定大量的法律法规。发达资本主义国家通过制定比较健全的法律规范和严格的行政命令来确保生态技术的研发和使用。发达资本主义国家通过运用法律行政手段引导民众节约能源、减少污染；鼓励研发节能汽车、开发新能源，加强对生态技术的支持。比如美国、加拿大、澳大利亚等国家制定比较完备的环保法律体系，促进技术上解决国内的污染问题。

---

① [英]杰拉尔德·G.马尔腾：《人类生态学——可持续发展的基本概念》，顾朝林等译，商务印书馆，2021年，第172页。

② 同上，第174页。

另一方面，制定相应的协调机制。生态环境问题的解决是复杂和多样的，为了推动技术手段在解决国内环境污染、资源短缺等方面的及时、有效，在一定意义上缓解社会经济发展的资源困境，减轻对环境的污染，于是发达资本主义国家设立了相关的职能部门，用于协调不同层级、不同领域之间的协商与合作，增强对资源利用的整合和效用。瑞典的环保教育机制、哥斯达黎加的环保补偿机制、加拿大的环境治理协调机制等在本国的生态环境问题的解决中发挥了比较突出的作用。美国在解决城市的工业污染与交通拥挤的难题上，主要通过设立地铁、公交等交通系统机构来缓解城市的拥堵，减少空气污染；还通过成立专门的部门来推进节能与垃圾的再循环利用，解决城市噪音声和环境污染问题。

三、发达资本主义国家“市场引领政府辅助”模式取得的进展

生态文明建设是一项长期的工程，是对人、自然、社会关系的持续调整，最终要达到三者的和谐统一。无论是从社会经济的持续绿色发展还是自然环境的生态平衡状态来看，发达资本主义国家的生态文明建设模式还远没有实现生态文明的核心目标。发达资本主义国家生态文明建设的进程中，市场与技术再次发挥了突出的功能和作用。在解决社会经济发展的绿色发展和可持续性方面取得了一定的成效，本国的生态环境也得到一定程度的提高和改善，甚至一些国家成为世界自然环境保护和生态资源的高质量国家。某种程度上，发达资本主义国家有着更为发育成型的生态文明要素，局部性的生态化也是不容否认的。从历史发展的进程来看，发达资本主义国家在“技术+市场”的战略推动下，也取得了局部的成就。“经济发展，社会稳定，人们生活富裕，生态环境良好的现状表明，西方国家的生态文明建设取得了很大成就，可以说，生态文明在这些国家已初见端倪。”[①]

① 王宏斌：《西方发达国家建设生态文明的实践、成就及其困境》，《马克思主义研究》，2011年第3期，第73页。

(一)社会经济可持续发展的突出新模式

发达资本主义国家中的欧盟、美国、日本、加拿大、澳大利亚、韩国等在生态文明建设的推进中,坚持市场机制的主导作用,通过研发运用生态技术手段,再加上一些行政手段和法规政策,对本国的污染企业进行关停整改,并利用生态技术进行改造,使产业进行生态化转变,实现生态生产或循环利用,使生产能够持续或更加绿色,出现了循环经济和生态经济等新型的经济模式,从而社会经济的可持续性得到发展。

首先是开启低碳经济模式。日本、德国、瑞典等的低碳经济发展比较有特色。"日本作为世界上较早提出低碳技术创新战略的国家,高度重视绿色低碳发展,制定了低碳技术创新战略与路线图,并从资金、人才、信息、市场等方面分担低碳技术创新成本,鼓励企业、科研机构、社会组织等积极参与低碳创新与低碳社会建设。"[①]瑞典成为全球研发和利用林业生物能源的全球典范,"到21世纪初,生物质能源提供了1100亿千瓦时的能源,大部分用于工业、供暖、交通、家庭服务等"[②]。德国在研发低碳经济过程中大力研发光伏发电技术,成为全球利用可再生能源的佼佼者。"根据弗劳恩霍夫太阳能系统研究所(ISE)的数据,2022年,可再生能源在德国净发电量中的份额为49.6%,在发电总量中的占比接近一半。其中,太阳能光伏是实现联邦政府设定的扩张目标的唯一来源,太阳能对发电量的贡献增长了19%。"[③]

其次,推进循环经济模式的发展。"循环利用和高效利用是循环经济的主要特点,减量化、资源化、再利用是循环经济的主要原则,从而促进经

① 陆小成:《日本低碳技术创新的经验与启示》,《企业管理》,2021年第6期,第15页。

② 袁玲儿等:《全球生态治理:从马克思主义生态思想到人类命运共同体理论与实践》,中共中央党校出版社,2023年,第113页。

③ Jonathan Jacobo:《太阳能猛增19%! 德国2022发电数据来了》,https://www.sohu.com/a/628470654_121124363,2023年1月12日。

济社会的可持续发展。”[1]日本在减量化方面是创新改革汽车的高消耗，降低排放量，研发了轻型汽车，减少对空气的污染。“日本汽车协会2015年数据显示，日本家庭中平均拥有轻型汽车比例达到54%，而部分地区则高达90%。”[2]“美国是世界上最早实行汽车燃料经济性标准和表示制度的国家之一。2011年起，所有车辆必须标注由五循环工况测得的数据。”[3]加大资源再利用是发展循环经济的主要途径。美国、日本等还对电子废弃物实行回收再利用，实施资源合理化使用。瑞士则专门成立回收协会，对玻璃、电池、塑料瓶、铝制品等废弃物实行回收再利用。

再次，促进绿色经济模式的发展。丹麦、美国、加拿大、日本等国家通过建立生态工业园区，在园区内实行副产品和废弃物的交换方式，实现资源的循环利用，降低对环境的影响，实现绿色发展。丹麦是最早进行生态工业园区建设的国家，其卡伦堡生态工业园已经成为世界级生态工业园的典型代表。美国已经建立二十多个生态工业园区，加拿大也建立了四十多个生态工业园区。20世纪80年代，日本的北州市通过几十年的环境治理，走上了可持续发展道路，成立了日本第一个生态工业园区，形成高效、环保的产业链，实现了绿色经济。

（二）自然环境生态质量的部分回升

在发达资本主义国家的生态文明建设中，市场的主导作用对生态环境的治理与保护在短时期内呈现出一定的趋好迹象，如污染空气的治理、污染水域治理、部分珍奇动植物种类的生存保护、部分生态系统的保护与恢复、加强对物种多样性的保护等。生态文明建设过程中，发达资本主义国家有意识地建立了一些自然保护区，为一些珍稀物种提供生态栖息地，

---

① 袁玲儿等：《全球生态治理：从马克思主义生态思想到人类命运共同体理论与实践》，中共中央党校出版社，2023年，第113页。

②《日本0.6排量的车，为什么中国没有?》，http://k.sina.com.cn/article_6436326775_17fa28d77001004zof.html，2018年2月6日。

③ 纪梦雪等：《国内外轻型汽车能源消耗标识概况》，电动学堂，https://www.auto-testing.net/news/show-109545.html，2021年2月25日。

保护生态系统的均衡,生态治理的成效还是能够看到,自然生态环境得到一定程度的治理,自然环境的生态系统状况得到一定程度的改善,恶化趋势得到初步的控制。国家公园是发达国家保护自然环境的一种有效的措施。一些发达资本国家通过设立国家公园来保护一些稀有的物种,维持一定区域内动植物的生态平衡和自然生态系统良性运转。美国1916年颁布了《国家公园署组织法》,有力地保障了本国的国家公园能够在保护生态的前提下开展适当的经济活动。英国于1949年通过《国家公园与乡土利用法》,规定每个国家公园都有自己的公园管理局,在保护生态环境的基础上,可以因地制宜考虑当地居民的利益。加拿大于1930年颁布《国家公园法》,通过设置国家公园旅游项目实现当地经济收益和环境保护的双赢目标。澳大利亚于1975年颁布了《国家公园与野生生物保护法》,在国家公园管理方面设立土著文化遗产咨询委员会来协调土著居民的生活传统与生态环境保护。总的来看,发达资本主义国家在保护自然环境的生态质量上,"通过严格和具有可操作性的法律法规,使公园内的商业开发得到规范,既避免了对公园生态环境的破坏,又保障了当地居民的利益"①。这样,发达资本主义国家在保护生态环境的实践中,通过法律政策协调与居民的利益需求,实现生态保护与居民利益的双赢,也提升了自然环境的生态质量。

(三)社会民众生态环境的局部改观

发达资本主义国家生态文明建设开始回应民众对生态权益要求的关切。一些环保组织、环保运动也促使政府关注民众的居住环境、空气质量、水污染治理和食品安全。发达资本主义国家生态文明建设比较注重对空气、水域等污染的生态治理,同时运用科技提高对自然资源的利用效率,制造控制污染的设备,减少生产污染和对垃圾的科学治理。经过生态

① 邓朝晖、李广鹏:《发达国家自然保护区开发限制的立法借鉴》,《环境保护》,2012年第17期,第77页。

技术治理，一些发达资本主义国家的空气环境质量、水域洁净质量、生活环境质量等达到较好的水平，出现了良好的生态生产与生活空间相适应的生态社区。“生态社区成为生态文明建设的基本单元和重要载体，是人居环境可持续发展的关键领域之一。”[①]美国的“多明戈生态社区通过合理的规划和农业耐旱技术的运用，在旱地环境中建立起一种满足居民自给自足的生活模式，形成良好的生态微湿地环境系统”[②]。20世纪80年代中后期以来，欧洲一些国家和地方对城市如何更好地实现便捷出行、便利购物、舒适生活等方面进行了科学的研究与规划。“可持续社区”“生态社区”和“无（私家）车生态社区”（car-free eco-community）等新型的社区模式渐渐在欧洲兴起。欧洲一些国家“在政府部门、规划设计师、开发商、社区居民与非政府组织多方创造性实践下，涌现了大量成功引导居民绿色出行的生态社区”[③]。比较典型的是阿姆斯特丹西区泰瑞恩（Terrien）、斯德哥尔摩东南部的哈马碧湖城（Hammarby Sjöstad）、弗赖堡南部的沃邦（Vauban）、英国伦敦贝丁顿、布里斯托哈汉姆、约克德文索普。这些生态社区实现了社区功能规划、绿色出行、环保节能和舒适生活的有机结合。“生态社区具有居住安全、环境健康、生活舒适、发展可持续的特征，并在运用生态技术的同时，注重住户的情感交往。”[④]

四、发达资本主义国家“市场引领政府辅助”模式的评价

（一）弊端

发达资本主义国家经过生态治理，国内的自然环境出现局部好转，社会经济也得以维持，但是生态环境的整体质量并没有得到根本性的改善，

---

① 王云、孙文书：《生态社区研究综述与展望》，《中国科学：技术科学》，2023年第5期，第755页。

② 王文昌、杨锐、刘长安：《生产性景观融入的旱地生态社区设计探析——以美国多明戈生态社区为例》，《景观设计》，2023年第4期，第12页。

③ 杨琪瑶、蔡军、陈飞：《绿色出行视角下欧洲生态社区规划实践的经验与启示》，《建筑与文化》，2019年第10期，第184页。

④ 虞志淳：《英国从生态村到生态社区的实践》，《建筑设计》，2020年第163期，第139页。

社会经济的持续发展也存在制约因素。欧洲环境局每五年进行一次调研报告,对欧洲的39个国家和地区的环境进行整体评估,整体情况并不乐观。“这份研究报告覆盖的地理区域有39个国家和地区,包括欧盟28个成员国以及阿尔巴尼亚、波黑、冰岛、科索沃、列支敦士登、马其顿、黑山、挪威、塞尔维亚、瑞士和土耳其。该报告最后警告说,欧洲如果想要达到自己的环境目标,就必须改变其生产和消费方式。”[①]该报告在某种程度上反映出西方发达资本主义国家的生态文明建设模式并不理想,并没有取得实质性的进展。该模式的弊端主要体现在以下方面。

一是资本主义制度的本质直接导致人与自然的关系被割裂开来。资产阶级在反抗封建地主阶级的斗争中,为了资产阶级商贸经济的发展,必须形成一种对封建生产方式进行革命性变革的新制度,也就是资本主义制度,并以资本主义生产关系代替封建主义生产关系。资本主义为了发展市场经济需要变革封建主义农业制度、变革农业关系,也就是劳动者与作为生产资料的土地之间的关系。资本主义为此需要重新建立劳动者与土地之间的关系,资本主义生产方式要求解除劳动者与土地的传统权利,切断劳动与生产资料——土地之间的直接联系,结果导致一切先前存在的人类与自然的生产关系被彻底割断了,劳动者与土地的依赖关系完全解除了,变成出卖劳动力的无产者,资产阶级则成为占有生产资料的有产者。生产资料成为有产者与无产者之间的中介,被异化,成为市场经济运行中的资本,从而周而复始不断循环。在资本主义制度下,人被异化、自然被异化,导致在资本主义条件下征服自然变成了征服人;用来控制自然的技术手段在社会控制机制方面产生了质的转变。“资本主义的劣根性在于它常常面临二选其一的抉择,以牺牲他人利益为代价维护自己的发展,尤其是在生态问题上表现得淋漓尽致。”[②]因此,“当资本主义制度的迫切

---

①《研究称欧洲生态环境日趋恶化,可能持续20年》,http://www.cankaoxiaoxi.com/science/20150305/691551.shtml,来源:参考消息网,2019年1月8日浏览。

② 袁玲儿等:《全球生态治理:从马克思主义生态思想到人类命运共同体理论与实践》,中共中央党校出版社,2023年,第121页。

需求与维生水火不容,并且不仅威胁到生活的自然基础甚至有可能剥削生活的意义时,超越资本主义就成了迫在眉睫的任务”[①]。

二是市场自由机制根深蒂固的弊病难以消除。资本主义制度下,市场的基本功能是优胜劣汰,崇拜速度和数量之神,以及快捷而简易地获取利润之神。“世界资本的中心国家认为,只有将所有国家以及经济活动的每个角落都向市场力量开放以追求新自由主义议程,才能够实现可持续发展。”[②]这种市场下的社会经济受制于自发市场的力量推动,不能维护社会经济的可持续性、绿色、环保等需求,在市场追求、维护私人利益和巨大商业利益与公众需求的公众利益发生冲突时,资本主义经济只能通过浪费经济或者直接以生命为代价才能够得以持续,毫无生态意义可言,这与生态文明建设的目标背道而驰,也不能走上正向的发展道路。

三是技术的负面作用难以克服。对于技术的热衷与痴迷是现代发达资本主义国家在推进生态文明建设中的法宝。技术的运用在一定程度上有助于解决一些污染问题,使一些企业减少废气、废水、废物的排放,环境生态得到一定程度的保护。但是,从生物多样性及生态平衡角度看,不断运用技术升级的一些人工制品却在不断地加深生态危机的恶化。发达资本主义国家采用科学技术成果,人造肥料、农药、农作物机器等在农业生产各环节普遍使用;通过使用温室、塑料大棚来制造农业生产的生态环境,使农作物产量急剧增加。“这些新技术已如此剧烈、危险地改变了‘人类的’环境。”[③]现实情况表明:工业技术的使用在创造物质繁荣的同时,给自然界和生态系统带来了严重的环境污染和生态危机。《寂静的春天》一书中对化学制剂的分析,已经深刻披露了技术的负面作用以及对生态环境的严重破坏。

① [法]安德烈·高兹:《资本主义,社会主义,生态》,彭姝祎译,商务印书馆,2018年,第61页。

② [美]约·贝·福斯特:《生态革命——与地球和平相处》,刘仁胜、李晶、董慧译,人民出版社,2015年,第112页。

③ [美]J.贝尔德·卡利科特:《众生家园:捍卫大地伦理与生态文明》,薛富兴译,中国人民大学出版社,2019年,第3页。

四是资本的本性是不可能改变的。自然界在资本主义制度下真正成为人的对象,服从于人的需要。无限积累的驱动、生产工具的不断改进和将外在一切征服于自身的资本的逻辑之下,"资本从来就不可能超越自然条件的限制,这种限制因为'资本的生产是在矛盾中运动的,这些矛盾不断地被克服,但又不断地产生出来'的这种结果而不断地强化自身"[①]。资本的本性就是获取利润。资本无休止地为基于阶级的积累而谋求新出口,就需要其对现有的自然条件和先前的社会关系进行持续性破坏。资本是根植于其利润的逻辑之中的,其破坏性直接并主导一切,它不仅破坏生产条件,也将损害生命本身。在资本全球化的今天,这种破坏性的失控已经很明显地体现在整个资本主义世界经济之中,并包围了整个地球。

总的来说,发达资本主义国家的生态文明建设,主要依靠市场,运用技术,对社会经济发展中遇到的环境资源问题、污染问题等进行针对性解决和处理,具有明显的"头痛治头,脚痛治脚"的特点,没能从生态的整体性、系统性以及相关性等综合性上进行治理,结果导致治理效果的反复和污染的二次出现。发达资本主义国家只采取技术或行政上的反污染措施,其实际效果有限,特别是在整个地球都面临着生态危机的时代。发达资本主义国家的生态文明建设从本质上说,并不能真正解决人与自然的矛盾问题,不能合理协调社会经济发展与资源环境之间的矛盾,因为"现行的资本主义制度不可能从容地应对——更谈不上克服——即将到来的危机。它不可能解决目前的生态危机,因为要实现这一点的话,需要确定资本积累的极限——这对于一个崇拜'要么增长、要么死亡'信条的体制来说是不可接受的"[②]。资本主义对自然资源的过度剥削、无情索取以及其产生的废物将产生破坏性的负面结果,不仅出现在国家层面,还会出现在区域甚至全球层面。如果不能认真解决这种危机,如果不能从根本上扭转这一根本趋势,仅仅依靠技术和市场是无法根本实现生态文明建设

① [美]约·贝·福斯特:《生态革命——与地球和平相处》,刘仁胜、李晶、董慧译,人民出版社,2015年,第209页。

② 郇庆治:《重建现代文明的根基——生态社会主义》,北京大学出版社,2010年,第302页。

的。资本主义存在的一些基本偏见是无法改变的,如资本主义偏爱现在胜过将来、偏爱私有胜过公有、偏爱物质胜过精神、偏爱自我胜过合作,而这些偏见将严重影响到人们对生态文明的认识。"总之,资本主义世界体制正在历史性地走向崩溃。它已经成为一个难以适应现实的帝国,它的庞大规模暴露了其潜在的弱点。借用生态学的语言,它是不可持续的,因而必须被根本性改变或替代,如果我们还想追求一个值得生活的未来的话。"[①]

(二)前景

发达资本主义国家的生态文明建设取得了一定的成效,实现了局部性的生态化和自然环境的好转,但是这些成果的获得却包含着一定的不公正、不公平。因为"事实上,无论是从生态问题产生的历史进程看,还是从当代生态危机的现实情况看,资本主义工业文明的兴起和发展、资本的全球化以及资本所支配的全球权利关系,才是生态危机产生和日益严重的根本原因"[②]。发达资本主义国家实施的生态文明建设因其制度的制约而受到影响,同时,我们也应看到,"资本主义的'生态文明'在实践上是一种现实,而且依然具有进一步扩展的空间和可能性"[③]。归根到底,西方发达资本主义国家的生态文明建设并没有从根本上解决人与自然、人与人的矛盾问题。

资本主义制度的本质与生态文明建设的宗旨是相背离的。西方著名学者福斯特、奥康纳等对资本主义制度进行了批判和否定。福斯特指出:"当将资本主义作为一种普遍化的制度而被置于将地球作为一种全球性制度的背景中加以考虑时,事物将完全不同。资本主义作为一种世界经济制度——划分为诸多阶级,并被竞争所驱使——体现出一种逻辑,即认可其自身的无限扩张和对其环境的无限剥削。相反,地球作为一个星球,

① 郇庆治:《重建现代文明的根基——生态社会主义》,北京大学出版社,2010年,第302—303页。

② 王雨辰:《发展中国家的生态文明理论》,《苏州大学学报》,2011年第6期,第39页。

③ 郇庆治:《重建现代文明的根基——生态社会主义》,北京大学出版社,2010年,第261页。

毫无疑问是有限的。这是一个现实中无法逃避的绝对矛盾。”①保罗·斯威齐认为,资本主义制度带来的巨大驱动力可以带来双重作用,“从正面来说,创造的驱动力与人类为自身用途从而能够从大自然中索取相关;从负面来看,破坏的驱动力主要与大自然对于人类施加的索取的承受力有关。当然,这两种驱动力迟早会相互矛盾而不兼容”②。对此,恩格斯揭示出资本主义制度带来的生态破坏,而在调节与自然之间的可持续的相互交换上提出,“为此需要对我们的直到目前为止的生产方式,以及同这种生产方式一起对我们的现今的整个社会制度实行完全的变革”③。毋庸置疑,资本主义制度的存在导致生态危机的产生,因而就不能从本质上得到根本解决,生态文明建设的前途也将没有光明。“正如罗莎卢森堡所指出的那样,夜莺的即将消失,不是因为它们直接属于资本主义的一部分,或者其生产条件;而只是因为它们的栖息地在该制度的无情扩张过程中被摧毁。”④

此外,资本主义的市场力量及其机制加速了生态危机的到来。自从工业资本主义产生以来,市场力量模式中所产生的危险在环境破坏中清晰可见。在资本主义市场力量的机制下,世界环境破坏不仅没有减轻,相反在当今世界所观察到的关于环境退化、生态恶化的不可持续的过程将会加剧。与此同时,我们观察到,“跨越全球系统临界点的危险也将会增加,从而引发那些会彻底改变地球气候和生态系统的诸多事件”⑤。市场力量的主导作用不可避免地导致生态和社会灾难乃至崩溃,市场力量及其机制的本性如果不加制约将无助于生态文明建设的推进。

---

① [美]约·贝·福斯特:《生态革命——与地球和平相处》,刘仁胜、李晶、董慧译,人民出版社,2015年,第9页。

② Paul M. Sweezy. “Capitalism and the Environment”. *Monthly Review* 41, No.2, June 1989, pp.1-10.

③《马克思恩格斯文集》(第9卷),人民出版社,2009年,第563页。

④ [美]约·贝·福斯特:《生态革命——与地球和平相处》,刘仁胜、李晶、董慧译,人民出版社,2015年,第211页。

⑤ 同上,第234页。

第三节 发展中国家生态文明建设的“政府引导市场辅助”模式

发展中国家在发展经济和保护环境的双重任务中面临着巨大的压力。发展中国家的学者从马克思主义哲学思维的角度认识经济发展与环境保护的关系,结合本国的实际情况,提出经济发展和环境保护并行推进,实施可持续发展与环境保护的双向推动。与发达资本主义国家相比,发展中国家在生态文明建设的进程中属于后来者,生态文明建设的内部条件先天不足、外部环境压力巨大。尽管如此,一些发展中国家积极争取在国际社会中应有的权益,并推动本国经济的可持续发展。20世纪50年代以来,发展中国家的主要精力放在经济建设等方面。到20世纪80年代,发展中国家经济发展的国际环境更为严峻,高额的债务负担严重阻碍了其经济发展。长期单一的经济结构和畸形经济体系引发其经济出现严重的发展危机。同时国内出现环境质量恶化和污染现象严重,这些严重制约了社会经济的持续发展。发展中国家在面临经济发展重要任务的同时,还要保护本国的自然生态环境,如何处理二者的关系成为发展中国家生态文明建设的关键。

一、发展中国家生态文明建设的理论基础

(一)关于发展中国家界定的解析

目前,发展中国家这一称谓,不论是在国际社会的实际交往还是在学术研究方面,基本上形成了一个共识,即与发达国家相对应的一些国家的统称。但具体的标准和操作却存在很大的差异。第二次世界大战结束后,“发展中国家”作为一个与发达资本主义国家相联系而又有差异,并且相互依存的一类国家产生了。“发展中国家”又被称为欠发达国

家、不发达国家、开发中国家或第三世界。“发展中国家”一词的使用已经获得国际社会普遍的共识，似乎已无需说明。但是，对于发展中国家的标准、定义却并没有一个统一的认识。关于发展中国家标准的具体操作和宽严程度在国际社会中存在很大差异，其中最为严格的当属联合国和国际货币基金组织，联合国开发计划署次之，世界银行的界定最为宽泛。“各主要国际组织对于发达经济体和发展中经济体的界定、覆盖范围存在明显差别，目前并不存在国际公认的标准。”[①]从学术研究领域来看，关于发展中国也没有一个完全确定的概念。不论是法律意义还是学术研究意义，不论是实际操作还是国际共识方面，即使目前国际上具有一定影响力的世界银行和联合国贸易与发展会议也没有对“发展中国家”作出明确的界定。

在国际社会的实际工作中，联合国在国际援助中还是对一些国家作出了发展程度不同的认定，并对发展中国家给予了一定的划分依据。通用的做法是以经济发展水平来认定。现在主要是用人均国民总收入(GNI)或国内生产总值(GDP)作为衡量一个国家经济发展水平的主要参数，这种做法相对来讲比较简单易行、比较容易衡量。当然，对于一个国家的整体衡量和评估并不能完全取决于经济水平，国家之间的比较和评估所考量的因素是多层面、多领域和多标准的，因此，到目前为止，国际社会关于发展中国家的概念还是不确定的。

目前，“发展中国家”这一称谓更多的是一种经济发展程度上的认定，同时也带来该类国家在国际政治上相应的地位和权益。发展中国家是历史的产物，它们随着国际社会的发展而发展。发展中国家在自身的发展目标、要求、任务和基础等方面，历史性地与发达国家联系在一起。在经济社会发展与环境资源关系的处理和协调中，发展中国家所处的环境、拥有的基础、存在的条件等与发达国家相比是大不相同的。经过冷战、两极

① 闫海琪：《国际组织关于发达国家和发展中国家的界定》，《调研世界》，2016年第7期，第61页。

格局的终结和差异化的发展,发展中国家现在在经济发展方面也出现了一些变化,国家之间的发展距离也逐渐拉大。在发展中国家出现了新兴经济体、金砖国家等不同的经济团体。第二次世界大战结束后,发展中国家内部之间的经济实力差距逐渐拉大,政治权益的要求也出现分歧,尤其是经济发展的主要要素包括经济环境、经济基础、经济条件等,以及与自然环境资源之间的关系方面出现了较大的差异。

(二)发展中国家生态文明建设的可选理论

从发展的进程与阶段来看,发展中国家在世界发展的历程中,与发达资本主义国家相比处于落后、被动、后发的地位,在世界发展的竞争中,受到发达资本主义国家制定的机制的约束。生态环境问题的出现与资本主义工业文明的推进密不可分,发展中国家面临的生态问题不论是国内的环境污染、生态失衡、资源匮乏,还是区域或全球的整体环境受损,都离不开发达资本主义国家工业现代化的影响。但是,对于发展中国家来说,生态文明建设既不能追随发达资本主义国家的选择模式,也不能受制于发达资本主义国家,而是要突破发达资本主义国家设定的固有机制和思维模式,选择符合本国的自创模式和指导理论。发展中国家需要清醒地意识到本国的发展任务、目标、条件和环境资源等完全不同于发达资本主义国家。在迈向生态文明建设的道路上,发展中国家的机遇和环境是独特的。发展中国家对于自身所面临的污染问题、生态问题和发展问题应该辨别和认清其根源和实质,因此,其生态文明建设的理论选择不应是西方发达资本主义国家所提倡的“生态中心论”或“人类中心论”,而应围绕自身的发展权益、环境权益展开。发展中国家生态文明建设的理论选择要为争取本国的发展权益和环境保护权益服务。

在生态文明的理论发展过程中,世界范围内出现了不同的学派与主张。大多数发展中国家依然是资本主义制度,而在改变制度不现实的情况下,既要发展经济又要保护环境,对于发展中国家而言,拉美的21世纪社会主义、生态马克思主义、新马克思主义等思潮在某种意义上不失为接近生态文明建设的可选理论。

首先,这些理论或思想批判和否定了资本主义制度,为发展中国家摆脱资本主义制度提供了理论指南。发展中国家大都选择了资本主义制度,在经济发展和环境保护的双重任务面前,这种制度的弊端根深蒂固,他们需要摆脱制度上的枷锁。生态马克思主义指出资本主义制度的自私自利,资本主义生产的目的是生产商品的交换价值,而不是生产商品的使用价值,在这里,资本的本质是追求利润,而不是实现基本的产品使用价值。因此,这就导致资本主义制度下人们对资本使用的工具理性,自然界的物质、资源和环境等成为资本主义生产的基础和条件,而不是具有内在价值的自然存在。资本主义生产遵循经济理性原则,将资本主义生产体系置于"核算和效率"之下,并不断扩张。它们只关心利润的高低、产品的多少,将人与自然的关系变为利用与被利用、控制与被控制的二元工具关系,根本不考虑自然的生态平衡和运行规律,结果资本主义制度破坏了自身的生态环境。资本主义制度下发达国家将生态问题、污染问题输送到发展中国家,以此来规避本国的环境污染问题和资源消耗问题,"这样一来,资本主义投资商在投资决策中短期行为的痼疾便成为影响整体环境的致命因素"①,可见资本主义制度下的生产是违背自然生态需要的。正如玻利维亚前总统埃沃·莫来拉斯(Evo Morales)评价的那样,"只要我们不为了一种建立在人类和自然之间的互补、团结与和谐的基础上的制度而改变资本主义制度,那么,我们所采取的诸多措施都将治标不治本——在特征上将表现为有局限的和不稳定的"②。该理论旗帜鲜明地表明了资本主义制度对生态文明建设的背离,指出必须离开资本主义制度,才能为生态文明建设提供制度上的保障。

其次,这些思想或理论重新修订了"人类中心主义"价值观,为生态文

---

① [美]约翰·贝拉米·福斯特:《生态危机与资本主义》,耿建新译,上海译文出版社,2006年,第4页。

② Evo Morales. "Save the Planet from Capitalism". *International Journal for Socialist Renewal*, November 28, 2008, http://links.org.au/node/769.

明建设提供了新的哲学价值观。生态马克思主义指出西方“中心论”的动物道德观将导致神秘主义，扭曲对自然价值论和自然权利论的理解和合理立论。该理论将人类中心主义的价值观看作“一种长期的集体的人类中心主义，而不是新古典经济学的短期的个人主义的人类中心主义。因而，它将致力于实现可持续的发展，既是由于现实的物质原因，也是因为它希望用非物质的方式评价自然”[①]。这是生态文明建设的哲学价值基础，因为“对自然和生态平衡的界定明显是一种人类的行为，一种与人的需要、愉悦和愿望相关的人类的界定”[②]。值得一提的是，这些理论或思想解释人类中心主义中的“以人为本”有着特定含义，是指经济发展的、生态学的，“应该以人为本，尤其是穷人，而不是以生产甚至环境为本，应该强调满足基本需要和长期保障的重要性这是我们与资本主义生产方式的更高的不道德进行斗争所要坚持的基本道义”[③]。

最后，这些理论或思想设想了新的政治路径，为发展中国家解决生态危机提供了可供选择的政治道路。这些理论或思想对资本主义制度的本质具有一定的深刻认识，对生态危机产生的根源有着比较深刻的认识。生态马克思主义从制度上深刻揭露了危机产生的根源，提出只有改变现行资本主义制度下的权力结构，消除资本主义制度，建立生态寓意的社会主义，才能从本质上消除危机。拉美21世纪社会主义为拉美国家结合本国的实际环境与条件提供了多元的社会主义道路选择。发展中国家的生态文明建设应该突破本国制度的枷锁或变革制度的弊端，通过发动社会生态运动，在全球范围内建立反对资本主义的统一阵营，建立生态意义的社会制度，走出生态危机的困境。

---

① [美]戴维·佩珀:《生态社会主义:从深生态学到社会正义》，刘颖译，山东大学出版社，2005年，第41页。

② 同上，第341页。

③ [美]约翰·贝拉·福斯特:《生态危机与资本主义》，耿建新译，上海译文出版社，2006年，第42页。

（三）发展中国家生态文明建设理论构建的立足点

发展中国家生态文明建设理论构建决然不能照抄照搬西方发达资本主义国家的理论，应该建构符合发展中国家生态权益的新型理论，理论的主旨应以自身的利益和发展需要为基础，以人类发展的共同命运为目标，结合本国社会经济发展和环境生态质量的实际情况，构建本国生态文明建设的理论体系，实现人的发展与自然生态平衡的双项目标。发展中国家生态文明建设的处境与任务决定了其理论的立足点应主要体现在两个层面和两重权责。

1.两个层面

两个层面是指全球层面与国家层面。发展中国家的生态文明建设不仅着眼于本国自身，还要放眼于整个星球。全球层面与国家层面是相互联系，相互影响，缺一不可的。国家层面是国家整体以及国内地方的生态文明建设；全球层面是国家生态文明建设的外部环境，是全球各国共同的生态文明建设。生态文明建设理论要涉及两个层面，原因如下：一是生态危机已经危及人类整体的生存与发展，生态文明建设必须从人类整体的角度考虑，立足于全球层面。发展中国家在世界上分布范围最广，占世界人口最多，理应从人类整体的角度考虑，承担相应的责任和义务。同时，发展中国家本身就是生态危机的受害者，在全球生态治理过程中要拥有人类命运共同体意识、有全球责任担当意识，将本国的生态利益与全球的生态责任结合在一起。二是发展中国家必须坚决维护自身的生态利益。目前全球的生态力量并不平衡，发达资本主义国家处于生态力量的优势地位，是生态权益的主导者，因此，发展中国家应团结起来共同应对。发展中国家的生态文明建设要从涵盖国家整体和地方权益的国家层面出发。当代的全球化运动促使发达资本主义国家与发展中国家在维护各自的生态权益上展开激烈的斗争甚至冲突。

简言之，发展中国家的生态文明建设理论应以尊重民族国家自身的权利为前提，以全球人类共同利益为指引。如果没有全球层面为指引，国家层面的生态文明建设将失去方向;如果失去了国家自身生态利益,人类共同利益的实现也将是一句空话。

2.两重权责

两重权责包含国内和国际两个部分。发展中国家推进生态文明建设不仅要对本国的民众负责,还要对国际社会中人类整体担负责任;不仅拥有本国资源环境的独立自主权利,还拥有全球公共资源的共同享有权利。在当今国际社会中,任何一个民族国家都具有双重身份,既是一个独立的国际行为体,又是国际社会中的一员。首先,从一个民族国家建设生态文明的权利上来看,任何国家都有权独立自主地制定本国推进生态文明建设的法律法规、政策方针,有权使用本国的所有资源,并且不受其他国家或国际社会的干涉、阻挠或破坏,这是一个民族国家作为国际社会平等一员所享有的基本权利。同时,任何国家也有权合理使用全球公共资源,为本国的生态文明建设提供必要的条件。其次,从一个民族国家生态文明建设的责任上讲,任何国家在推进本国生态文明建设的过程中,既要对本国民众负责,不能做出伤害本国民众的行为,同时也不得对其他国家和地区带来破坏、危害和伤害,不能对人类公共利益带来伤害。简单来说,就是发展中国家的生态文明建设在捍卫和行使自身应有权益的同时,也要承担相应的责任。《人类环境宣言》强调:"按照联合国宪章和国际法原则,各国有按自己的环境政策开发自己资源的主权;并且有责任保证在他们管辖或控制之内的活动,不致损害其他国家的或在国家管辖以外地区的环境。"[①]

二、发展中国家生态文明建设模式的产生

全球化、现代化、信息化、网络化发展的大背景下,任何一个国家的经济发展和环境资源已经不再是一个独立的现象,不再是海洋中的一座孤

① 万以诚:《新文明的路标:人类绿色运动史上的经典文献》,吉林人民出版社,2000年,第6页。

岛，而是和世界其他国家的发展变化紧密地连接在一起，成为世界整体的一个组成部分。发展中国家的生态文明建设，无论是从经济角度、政治角度还是从生态角度看，都与世界这个整体不可分割。从世界各国迈向生态文明建设的方向上看，不同国家处在不同的频率上。发展中国家作为20世纪50年代在国际社会中产生的一个特殊国家群体，在国际社会生态文明建设中具有越来越重要的意义。

（一）生态文明建设对发展中国家的意义

尽管发展中国家的经济基础、社会条件和国际环境比较复杂、多样，但是发展中国家绝不能充当发达资本主义国家的棋子，听任发达资本主义国家的安排和操纵，而是一定要有自己的主动权和选择权。中国已经在生态文明建设的道路上迈出了自己坚定的步伐，为广大发展中国家树立了良好的榜样。生态文明建设是所有国家在人类文明发展过程中的一种理想追求和有益的选择，对发展中国家的命运有着至关重要的意义。

1.生态文明建设有助于发展中国家确定本国正确的发展方向

现今的发展中国家大都选择了资本主义制度，市场机制成为发展经济的主导机制，大多也是选择工业现代化的路子，基本上延续了发达资本主义国家经济发展的模式。但是，发展中国家既没有雄厚的资本，也没有先进的技术，更没有有利的国际机制，因而在本国资本主义经济发展道路上充满了波折、挑战和困境。发展中国家对于国内出现的污染问题、生态问题、社会问题等，既没有足够的资金，也没有革新的技术，不能像发达资本主义国家那样依靠市场和技术来处理本国的污染问题和资源问题，也不能对经济发展和环境保护之间的关系进行适当的处理。对发展中国家来说，照搬发达资本主义国家的发展模式是不可取的，更何况发达资本主义国家的发展模式本身也是错误百出。生态文明建设为发展中国家摆脱困境提供了一个有益的选择路径。生态文明建设要求国家的整体布局建立在人、自然和社会和谐统一的基础之上，将国家各种建设融合在一起，突破资本主义的“资本逻辑”，遵循自然生态规律，实现社会的和谐进步。

2.生态文明建设为发展中国家提供了一个新的发展思路

工业文明社会将经济利益看作超越一切的追求,为了发展经济、追求财富增长而不惜付出一切代价。工业现代化更加具体地呈现出人类对经济指标的疯狂追求。自然界的生态均衡、人类与自然界的协调统一、人类社会的和谐关系在经济利益的疯狂指引下被破坏了。发展中国家的发展基本上延续了资本主义经济发展模式,不但没有出现发达资本主义国家的经济繁荣,反而越来越困难,甚至越来越贫穷。据统计,世界最不发达国家的数量与二战结束后相比已经增加了。对于发展中国家来说,绝不能走发达资本主义国家的老路,那样注定是行不通的,这已是不争的事实了。工业文明并没有给广大的发展中国家带来进步和希望,反而是更多的困难和问题。生态文明建设是超越工业文明的新发展,是协调经济发展与环境保护之间关系的明智选择。生态文明建设的提出为发展中国家的经济发展和环境保护提供了可供选择的发展思路,把经济发展与环境保护有机地协调起来,走出资本主义“先污染、后治理”的陷阱。

3.生态文明建设为发展中国家提供新的内生动力

长期以来,国际社会中国家之间遵循着“丛林法则”的生存逻辑,为此,追求权力和实力成为一个国家生存的主导方向。一个国家为了能够在国际社会中生存下来,确保自身的实力和权力,需要通过战争、侵略、扩张、掠夺等方式来获得更多的物质财富、占领更多的资源,并不断推动经济增长,使国家完全和经济捆绑在一起,经济发展、经济利益、经济增长成为国家的中心目标,而民众的需要、自然的承载力等则完全置之不理。这是国际社会几百年来的基本规律,更准确地说,是近代资本主义将人类社会推向更加极端的“经济中心”的深渊。发达资本主义国家依靠工业现代化,占领经济发展的高地,成为国际社会中的佼佼者。但是发展中国家却不能沿着发达资本主义国家的脚印走下去,那是死路一条。生态文明建设改变了国家生存发展的核心点,唯经济中心论已经不能再支撑一个国家的生存发展。自然环境、自然资源、自然生态等自然价值在国家中的地位提高了,为发展中国家提供了新的生存空间。经济发展与自然均衡同样成为国家生存的基础,缺一不可。

(二)发展中国家生态文明建设的背景

发展中国家生态文明建设离不开国内和国际两个方面。这两个层面都是为了同一个目的,都是为了维护本国的生态权益和生态环境。发展中国家不仅要维护本国国内自然环境的权利,还要争取国家所在区域和全球生态环境的权利,在全球范围实现人与自然的关系和谐。发展中国家的生态文明建设面临着特殊的国际环境和复杂的国内背景。

一方面,发展中国家生态文明建设的国内环境存在差异。对于广大发展中国家来说,不同国家生态文明建设的基础条件存在很大的差异。有的国家拥有优质的自然环境,是世界上闻名遐迩的生态环境良好国家,并且社会经济发展有序稳定,民众的幸福生活指数也很高,如哥伦比亚;有的国家却是生态环境恶劣、经济发展困难、民众生活困苦,如南苏丹、苏丹等国家;大多数国家则是生态环境处于有好有坏的状态,经济社会发展状况也是喜忧参半。整体上,发展中国家的自然生态环境多数是比较恶劣的,这与历史上遭受的生态殖民掠夺、战争侵略和资源破坏有关。

另一方面,发展中国家生态文明建设的国际环境比较恶劣,国际空间压力大。主要表现在三个方面:一是发展中国家在国际分工和世界体系中依然处于被剥夺的处境,发展中国家处于国际分工的底端,国家的工业生产主要是资源和劳动密集型产业,在世界经济体系中处于经济链条的末端,导致本国经济发展需要消耗巨大的自然资源,同时带来生态环境的恶化;二是发达资本主义国家利用它所控制的国际机制和国际秩序,在资源控制、市场机制中占据优势,阻碍发展中国家生态文明建设;三是发达资本主义国家把污染性产业转移到发展中国家,加剧发展中国家生态问题的恶化,为发展中国家生态文明建设制造重重困难。

三、发展中国家"政府引导市场辅助"模式的进展

发展中国家在生态文明建设的具体推动中,出现了不同的路径选择。

一些国家将生态与社会主义建设结合在一起，走上不同于西方发达资本主义和传统社会主义国家的道路，如拉美国家和地区的21世纪生态社会主义；还有一些国家走上绿色发展道路，坚持经济可持续增长，如金砖国家中的一些国家。发展中国家十分注重政府的引导作用。资本主义制度下的发展中国家同样需要市场机制发挥着作用，但是，市场的盲目和无序对生态文明建设会带来严重的伤害和制约，因此，发展中国家加强了政府在市场中的引导作用，规范和指引市场环境中的经济发展和生态环境保护之间的关系，从而促进生态文明建设的发展。

（一）拉美国家推动21世纪生态社会主义建设

拉美地区的自然环境生态和资源基础相对良好，一些国家的生态环境质量很高。在发展本国社会经济的过程中，他们对自然环境和资源有着特殊的关爱和情感，对土地心存感激，对自然充满敬意。玻利维亚、阿根廷、委内瑞拉等国家的领导人表达了对自然环境的热爱和崇敬之情。他们认为，现存模式已经失败了，这种模式表现为："'生活得更好'、无止境的发展、无限制的工业化、蔑视历史的现代性、以他人和自然为代价而不断增长的商品积累。因为这种原因，我们鼓励'生活得好'这种思想，即与其他人以及我们的地球母亲和谐共处。"[①]拉美地区特殊的殖民经历使他们的自然环境遭到历史性的破坏，自然资源遭到历史性的掠夺。独立后的拉美国家和人民在双重压力下，在既要发展经济又要保护环境的两难选择中，并没有忽视和牺牲环境，没有以环境为代价寻求发展，而是十分重视自然资源和生态环境。

21世纪生态社会主义的提出是拉美国家和人民在生态文明建设征途中的自我创新、自我发展。玻利维亚兴起的社会主义根植于当地人民需要和控制基础资源的斗争中，这种斗争给发展中国家的生态社会主义带来一种希望，即对资本主义将人与土地分离的关系进行新的调整，通过

① Evo Morales. "Save the Planet from Capitalism". *International Journal for Socialist Renewal*, November 28, 2008, http://links.org.au/node/769.

捍卫土地权利，在人类与自然资源之间确立一种新型关系。玻利维亚、委内瑞拉、阿根廷等国家在政府主动推动下尝试发展21世纪生态社会主义，描绘具有拉美人民特色的生态文明建设的蓝图。

（二）发动社会生态变革，推进生态文明社会建设

发展中国家自从独立以来，一直处于发达资本主义国家构建的体系之中，本国的经济、政治和外交等无不被纳入这一体系。发展中国家在全球生态环境的格局中处于被动地位，位于全球生态治理话语权的外围和边缘，本国的生态环境与经济发展在很大程度上受到发达资本主义国家的制约与影响。随着环境问题以及生态危机的严峻挑战，发展中国家开始意识到生态环境问题的重要性，于是寻求改变之策。其中一些发展中国家开始了大胆的尝试与变革。针对工业化、城市化发展中带来的空气污染、交通拥挤、资源浪费等问题，阿根廷、巴西等一些国家开始从政策管理上入手，采取激进的管理形式，加强管控，改善城市发展的城市病。还有一些发展中国家对本国的农村贫困、基础设施短缺、民众基本需求难满足等问题进行积极的尝试和改善，如玻利瓦尔、印度、委内瑞拉等国家对农村的自然环境进行绿化，加大对民众的基础教育、卫生条件和基础环境条件等方面的改善，大力解决农村的贫困问题。发展中国家开始将人的发展和对自然环境的重视结合起来，向着可持续方向发展。

（三）政府加强对本国生态环境的管控，净化生态文明建设的国内环境

发展中国家的生态文明建设受到国际秩序和国际经济贸易体制的影响，导致本国的国内生态环境治理受到来自国际发达资本主义国家污染转嫁的危害。发展中国家已经认识到发达国家污染转嫁的严重危害性，开始积极应对，采取措施主要包括以下方面：一是发展中国家制定保护本国生态环境的政策，保护本国生态环境。东南亚国家中的印尼、马来西亚、柬埔寨等长期向新加坡出口沙子，而新加坡用进口的沙子填海造地，

长期的挖沙出口危害了出口国当地的生态系统，于是他们纷纷采取措施保护当地生态系统。马来西亚1997年开始实行禁令，禁止出口沙子；印度尼西亚从2007年开始禁止沙子出口；柬埔寨2017年开始禁止向新加坡出口沙子。二是制定明确的法律，禁止洋垃圾进口。马来西亚、肯尼亚等国通过严厉的“禁塑令”，禁止塑料垃圾的危害。三是利用外交手段与发达资本主义国家在垃圾污染问题上进行坚决的斗争。2019年5月，加拿大曾承诺要收回运送到东南亚的几十个集装箱的垃圾，由于没有在设定的最后期限之前完成，导致菲律宾召回驻渥太华使节，引发了菲律宾与加拿大一场严重的外交争端，最后菲律宾下令运返这些垃圾，并迫使加拿大同意收回数吨垃圾。发展中国家在本国生态文明建设中十分重视政府的引导作用，通过制定政策、法律法规，以及运用外交手段与发达资本主义国家进行斗争，维护本国生态利益。

四、发展中国家“政府引导市场辅助”模式的预测

发展中国家生态文明建设刚刚起步，既有可喜之处，也有可悲之处。可喜的是，一些发展中国家率先走上生态文明建设的道路，披荆斩棘、勇敢前行；可悲的是，大多数发展中国家依然挣扎在经济发展的困境中，不能充分地协调经济发展与环境保护的关系，负面的发展不能有效制止。

历史的枷锁和现实的残酷交织在一起，给发展中国家的生存与发展带来诸多的困境与问题。发展中国家中的中国、巴西、俄罗斯、印度、南非等国家形成一个新的经济体——金砖国家，这些国家在本国的经济发展和环境治理上都采取了重要的举措，推动经济可持续增长，成为发展中国家经济发展中的一个亮点。金砖国家作为一个开放的合作方式，不断吸收新成员加入。尽管在金砖国家内部，存在着经济发展速度不同、人口规模不等、历史文化差异较大等因素；但同时这些国家也有着诸多的共同之处，如自然资源丰富、人口分布不均、经济任务重大等。不论是同质性还是差异性，都没有阻碍自身在维持经济增长的前提下考虑自然生态质量尤其是资源的可持续性利用。换句话说，发展中国家已经具有了绿色发

展理念和治理行动实践。这代表了绝大多数发展中国家生态文明建设的共同认知和行为路径。对于那些还没有这些条件的、极不发达的国家以及生态环境脆弱的发展中国家来说,一旦具备了条件也极有可能采取推进生态文明建设的举动。因此,这些国家对可持续增长或绿色发展的感知与界定和发达资本主义国家是截然不同的,发展中国家更加关注发展可持续的长度及深度。“当今时代,人类可持续发展出现在全球外围国家的各种革命缝隙当中,可能标志着一种普遍反抗的开始,既反对世界异化,又反对人类的自我异化。这种反抗,如果始终如一的话,可能只有一个目的:创造一个生产者联合起来的社会,合理地调节他们与自然之间的新陈代谢关系,不仅按照他们自身的需要来进行这种调节,而且也按照后代和整体生命的需要来进行调节。”①

客观地讲,发展中国家的可持续经济增长模式有着特定的历史背景和现实的合理性。这些国家中,像中国和印度等国家有着悠久的文明历史和众多的人口,巴西、俄罗斯和南非等国家则拥有当今世界上最丰富的自然生态资源。尽管发展中国家的差异性为发展中国家提供了不同的条件和基础,但是,世界政治经济中心的转移是可以预见的历史必然。原因在于:一方面,那种源生于西方国家,以资本主义的工业化与城市化为特征的现代化发展模式已经被历史证明是不可持续的。地球资源的有限性和生态环境的紧迫性已经证明资本主义工业发展模式的不可持续,在社会与生态双重破坏的背景下,资本的扩张本性与生态系统的脆弱性是相悖的。西方发达资本主义国家的政治经济优势正在丧失。另一方面,发展中国家发展模式的改革是不可避免的。历史的、舶来的发展模式并非内生于发展中国家,对此,广大发展中国家需要全面深化改革,走一条适合本国的发展道路。工业现代化发展模式在发展中国家必然出现水土不服和后遗症,社会、经济与生态的负面效应也是不可避免的。基于此,资

① [美]约·贝·福斯特:《生态革命——与地球和平相处》,刘仁胜、李晶、董慧译,人民出版社,2015年,第251页。

本主义国家生态环境破坏问题的普遍性也就不难理解了，而且这种破坏对于资本主义本身来说是无药可治。因此，无论发展中国家的经济增长速度如何高、维持的时间多么久，从国内和全球的层面上，它们的经济与生态都存在不可持续的通病。换句话说，发展中国家要解决经济发展与保护环境的双重任务必须选择生态文明建设，必须转换理论范式和实践模式。只有这样才能真正走向绿色、持续、和谐的发展道路。

发展中国家的生态文明建设在绿色发展理念的指引下，面临着升级与转型的压力，包括国内外的政治压力，但也存在有利的条件。对于发展中国家来说，既有来自国内对提高民众生活水平的政治愿望，也有国际社会要求改善民众生活质量的外来干预。随着发展中国家经济实力的壮大，其中的经济大国，如金砖国家已经很难拒绝来自国际社会要求担负全球生态责任，甚至是领导责任的呼声。这一点从哥本哈根到德班的会议上所发生的世界环境政治格局的最新变化，以及巴西和印度做出的某些政策立场的调整上可以反映出来。

第三章　生态文明建设中国际生态治理的基本冲突形式

人类社会在不同的历史发展阶段需要不同类型文明的建设。工业现代化社会需要现代文明国家推进生态文明建设,而全球生态文明建设并非和谐、有序的。在全球生态危机的冲击下,世界各国在全球环境的生态治理中表现出各自不同的声音、要求,在各自的利益范畴下引发矛盾、竞争与冲突。生态治理的国际冲突是国际冲突的新内容,生态文明建设是人类超越工业文明社会的新选择,世界各国在对本国的环境生态进行治理的过程中,受到他国环境生态治理的影响与制约,这种情况反映了环境生态的整体性和系统性,生态文明建设需要的是一种全球层面的相互促进和携手共进。但是,世界各国在环境生态治理中因为利益的选择、目标的设定、标准的制定、污染的影响等方面存在差异而存在矛盾与冲突,尤其是发达资本主义国家与发展中国家在生态治理的利益诉求上存在巨大的差异和分歧。现实的国际社会中环境生态治理冲突事件不断涌现,表明人类工业化实践所带来的微观和宏观效应不仅仅存在于人与自然的关系方面,还直接威胁着人的基本生存条件,引起有限生存空间中人与人之间关系的对立。生态治理中的冲突,与其说是反映了人与自然之间的关系矛盾,不如说是人与人之间的利益冲突。因此,生态文明建设不仅要协调人与自然的关系,还要促进人类社会关系的协调。生态文明建设就是要实现国家建设的生态发展和社会生态进步。国际生态治理冲突从一个侧面反映了当今国际社会冲突的新变化,有助于创新我们对全面推进生态文明建设的新思路,有助于进一步推动全球生态文明建设的发展。国际生态治理冲突对我们认识全球生态文明建设的真实轨迹,了解全球生态文明建设的进展具有重要的意义。

国际生态治理冲突是国际社会中行为体之间的一种以对抗或敌对性为主要特征的国际互动形式。理解和分析国际生态治理冲突是全球生态文明建设的核心内容之一。国际社会中，世界各国在国际生态治理上存在争议、分歧与矛盾，人类命运共同体的理念倡导并不意味着在生态治理问题上全球能够顺利实现合作。只有世界各国和全球民众的生态需求和生态权益得到基本认同、取得一定共识，全球生态文明建设才能得到有效推动。在这种意义上，如何理解和分析国际社会在全球生态治理问题上存在的冲突是推动全球生态文明建设的核心和关键所在。社会冲突的存在是一种普遍而正常的现象，它对人类社会的发展起到双向调节功能，因为冲突的存在使得人类需要进行沟通和接触，需要加强彼此的了解和合作。从根本上说，国际生态治理冲突的出现是一种消极的影响，但同时也联通了冲突各方的利益，使得问题得到回应和解决，这种冲突既可能使矛盾激化，也可能生成一种现实的力量，形成一种不受旧机制约束的新环境，从而促进国际生态环境政策的创新、调整和改革。从这个意义上说，国际生态治理冲突不能被简单地视为国家之间生态利益的争夺，还可以成为了解一国执政理念及生态文明建设的目标。国际生态治理冲突不仅使得环境治理问题凸显出来，突破单纯的人与自然关系，还直接成为国际政治具体领域中的新冲突，使不同生态利益要求的国家对自然环境与资源的保护有了新的要求。同时，国际生态治理冲突使不同国家之间的合作成为必然。全球生态文明建设成为人类发展的一种趋势和方向。世界各国在本国的生态治理中，生态文明建设也成为不可避免的任务，在实际的生态治理中，各国的政策、措施和手段等各不相同，引起矛盾和冲突也不可避免。从国际社会层面看，民众对全球生态环境越来越重视。

某种意义上说，国际生态治理冲突有助于促进全球生态文明建设的推进。当然，国际生态治理冲突也并不必然导致生态文明的发展。国际生态治理冲突是在偏执的工业文明遭遇生态环境刚性边界的时代背景中，人的主体性得到彰显的必然结果。全球社会文明的相互影响使得国际生态治理冲突需要在全球生态文明建设的整体上得到解决,否则这种冲突将日益加剧。国际生态治理冲突的解决,只能在全球生态文明建设的推动下进行,这是一个集体的事业、集成的体系和集合的问题,它涉及世界各国的政府、非政府组织、国内国际企业以及全球民众。国际生态治理冲突反映的是利益失调、监控乏力、价值冲突等一系列问题,不但需要世界各国政府的积极领导、有效协调,还需要各种企业的自律和自觉,以及社会民众的监督和参与。

第一节　不同类型国家生态治理的思想与实践

从治理主体上讲,生态治理既是个体治理也是整体治理,既是国家治理也是全球治理。治理生态环境问题既需要个体国家和国家民众,也需要世界各国和全球民众的共同参与。生态治理是一种新的治理理念和实践,世界各国在认识、实施生态治理的过程中因为文化理念、社会制度、经济实力、技术水平、发展目标等千差万别,产生冲突也是很难避免的。在近代历史的发展中,资本主义的文化、制度、思想、科技、经济和政治等逐渐占据了世界舞台的中心,发达资本主义国家成为国际舞台中心的主角。不论是出于政治立场的目的,还是经济利益的动机,发达资本主义国家、发展中国家(包括社会主义国家)在生态治理上的差异是不可忽视的,将引发彼此之间在生态治理上的冲突。

一、发达资本主义国家生态治理的思想与实践

发达资本主义国家生态治理的思想与实践是在资本主义制度下产生的,是应对生态危机的单极化思维方式和注重目标结果的治理模式。这种思想与实践是发达资本主义国家在工业现代化发展中对自身生态问题进行的一种生态性修补和调整,是在工业化的框架和资本主义制度基础上进行的,本质上是为了维持资本主义生产方式,维护资本主义制度和资

产阶级的政治统治。实际上,对于发达资本主义国家生态治理的思想和实践,“长期以来,西方发达国家的生态治理大多基于西方单极化思维方式,是一种治标不治本的治理模式,具有很强的负外部性并且成本高昂。这种西方式的‘头疼医头脚痛医脚’的生态治理思想,无法从根上解决生态修复的问题”[①]。

(一)发达资本主义国家生态治理的思想

发达资本主义国家生态治理思想以解决发达资本主义国家的生态问题为目的、绿色资本主义为目标、生态学世界观为基础、绿色工业革命为途径、绿色政治和生态经济为主要手段。发达资本主义国家生态治理思想的哲学基础是生态学世界观。生态学世界观是指用生态理念修正工业文明社会中的世界观,属于后现代主义理念中的一种含有生态寓意的新型世界观,它反对近代的机械世界观和机械决定论,主张用整体意识和相互联系的观念来看待世界,认为世界具有整体性和相互关联性。它反对近代以来西方的机械世界观和机械决定论,认为现代社会与现代物理学所揭示的世界不一致,需要运用生态理念的世界观进行认知,认为“要改变现代社会的危机局面,就必须超越旧的世界观而转向一体化宇宙的、生态学的世界观并在这种新世界观的指引下去进行一场真正世界意义的文化革命”[②]。具体来说,生态学世界观的主张主要包括两个方面:一是世界具有“网络互联性”,而非“分散和部分的决定性”。生态学世界观是在反对近代机械世界观基础上提出来,它反对自然科学提出的,“世界是一个松散的‘物质堆’、一个分散的状态”的观点;它反对运用分析方法来研究客观世界和对象事物。它认为对客观世界和对象的研究应该以相对论和量子学为基础,采用综合方法研究,应将世界看作由多种要素组成的、相互联系的一个大网,在这个大网中,各个组成部分之间有着必然的联系

① 张孝德、张文明:《习近平生态治理思想的深层实践意蕴》,《国家治理》,2017年第4期,第37—38页。

② 佘正荣:《卡普拉生态世界观析要》,《自然辩证法研究》,1992年第5期,第244—245页。

性,并且不可分割。二是人类作为社会主体具有能动性和自我组织能力。生态学世界观反对机械决定论关于事物自身运动变化与系统关系的论断,尤其是反对“人只是一个物理机械装置,事实上,精神状态只是中枢神经系统的物理状态罢了,因而我们能够从纯物理、化学的角度对人做出一个全面的解释”[①]。对此,生态学世界观对人类作为社会主体提出新的主张,它认为人类作为社会主体具有“自组织能力”,人类具有一定的能动性,能够通过自身的改变与重组形成与之相适应的系统环境,而系统环境里“系统能够通过内在要素之间的协同作用,通过分叉与突变,重新组织自身,形成新的有序结构,以适应环境的变化”[②]。因此,生态学世界观认为人类作为社会主体具有“行为互动的意向性和自由决定、自由选择的自由意志,而且目的性广泛存在于复杂性系统自组织演化过程中”[③]。

发达资本主义国家生态治理思想中解决生态问题的途径是实行绿色工业革命。“绿色工业革命被认为是在技术转型方面的一种自上而下的尝试,由生态现代化的诸多精英所领导,但将可能挑战资本主义社会的经济、社会、文化和环境规范的群众反抗排除在外。既得利益集团的目标就是将因环境挑战而引起的社会变革控制在这种制度所能够接受的限度之内,即使冒着危及整个地球的风险。”[④]实际上,这种绿色工业革命主要掌握在技术专家手里,核心思想在于在目前可以采用的、没有超越地球绝对生态极限的情况下最大限度地剥削自然母体、消耗自然资源和享有自然环境服务。

发达资本主义国家生态治理思想的政治主张是提倡绿色政治。思想要通过政治体现出来,政治推动思想的实现。发达资本主义国家生态治理的政治主张主要体现在三个层面。首先,具有整体意识的绿色政治

---

① 于文秀:《生态后现代主义——一种崭新的生态世界观》,《学术月刊》,2007年第6期,第17页。

② 陈红兵:《复杂性科学与机械世界观向生态世界观转型》,《学术论坛》,2005年第5期,第26页。

③ 同上,第26—27页。

④ [美]约·贝·福斯特:《生态革命——与地球和平相处》,刘仁胜等译,人民出版社,2015年,第22页。

观。该观点以生态学世界观的互联性为基础，吸收现代系统论思想，运用系统整体思维，将社会看作一个完整的系统。人类生存的宇宙是一个由相互联系的部分组成的完整整体，在部分与整体之间存在着紧密的联系。其次，具有生态系统的整体政治观。该观点认为人类社会是一个由不同部分构成的完整整体，“人类社会内部也有一个政治生态法则在发挥作用，全球人类社会自成一个生态系统，经由种族、国家、民族、地区、城市、团体、家庭等无数中介物，下至最小的子系统—个人，同样应该形成一个彼此依存、平等互利、和谐运转的网络”①。再次，具有民主和分权的新政治理念。该观点认为现代社会中的权力结构与官僚机制严重背离了民主的理念，在宇宙中等级制和集权制没有存在的理由，为了人类社会的和谐需要实施权力分散，运用民主和分权，确保社会关系的和谐稳定。

（二）发达资本主义国家实施生态治理的实践

过去的二百多年里，欧盟、美国和日本等发达资本主义国家取得了社会经济发展的巨大成就，同时也带来了对环境的严重污染和破坏。从20世纪30年代开始，发达资本主义国家开始对环境污染实施生态治理，在实施生态治理的实践过程中，基本采用了一些相似的做法，包括制定环境立法、加大财政投入、提升环保技术和管理水平等。不同国家所选择的重点措施和应对举措也有差异，整体上取得了比较好的效果。

1.制定法律法规、政策，为生态治理提供基本法规保障

在工业化、城市化的发展中，发达资本主义国家的环境问题逐渐成为影响经济发展、社会稳定的重要问题。发达资本主义国家相继制定了消除污染、保护环境的相关法律法规，运用法律法规对环境污染进行调控。德国出台了空气污染治理方面的《联邦污染防治法》、保护环境的《德国经济补偿法》《德国矿产资源法》，美国出台了环境治理的《国家环

① 徐大同：《当代西方政治思潮》，天津人民出版社，2001年，第242—243页。

境政策法》，瑞典出台了《新森林法》，日本废止了生态环境治理的《公害对策基本法》之后用《环境基本法》取代，并随后制定了《控制工业排水法》《水质污染防治法》《湖泊水质保全特别措施法》以及《建立循环型社会基本法》等严格的、明确的具体法律。此外，英国、加拿大、澳大利亚等国家在生态治理中也制定了相关的法律法规。发达资本主义国家通过制定具体的、全局的、不同类型的法律，明确国家、社会不同主体的法律责任，加大对污染治理的控制力度和整治措施，在生态治理中发挥了有效的监控作用。

2.运用市场机制，激励企业、民众参与生态治理

发达资本主义国家的市场机制渗透到国家、社会和民众生活的各个领域，同时在生态治理中也将市场作用范围扩大到自然界，作为环境的公共资源也不例外。“随着经济发展对资源环境的压力越来越大，环境也开始作为生产要素进入社会经济生产生活过程，利用市场机制来引导社会生态治理。比如，西方国家开展的污染者付费、排污权交易、碳汇、环境税等经济政策手段实际上就是把环境要素作为一种生产要素，污染企业必须像购买其他要素一样购入环境要素，才能进行生产。这实际上增加了污染企业的生产成本，提高了产品价格，降低了其利润空间。”[①]发达资本主义国家对待环境就像市场交易中的商品一样，环境的价格随着市场的变化而变化。同时，民众通过环境交易的市场机制参与到生态治理来，“社会公众通过为绿色产品和绿色企业支付更高的价格来引导社会的绿色转型，使消费者利用货币选票来倒逼污染企业实现转型升级。所有这些，实际上都是利用市场交易机制来引导公众、企业和社会来共同关注生态治理”[②]。发达资本主义国家的公众十分关注社会的公共资源和问题，对影响或者危害自身利益的事件极为重视。他们运用自己的方式参与到维护自身利益的活动中，以个体形式或者组织方式关注空气质量、环境质

① 王金胜:《发达国家如何进行生态治理?》,《中国环境报》,2013年6月18日,第2版。

② 同上。

量，对政府、利益集团形成一定的压力，发挥着一定的监督作用。如美国考虑到公民参与环境治理的权利，在法律法规的制定中允许公众参加，“即在生态环境保护行动中和对自然资源的开发利用中，公民可以通过一定途径和程序参与环境立法，以及环境相关的决策和听证，并对生态环境相关行为行使监督权利”①。

3.研发生态技术、环保设备，用于治理污染和修复环境

发达资本主义国家在生态环境治理中非常注重技术措施的应用，不断加强对技术的科研支持和生态改造。瑞典非常重视森林生态技术研究的科研资助，其中国家拨款占整个投资的38%，而私人投入占60%。欧、美、日等发达国家纷纷转变高能耗、高排放的传统经济发展模式，加强对污染的治理，并修复被污染、被破坏了的环境。发达资本主义国家以新技术和新能源为主导，减少污染，建设新型生态产业，加强对环境的修复。发达资本主义国家将生态技术研发和生产紧密结合起来，大大提高资源利用效率，减少对环境的污染，并运用技术修复受损的环境。

4.政府发挥辅助作用，引导生态治理走向

西方发达资本主义国家的政府在生态治理过程中注重对民众和市场的引导作用。“随着各种环境保护主义、绿色运动、生态思潮等的兴起，发达国家政府对资源环境的保护和生态治理也非常关注，政府通过各种措施来引导社会公众关注环境问题，培育生态文明理念。如政府通过财政补贴等手段鼓励企业进行绿色技术的创新，通过担保或低息贷款等方式为生态产业发展提供资金支持，对环保技术和产业提供税收减免，政府积极实施绿色采购等措施来引导社会公众、企业组织等实现绿色转型。在政府引导等作用下，公众对生态环境问题的关注度也在不断提高，社会公众愿意为绿色环保产品承受更高的价格，呼吁企业积极履行社会责任，开展环保活动。这些都有助于生态文明理念的培育。”②20世纪90年代以

---

① 李懿、解轶鹏、石玉：《国外生态治理体系的建构模式探析》，《国家治理》，2017年第3期，第48页。

② 王金胜：《发达国家如何进行生态治理?》，《中国环境报》，2013年6月18日，第2版。

来,互联网的发展促使西方国家政府通过信息披露来管控生态环境问题,为实施生态治理协助引航。

5.构筑环保壁垒,为本国生态治理提供良好环境

西方发达资本主义国家在对本区域进行生态治理过程中主要采取了设立环保壁垒的措施。这种壁垒为发达资本主义国家的生态治理提供了一个保护伞,使得本国的生态权益得到有效保护,当然这种壁垒是违背世界自由贸易规则的。发达资本主义国家为了确保本国的生态环境不受来自外部的污染和破坏,同时也为了将本国的有害物和污染物转移到国外而采取有利于本国和本地区的贸易政策,筑起一道保护自我生态安全和生态权益的环境壁垒屏障。发达资本主义国家的环境壁垒主要针对广大发展中国家,比如,在严峻的贸易竞争中,欧盟通过了禁止在欧盟市场上出售含有重金属电子电气设备的RoHS指令,欧洲议会和理事会正式公布了EuP指令,全方位监控产品对环境的影响。此外,美国、日本、加拿大等也纷纷出台类似的环境贸易壁垒,维护本国的生态环境。

6.培育公众的生态意识,塑造公民的生态行为

生态治理的具体操作主要依靠具体的个体行为来实现,个体行为的效果直接影响生态治理的执行效果。一些发达资本主义国家在实际经验中获知,国家的生态治理需要本国公民直接有效的参与,因此,有意识地对本国公民的生态行为进行规约和教导。发达资本主义国家主要通过法律、教育、政策等方式来加强对本国公民行为的引导。美国联邦政府教育署设置了环境教育司,专门对民众进行环境教育。日本对本国民众实施生态教育,瑞典、德国、英国等也相当重视对本国民众的生态引导。

一些发达资本主义国家的生态缺陷与经济缺陷有关,土地扩张、人口扩张、工业扩张作为资本主义财富增长的策略已经到了极限,陷入生态和经济的矛盾之中。资本主义经济工业化的发展只能通过继续消耗资源甚至牺牲公民健康环境为代价才能得以为继。总的来说,发达资本主义国家的生态治理具有浓厚的资本主义特征,即外在剥削性。“发达国家的生态治理更多集中在生产端,高度重视技术的作用,而忽视消费端治理和文化治理的作用。如果只是单纯在生产端进行治理,而不考虑消费方,则只是一种治标不治本的治理之路。”①

二、发展中国家生态治理的思想与实践

从世界现代化发展水平和工业现代化发展进程看,目前的发展中国家正处于工业化发展的初期阶段。实际上,与发达国家工业化的发展决然不同的是,发展中国家的经济发展与环境生态都出现了严重的失衡,生态治理迫在眉睫。发展中国家的生态治理面临着内外的双重压力。一是来自本国的内部压力,即本国发展经济和环境生态之间的矛盾;二是来自国际社会主要是发达资本主义国家保护环境的压力。发展中国家的生态问题是其自身发展中不注重保护,同时也是发达资本主义国家的污染转嫁作用下共同造成的。相对于发达资本主义国家而言,发展中国家的生态治理任务更加艰巨。

(一)发展中国家关于生态治理的思想

1.发展生态社会主义是社会生态治理的目标之一

发展中国家在生态治理的过程中,作为后来者,见证了发达资本主义国家生态治理的效果,也看到了一些社会主义国家生态治理的失败,提出将生态和社会主义结合在一起,建立一种新型社会。这种思想在拉美地区比较成熟。拉美地区用“生态社会主义”来重构人类与自然之间的关系,以实现人类社会与自然生态环境之间的和谐共处,并以此消除资本主义带来的自然异化和人类异化。

“生态社会主义”成为发展中国家在解决经济发展与环境保护之间矛盾时的一种有前途的选择。委内瑞拉前总统乌戈·查韦斯提出的“21世纪的社会主义”在发展中国家中具有代表性。查韦斯提出了“社会主义的铁三角”概念,即社会所有制、由工人组织的社会生产,以及满足公共需

①《国外生态治理体系的建构模式探析》,《国家治理》,2017年第3期,第38页。

要。[①]这个社会主义的铁三角包含了生态学的意义。首先,社会所有制要求社会与自然的关系是使用,而不是所有。其次,由工人组织的社会生产体现的是一种新型劳动关系。再次,满足公共需要。查韦斯对社会主义的理解与生态理念结合在一起,形成一种新型的社会生态治理模式,是人类社会发展的一种新的选择。

玻利维亚前总统埃沃·莫拉莱斯指出:"只要我们不为了一种建立在人类和自然之间的互补、团结与和谐的基础上的制度而改变资本主义制度,那么,我们所采取的诸多措施都将治标不治本——在特征上将表现为有局限的和不稳定的。对我们而言,业已失败的是这样一种模式,即'生活得更好'、无止境的发展、无限制的工业化、蔑视历史的现代性、以他人和自然为代价而不断增长的商品积累。因为这种原因,我们鼓励'生活得好这种思想,即与其他人以及我们的地球母亲和谐共处'"[②]生态的理念成为玻利维亚社会发展的基本指导思想之一,为玻利维亚的未来发展提供了一条新的道路。此外,厄瓜多尔前总统拉斐尔·科雷亚对印第安哲学与科学社会主义进行有机融合,创造性提出厄瓜多尔"美好生活"社会主义的发展理念和施政方略,其旨在"将厄瓜多尔构建成一个政治经济安全可靠、生产方式多元高效、民主参与深刻广泛、民族文化自由多元、社会发展健康持续的美好社会"[③]。生态社会主义是发展中国家生态治理中一个新方向,是一种不同于资本主义追逐利润、攫取资源、破坏自然的新型社会发展模式。

2.资本主义制度是发展中国家生态危机产生的根源

发展中国家对生态危机的产生有不同认识。多数发展中国家选择的是资本主义制度。埃及学者萨米尔·阿明(Samir Amin)认为:"就全球范

① [美]约·贝·福斯特:《生态革命——与地球和平相处》,刘仁胜等译,人民出版社,2015年,第26页。

② Evo Morales. "Save the Planet from Capitalism". *International Journal for Socialist Renewal*. November 28, 2008, http://links.org.au/node/769.

③ Eduardo Gudynas. "Buen vivir: Germinando Altermativas al Desarrollo". *América Latina en Movimiento*. No.462, 2011.

围来看,在资本追逐利润的排他性逻辑主导下进行积累,意味着加速破坏全球生命繁育的自然基础,损耗不可再生能源(尤其是石油),以不可恢复的方式破坏生物多样性,破坏生态,最终甚至威胁这个星球上的生命。"[①]对于发展中国家来说,资本全球化加快了生态危机的转移和扩散,侵蚀着发展中国家的生态环境。发展中国家在自身的社会发展中,受制于资本逻辑、资本主义制度、资本竞争等因素的影响,引发生态环境恶化。"目前的生态危机是由于资本主义的短视造成的,但是它是不可能克服,这是由资本主义的基本矛盾所决定的。由于资本主义的私有制与生产社会化之间的矛盾,个别企业总是优先考虑自己的利润,而不是考虑作为社会总体利益的环境问题。即使中心资本主义国家可以通过转嫁污染给边缘、半边缘国家,以缓和本国直接的生态危机,但资本主义作为世界体系本身的生态危机是不可避免的。"[②]在世界资本主义体系中,"实际上,资本主义国家把经济和环境的选择题交给了发展中国家,这种不平等的经济区域发展正是生态效益转移的动力,问题的真正源头还是资本主义制度内部存在的对抗性矛盾"[③]。可见,资本主义制度是发展中国家生态危机产生的深层次根源。

3.发展中国家生态治理的严峻国际环境

发展中国家认识到本国生态治理面临的全球生态环境是严峻的,它不仅要应对发达资本主义国家转嫁的生态压力,还要与发达资本主义国家在全球生态治理上进行斗争。一是发达资本主义国家把生态危机作为转移经济危机的新手段,给发展中国家的生态环境带来极其不利的影响。发达资本主义国家在解决本国经济、生态危机的过程中,既有自身能力不

①[埃及]萨米尔·阿明:《世界规模的积累》,杨明柱等译,社会科学文献出版社,2008年,第3页。

② 丁晔:《只有社会主义道路才能摆脱依附与危机——访埃及著名经济学家萨米尔·阿明》,《马克思主义研究》,http://www.szhgh.com/Article/opinion/xuezhe/2016-06-01/114457.html,2020年2月21日浏览。

③ 袁玲儿等:《全球生态治理:从马克思主义思想到人类命运共同体理论与实践》,中共中央党校出版社,2023年,第121页。

足的原因，也有通过依靠不断制造公众消费的新需求来达到自我维持的要求。发达资本主义国家制造并操纵消费，把民众的注意力转移到生态危机上，从而给发展中国家的生态环境带来巨大的外部压力。二是发展中国家的生态治理受到发达国家的不公平对待。生态环境问题并不是单一的环境问题，还是严重的社会问题。环境问题影响的群体具有跨界性，可以跨越地区、跨越国家。环境问题已经成为跨国界、跨区域的全球性问题，因此要想解决问题就需要不同区域、不同国家在同一问题上取得共识；要取得共识就需要沟通、协商，就要在公平的、平等的机制下进行。发展中国家要解决国内的生态环境问题、进行生态治理，需要争取公平公正的国际环境和应有的权利。事实上，一些发展中国家的生态环境问题在一定程度上是由发达资本主义国家的殖民侵略、污染转移和不平等的国际交换等原因造成的。发达资本主义国家与发展中国家在同一历史时期处于不同的发展水平和发展阶段，发达资本主义国家的生态强权和生态霸权，对发展中国家生态环境的退化和污染担负着不可推卸的历史责任。发展中国家必须改变现存的不平等、不公正的国际环境，为本国生态治理创建新型的国际秩序和国际规则。

4.发展中国家生态治理提倡以生态理性发展经济

发展中国家认识到资本主义市场经济和工业化带来的经济增长以外的弊端，于是提出发展生态理性经济。生态理性不同于经济理性，主张劳动、资本、资源等的使用要适度，生产耐用而高质量的产品，增长产品的使用寿命，人们的需求不再是无限的，要适可而止，生产的发展应可持续，是一代又一代的发展。“生态理性在于，以尽可能和少的有使用价值且耐用的物品以及最少的劳动、资本和自然资源，来更好地满足人们的物质需求。”[①]发展中国家在经济发展中应遵循可持续性原则，制约利润增长动机，在生产中实现人、自然关系的和谐健康，经济的发展与资源环境的同步协调。

5.生态农业是生态治理的重要组成部分

---

① 安德烈·高兹：《资本主义、社会主义、生态》，彭姝祎译，商务印书馆，2018年，第51页。

发展中国家的学者十分重农业生产的生态环境,认为生态农业是生态环境的重要组成部分。大多数发展中国家的农业生产在国家的经济生活中占据重要地位。印度著名生物学家、生态哲学的开拓者和社会活动家范达娜·席瓦(Vandana Shiva)提出了两个要点:一是倡导生态农业系统的健康。她认为生态农业系统是一个多功能的集合体,在这个系统中,不同的部分有着不同的功能,水、土壤肥力、昆虫甚至所谓的"害虫"等都在一个统一的生态农业系统中发挥各自不同的功能,或提供授粉,或提供节水,或提供彼此的节制,不同部分都保持本身的营养成分,体现了生态的多样性;二是生态农业具有独有的特征。生态农业不同于现代肥料农业,它保留了地方种子的物种特征,在本地方的土壤中有着适应的生态环境,从而能够产出更加健康而有营养的产品。

6.发展中国家提出"生态债务"

一些发展中国家的学者指出,发达国家对地球恶化的生态环境应担负一定的责任,提出生态债务的理念。生态债务是指"发达工业国家由于抢劫、生态破坏和无偿占有环境空间,以及处理诸如源自工业国家的温室气体等废弃物而累积起来的、对第三世界国家的债务"[①]。生态债务是发展中国家对发达资本主义国家在生态环境治理中责任问题的认识和态度。厄瓜多尔的学者指出,反对生态帝国主义在生态环境治理中提出的社会与自然的关系的观点与主张,他们指出,从历史的角度看,发达资本主义国家对人民进行剥夺和掠夺的历史,应属于大量生态债务的一部分,这正是发达资本主义国家的生产和消费方式,因此,发达资本主义国家应对全球生态环境的恶化负有主要的责任。换句话说,发达资本主义国家对发展中国家的生态环境恶化,以及全球的生态危机都担负着不可推卸的生态债务。这里的生态债务体现在两个维度:一是在生态帝国主义影响下的诸多国家中所发生的社会—生态破坏和剥削;二是帝国主义对全

① Acción Ecológica. "Ecological Debt: South Tells North Time to Pay Up".www.cosmovisiones.com/deudaEccologica/a_timetopay.html.

球性生态公共品的占有和对这些公共品的吸收能力的不平等使用。[①]从道德的角度讲,发达资本主义国家的碳排放量已经超越了这个世界所能够容纳的总量,必须在减排中首当其冲。发达资本主义国家对发展中国家所欠的生态债务,即使不考虑累积影响,每年所欠的生态债务也已经达到发展中国家欠发达资本主义国家金融债务的三倍。

7.生态治理应包括社会关系的变革和创新

发展中国家在对待生态问题上认识到改变社会关系的必要性。一些发展中国家的生态学家和发展中国家的领导人将注意力集中在既有生态倾向又有社会主义性质的行动上,从而探求生态治理的新方式。不同于发达资本主义国家很大程度上依赖市场力量和市场机制,发展中国家更依赖社会计划。玻利瓦尔联盟和社会委员会提出了革命性的新型社会关系,强化工人对工厂的管理,并且在商品的生产和交换方面采取了许多创新措施。在“玻利瓦尔美洲国家替代计划”(ALBA)中,关注公共交换,也就是活动的交换,就是采用计划的方式将资源和职位重新分配给那些需要的人和大多数平民,不是让市场来确定整个经济的优先权,目标就是要解决社会中最为迫切的个体需要和集体需要,这些需要是与生理需要相关的,直接将人与自然的关系放在第一位,为的是创造一个可持续性的社会。这种思想为社会关系的和谐重建,变革人类与自然的新陈代谢关系,突破社会异化、劳动异化,寻求修复代谢断裂带的措施等提供了有益的指导。

(二)发展中国家生态治理的实践

发展中国家的自然生态环境存在巨大的差异。大多数发展中国家的自然环境生态状况并不理想。从世界范围来看,非洲的中北部、东部和南部,西亚地区、中东、拉美地区等的自然环境除了天然的地理、气候原因导

---

① [美] 约·贝·福斯特:《生态革命——与地球和平相处》,刘仁胜等译,人民出版社,2015年,第221页。

致的干旱、沙漠之外，人为的污染、破坏以及战争等带来的生态失衡问题也十分严重。整体上，发展中国家生态治理的任务十分艰巨。

非洲中北部、北部、南部以及西亚属于天干地旱的地区，尤其西亚地区“沙漠占其土地面积的四分之三，拥有世界上最为脆弱和濒危程度最高的生态系统，所有国家都面临环境日渐退化问题”①。西亚地区的石油资源丰富，但是破坏性的开采导致该地区的河流和海域被石油污染；同时该地区的土地植被稀少、土壤沙化严重，森林严重减少。“在20世纪90年代又丧失了其现余自然森林的11%；阿拉伯海湾地区蓄水层的枯竭导致了自然淡水水源生态系统的丧失。”②水资源的匮乏和土地沙化成为该地区最严峻的生态问题。这里的生态问题很大程度上是其自然地理位置和气候等因素造成的。同时，人类不合理地使用资源进一步加重了生态问题的严峻性。

拉美和加勒比地区的自然环境资源相对比较优越，拥有的水域、森林、生物多样性为本区域提供了比较良好的生态环境条件，但是由于漫长的殖民地历史、人口的急剧增长、不合理的生产方式、对土地的破坏使用、大量砍伐森林等原因，该地区的生态环境出现恶化。拉美地区的森林出现严重萎缩，“如今，拉美地区的森林面积仅占到拉美地区面积的50%左右”③。在淡水资源方面，“拉丁美洲在历史上也是全球淡水资源最丰富的地区，拥有全球淡水资源总量的15%以上，但由于过度开采和不合理利用，淡水资源反而成为拉美人民生产生活的瓶颈”④。拉美地区的土壤也因为化肥和农药的疯狂使用，再加上大量种植毒性作物，生产海洛因，导致土壤生态平衡被严重破坏。大量排放的汽车尾气和工业废气成为拉美国家空气的主要污染源，大气污染也成为拉美国家严重的生态环境问题。

---

① 岳瑞生、栾胜基等：《全球环境的现状与展望》，《世界环境》，1999年第8期，第30页。

② 同上。

③ 联合国粮食及农业组织：《2012年世界森林状况》，http://www.fao.org/docrep/016/i3010c/i3010c.pdf.

④ 黄鹏等：《拉美国家生态环境变迁及其对中国的启示》，《北京林业大学学报（社会科学版）》，2015年第2期，第57—58页。

总体上,拉美地区的生态问题主要是后天的人为破坏造成的,同样也是在经济增长和环境保护的不合理选择中造成。

发展中国家作为世界经济体系中的外围国家,与资本主义经济体系的联系比较脆弱,但在全球资本主义发展模式的冲击下,也遭受严重的影响。与发达资本主义国家相比,发展中国家的生态问题面临着双重压力:一方面,本国国内的自然生态环境问题,这是由于资本主义生产方式带来的负面环境问题;另一方面,来自发达资本主义国家的生态侵略和有害产品倾销所造成的污染环境问题。因此,对广大发展中国家而言,生态治理上的挑战更加严峻。巴西、印度、委内瑞拉、肯尼亚等发展中国家开始尝试选择不同于发达资本主义国家的措施来解决生态问题,进行了一些生态变革。

1.颁布法令,加强保护环境的效力

目前,法律法令是大多数发展中国家生态治理中的主要手段之一。非洲的肯尼亚在生态治理上制定的法令措施甚是严厉。2017年,肯尼亚政府出台一项法律,严格限制国内塑料袋的使用,法律规定:“在肯尼亚生产、销售或使用塑料袋将面临1-4年的监禁或最高400万肯先令(约合人民币26万元)的罚款。”[①]肯尼亚政府表示,塑料袋对环境造成很大的污染,河道和水道被堵塞,造成洪水泛滥;塑料难以分解造成“白色垃圾”影响游客的观感和民众生活。拉美国家同样十分注重法律在生态治理上的作用。其中,巴西制定了一些法律政策,帮助治理污染,打击生态犯罪,保护本国的生态环境。拉美国家在本国保护森林及生物多样性、减少水源和土地污染等方面也制定相应的政策法规,并积极加以落实。如巴西的《环境法》和《亚马孙地区生态保护法》《公共森林可持续生产管理法》。亚洲国家在生态治理上对法律法规也十分重视。比如印度的《环境保护法》《汽车法》等。

① 曲翔宇:《肯尼亚禁塑令让剑麻种植现商机》,《环球时报》,2018年7月4日。

2.运用资金投入,平衡治污与效益的关系

尽管发展中国家面临着发展经济的重要任务,但是一些发展中国家在生态治理上也采用了各种方法增加资金投入,加强对污染企业的改造和对污染环境的治理。以巴西为例,仅在1991—2000年的十年间,巴西政府就投入近1000亿美元。[①]巴西政府十分重视对治理污染企业的资金支持,“几乎每年都向钢铁、造纸和纸浆等易造成污染的企业提供优惠环保贷款。以2013年为例,巴西在设备、工程、咨询服务、污染控制及清理项目投资金额将高达107亿美元,其中46亿美元投入水和废水处理,固体废物处理约为50亿美元,空气污染控制为11亿美元”[②]。根据英国智库经济基金会2006年以来发表的“幸福星球指数”排行榜,哥斯达黎加多次位居榜首,这与哥斯达黎加在国内环境治理上的资金投入发挥重要作用分不开。在环境保护与治理方面,哥斯达黎加是全世界的典范。哥斯达黎加政府将化石能源消费税用于保护森林资源。印度环境与森林部向印度最高法院提交了“生态旅游标准”的规定,寺庙必须与当地社区协商共享收益条款,至少10%的总收入通过农村组织的民主决策用于本地区的社会发展,实现地区环境保护与经济收益挂钩。

3.运用新技术新能源,加强空气质量的治理

对生态环境污染与破坏,比较有效的措施就是运用技术手段,同时加大对洁净能源、可再生能源的利用。一些发展中国家开始意识到新技术新能源对减少污染、提高空气质量的重要性,并开始研发使用新技术新能源。“巴西政府规定从2014年1月2日起,开始全面销售新型环保汽油。巴西国家石油管理局表示,这种新型汽油可以减少94%的硫排放,不但有助于降低老旧车型废气排放的污染指数,而且有助于减少硫酸盐的形成,从而避免敏感人群因吸入过多汽车尾气而发生呼吸道和心血管疾

---

①《巴西环境治理模式及对中国的启示》,http://www.h2o-china,2016年9月13日浏览。

②同上。

病。”[①]哥斯达黎加大力提倡新能源，计划2015年可再生能源发电达到99%，政府希望到2021年能彻底实现“碳中性”，即当年二氧化碳净排量为零。[②]泰国政府关注国内企业的清洁技术的计划，内容包括培训研讨班、演示项目、审计以及建立信息中心。

4.建立生态保护制度，规范生态治理的措施

在国家特定的生态区域建立自然保护区，实行严格的生态保护，也是发展中国家生态治理中的重要举措。一些发展中国家的自然保护走在了国际前列。巴西的“自然保护区制度”较为成功。巴西政府为了保证自然资源的可持续利用和生态维护，对本国的森林自然区实施保护制度。巴西宪法规定，为了确保自然公园和生物保护的可持续发展，本国的不同政府部门，不论是联邦、州还是市，都要担负设立和管理自然保护区的应有责任。玻利维亚2012年8月29日宣布，在该国中部亚马逊地区正式建立一支生态保护武装部队，以保护国家生态自然保护区内的森林和物种资源，防止非法侵占及古柯种植；同时，创建“马拉萨酋长”生态保护部队，保护国家原生态公园。尼泊尔开始注重对本国生态环境的保护。尼泊尔国家森林与土壤保护部部长、自然保护基金会主席泰克·塔帕表示，“尼泊尔一向重视保护生态多样性，我们已将超过23%的国土面积列入保护区域”[③]。印度环境与森林部向印度最高法院提交了“生态旅游标准”的规定，呼吁当局为寺庙发展建立控制游客数量的机制，以确保完整的生态环境不被破坏，并强调这种机制应在生态旅游标准的有效日期起三年内建成。生态旅游标准提出了一套详细的自然生态旅游区和生态旅游发展规划。“生态旅游”也适用于任何其他自然保护区，包括国家公园和野生动物保护区。非洲的肯尼亚政府比较早地开始改进国内经济增长方式，“1977

---

①《巴西推广新型环保汽油以减少硫排放》，http://news.xinhuanet.com/tech/2014-01/02/c_125949203.htm，2018年3月8日浏览。

②《哥斯达黎加登顶幸福榜》，《参考消息》，2019年2月15日。

③《中国政府“助力”尼泊尔自然生态保护》，中国新闻网，http://www.chinanews.com/gn/2014/01-08/5714030.shtml，2018年4月3日浏览。

年宣布禁猎令，以生态旅游取代狩猎旅游。当地政府通过将原住民迁离等办法建立起26座国家公园、28处自然保护区和1处自然保留区，这些保护地共占肯尼亚陆地面积的12%”[①]。一些发展中国家通过政府的保护政策，国家的生态环境得到一定程度的改善。

5.实施生态教育，提高生态治理行为者的生态素质

一些发展中国家对本国居民生态素质和生态意识的培育十分重视。印度乡村发展联合会主席巴瓦尼·库森表示，在沙漠治理的过程中提高人们的生态意识非常重要。巴西政府从20世纪70年代开始，把环保课程设置为中小学的必修课，从小培养学生环境保护的权利义务意识和对环境保护重要性的认识，并培养学生基本的环保常识。同时，巴西政府通过《国家环境教育法》在全社会推行环保教育与宣传，促使公民形成自觉的环保行为。南非政府十分注重对本国青少年环保意识的培养，教育部门把生态环境保护知识列入学校的正式和非正式课程，通过系统的环保教育增强学生的环保意识，培养学生的生态素养。

6.推行社会关系的生态治理，塑造新型社会生态关系

一些发展中国家开始重视本国社会关系的改善。委内瑞拉在查韦斯的领导下开始推行革命性的新型社会关系，将工人与工厂的关系进行变革，提出工人管理工厂，工人是工厂的主人。在商品的生产与交换中采取新的措施，改变赤裸裸的金钱利益至上理念，采取新的“美洲玻利瓦尔国家替代计划”，指出活动交换不是交换价值的交换，不是让市场来确定整个经济发展的优先权，而是采用计划的方式把资源和职位重新分配给那些最需要的人和大多数平民。通过整体计划解决社会中最为迫切的个体需要和集体需要，这些需要中最重要的是生理需要，直接将人与自然的关系连接在一起，为社会的可持续发展提供前提。委内瑞拉在逐渐改变国家经济发展的“增长”的诅咒，开始将石油盈余用于真正的社会转变中，按

① 林敏霞、徐梓淇、张钰：《社区参与和生态旅游:肯尼亚经验研究》，《湖北民族学院学报(哲学社会科学版)》，2017年第9期，第20页。

照人类可持续发展方向进行改造。委内瑞拉将剩余资金投入到社会的教育、医疗、卫生等民众的基本需求方面，对社会关系进行改造，为生产的绿化奠定基础。

7.生态理念融入工农业等生产活动，形成新型生态经济关系

一些发展中国家在本国的工农业生产活动中开始有意识地融入生态理念。巴西的库里提巴和阿雷格里港在本地区的生产活动中，实施生态绿化生产。印度的喀拉拉邦也注重生产生态环境和可持续发展。拉兰德尔（Rickard Lalander）等提出厄瓜多尔生态主义的理念正逐步应用于环境保护。[①]厄瓜多尔政府重视当地的生态环境，在发展生态旅游的同时，保护自然环境，其国家公园——龟岛就是生态保护的积极成果。塞内加尔"绿色长城"组织技术负责人帕普·萨勒指出，"从2008年起的8年时间里，塞内加尔种植了5万英亩的树林"[②]。肯尼亚政府承诺，到2020年森林覆盖率将恢复至10%。委内瑞拉为了保护生态环境和合理利用生态资源，注重将生态理念纳入国家的经济发展之中。2016年6月7日，委内瑞拉宣布成立生态矿业发展部。同时，委内瑞拉将旅游业作为国家重要的战略部门之一，和石油、农牧业一起成为国民经济的支柱，大力推介生态旅游，发展生态经济。

发展中国家的生态治理是对当今工业现代化模式的抗议，是一种具有生态革命意义的探索。"当今时代，人类可持续发展出现在全球外围国家的各种革命缝隙中，可能标志着一种普遍反抗的开始，即反对世界异化，又反对人类的自我异化。这种反抗，如果始终如一的话，可能只有一个目的：创造一个生产者联合起来的社会，合理地调节他们与自然之间的新陈代谢关系，不仅按照他们自身的需要来进行这种调节，而且也按照后

① Rickard Lalander, Maija Merimaa."The Discursive Paradox of Environmental Conflict: Between Ecologism and Economism in Ecuador". *Forum for Development Studie*, 3, 2018.

② 李志伟：《非洲"绿色长城"不只是生态屏障》，《人民日报》，2016年1月21日。

代和整体生命的需要来进行。”[①]发展中国家的生态治理发展方向是人类社会发展的一个希望。发展中国家在反抗发达资本主义国家的革命道路上，在人的异化和自然异化的双重异化问题上探寻着自身的生存方式，试图变革人与土地、人与人、人与自然环境等的关系。发展中国家是全球生态治理的主力军，它将全球性的生态革命与社会革命相连接，创造出一种新的革命进程，将人与人的平等与人与自然的和谐放置于同一个革命进程中。这种革命将提供人类基本需求，为人类与地球的可持续共生提供必需的条件。

综上所述，发展中国家的生态治理实践是在发达资本主义国家控制的体系下实施的。那么发展中国家生态治理的主要任务是什么呢？首先，获得生态平等权。由于受到殖民地历史经历和现实发达资本主义国家主导机制的制约与控制，发展中国家在国际社会、世界体系、世界贸易中不能拥有与发达资本主义国家相同的生态权益和生态地位，因此，发展中国家只有脱离发达资本主义国家主导的全球机制，摆脱发达资本主义国家的控制和剥削，才能实施生态性的现代化发展，才能在全球生态治理中获得应有的权益。其次，建立平等、合理的国际生态治理秩序。发展中国家要治理国内环境的污染，保护自然生态平衡，就需要在全球生态治理的过程中进行平等、公平的交换，改变发展中国家和发达资本主义国家之间在生态资源、生态关系、生态技术等方面严重的不平等关系。再次，促进生态环境与经济社会的协同发展。发展中国家在全球范围内不论是经济发展还是生态环境都处于弱势地位，这种差距在短时间内是很难改变的。但是，发展中国家必须坚定地把社会经济发展与生态环境的健康同等重视起来，协调并进，不畏惧发达资本主义国家制造的恶劣国际环境和其强压态度，保持独立意识与合作精神，建立发展中国家生态治理协同合作统一战线，在与发达资本主义国家的国际竞争和冲突中维护自己应有

① [美] 约·贝·福斯特：《生态革命——与地球和平相处》，刘仁胜等译，人民出版社，2015年，第251页。

的权益。

第二节 生态文明建设中国际生态治理冲突的理论与实践

目前,关于冲突的概念还没有统一的解释。“马基雅维利认为,冲突是一个极其重要的概念,它是源自人本性的一种普遍和永恒的社会现象。”[①]冲突是人类永恒的主题,是人类社会的永存常态。冲突像人的影子一样始终跟随着人的身体,就像一个不散的阴魂经常出现在我们周围。地区性战争、民族间冲突、政党之间的分歧、国家间的冲突层出不穷,国际社会中大大小小的冲突,短暂或长期的冲突,总是时时刻刻出现在世界的各个角落,分分秒秒侵扰着人们的神经。在众多的冲突、争斗和纷繁复杂的矛盾中,生态环境领域的冲突则显得更具破坏性和挑战性。作为具有公共物品属性的生态环境治理中产生的冲突对国际社会的危害更加久远,正像埃莉诺·奥斯特罗姆所指出的那样,“在一个信奉公地自由使用的社会里,每个人追求他自己的最佳利益,毁灭是所有的人趋之若鹜的目的地”[②]。自从20世纪30年代污染危机事件爆发以来,生态环境治理已经成为现代国家发展中的一个瓶颈。

国际社会普遍认为全球生态治理的起步阶段大约在20世纪六七十年代。这个阶段的标志性成果主要是《寂静的春天》的出版、罗马俱乐部《增长的极限》报告的发表。国际专家学者、国际研究机构纷纷开始从技术、专业、思想等角度深刻反思工业社会中存在的生态危机,呼吁国际社会共同关注生态环境,保护生态环境;呼吁世界各国重视生态权益和生态环境治理。生态环境问题带来的这种新危机,使主权国家自然而然成为

---

① [美]肯尼思·W.汤普森:《国际思想之父》,谢峰译,北京大学出版社,2003年,第76页。

② [美]埃莉诺·奥斯特罗姆:《公共事务的治理之道:集体行动制度的演进》,余逊达等译,上海三联书店,2000年,第11页。

国际社会中生态权益维护与争夺的主要行为者。从国家利益的本质上说，“主权国家之间的关系无疑是具有冲突性的”[①]。国际社会生态治理领域出现的冲突是一个新生的问题。基于冲突主体的立场，目前的生态环境治理冲突主要表现在两个方面：一方面，由于经济发展水平的差异，发达资本主义国家和发展中国家应对全球生态治理冲突的水平差异比较明显；另一方面，基于社会制度的不同，资本主义国家和社会主义国家之间存在根本性的冲突。当然，除此之外，在经济发展水平相近或者社会制度相同的国家之间也不可避免会出现冲突。全球生态治理冲突比较典型地发生在彼此接壤的邻国之间以及有着相同生态区域的国家之间。进入21世纪以来，环境污染问题愈来愈严重，尤其是跨境、跨区域乃至全球性的生态问题不断冲击着国家的安全神经和生存命脉，生态安全成为国家安全中的一种新型安全。国家之间在生态环境治理中的斗争、矛盾与冲突也浮出水面，成为国际冲突的新内容。

一、国际生态治理冲突的界定及影响

关于人类的相处状态，莱斯特·皮尔孙指出，“这是一个不同文明必须学会在和平交往中共同生活的时代，相互学习，研究彼此的历史、理想、艺术和文化，丰富彼此的生活。否则，在这个拥挤不堪的窄小世界里，便会出现误解、紧张、冲突和灾难”[②]。当今世界，由于经济发展水平、国家的发展阶段、发展模式和发展目标等千差万别，国家之间的冲突不可避免。不同经济发展水平国家之间、不同社会制度国家之间、不同生态权益需求国家之间，在对待污染问题的生态治理方面存在明显的差异和不可避免的冲突。“人类历史的标志，就是不断为生存而斗争，或者说就是冲突。国内冲突或国际冲突从来就是人类进化的主要动力，这种冲突有助于人类形

① [挪威]伊弗·B.诺依曼、[丹麦]奥勒·韦弗尔：《未来国际思想大师》，肖锋、石泉译，北京大学出版社，2003年，第340页。

② Leater Pearson. *Democracy in World Politics*. Princeton University Press，1955，pp.83–84.

成思想,有助于形成对现实及当代世界的看法。”[①]

(一)国际生态治理冲突的界定

国际生态治理冲突是国际社会行为体之间的必要行为方式之一。行为者则往往会因为利益的不一致而引发一定的敌视性或对抗性行为,是行为体之间一种对立性行为或活动。美国学者詹姆斯·多尔蒂等认为,“冲突通常是指这样一种情形:某一可认同的人群(不论是部落群体、种族群体、具有相同语言的群体、具有相同文化的群体、宗教群体、社会经济群体、政治群体,还是其他群体)有意识地反对一个或几个其他可自我认同的群体,原因是他们追求的目标相互抵触或看上去相互抵触”[②]。美国学者阿曼达·里普利认为,“冲突是出于本能,高度冲突往往是因为关系失控。高度冲突是一种破坏性力量,它普遍存在于人际关系、社会关系甚至文化关系中”[③]。事实上,冲突的发生是一个常态,经常出现。我们不得不承认,“憎恨是人之常情。为了确定自我和找到动力,人们需要敌人;商业上的竞争者、取得成功的对手、政治上的反对派。对那些与自己不同并有能力伤害自己的人,人们自然地抱有不信任,并把他们视为威胁。一个冲突的解决和一个敌人的消失造成了带来新冲突和新敌人的个人的、社会的及政治的力量”[④]。冲突不仅是发生在人与人之间、不同派系之间、不同团体之间,还发生在国家以及国际组织等不同行为体之间。憎恨一旦产生,那么冲突就很难避免。

当然,一场冲突的产生是由多方面原因引起的。一般来说,冲突的形

---

① [英]罗伯特·纳尔班多夫:《族群冲突中的外来干预:变化世界中的全球安全》,马莉译,江苏人民出版社,2019年,序言。

② [美]詹姆斯·多尔蒂、小罗伯特·普法尔茨格拉芙:《争论中的国际关系理论》,阎学通等译,世界知识出版社,2003年,第200页。

③ [美]阿曼达·里普利:《高度冲突:为何人们会陷入对抗以及如何从困境中逃离》,赵世珍译,中信出版社,2023年,第2页。

④ [美]塞缪尔·亨廷顿:《文明的冲突与世界秩序的重建(修订版)》,周琪等译,新华出版社,2009年,第110页。

成主要来自主观和客观两个层面。主观上来讲,是冲突主体之间的认同差异。不同冲突主体有着不同的文化、文明、价值观念,任何层面上认同(个人、部族、种族、文明、国家)只能在与其他(个人、部族、种族、文明、国家)的关系中来界定。冲突的发生主要在于一个集团将自己的价值、文化和体制等强加于另一个集团。发达资本主义国家彼此打交道的原则不同于它们与发展中国家或社会主义国家打交道的原则。客观上讲,冲突的内容是冲突方不能放弃的东西,包括对领土的占领、对资源的占有、对利润的追求和对权力的控制等。不同经济发展水平国家之间的冲突集中在物质利益的分歧。安德烈·高兹认为:“资本主义和社会主义冲突的本质是经济理性的范围和广度而非经济理性本身。”①

目前全球生态治理已经成为新世纪的新目标、新任务。但是,国际社会的无政府状态和全球生态治理的公共产品属性导致国际社会行为体在解决全球生态治理问题中存在众多的矛盾与分歧,引发冲突已成为国际社会的普遍现象。生态治理冲突产生的内在根源主要在于行为体之间利益上的差异和分歧。广义的国际生态治理冲突包含了全球生态问题的所有领域和方面,表现出来的形态也是多种多样。为了便于理解,需要进行类型划分。

从冲突发生的范围上,主要分为区域性生态治理冲突和全球性生态治理冲突。一般情况下,生态治理冲突多发生在一定区域范围之内,同一自然环境生态区域内的国家之间也往往容易引发冲突。一般表现在水域资源的利用与污染、草原林地相连区域的生态环境、一定空间领域的空气污染、某种外来物种入侵等方面。全球范围生态治理冲突的表现比较突出的是气候变暖、海洋污染和生物种类的减少等。比如,目前国际社会在全球气候变暖问题的治理上,尽管世界上大多数国家都参加了,但是依然还有国家没有参加进来,即使参加进来的国家在全球气候变暖问题的治理上也存在立场、政策等方面的冲突。李少军指出,“迄今为止,在生态环

① [法]安德烈·高兹:《资本主义、社会主义、生态》,彭姝祎译,商务印书馆,2018年,第48页。

境领域,国家最重视的就是对生存资源的争夺,特别是对不可再生性资源的争夺”[①]。

从冲突发生的严重程度上,分为根本性生态治理冲突和非根本性生态治理冲突。国际生态治理冲突的发生并非都是根本性的。从国际社会最主要的行为体——国家的角度看,在全球生态治理的公共利益中,国家在其中的利益目标并非都是对抗性或敌对性,只有当国家之间追求的根本利益或目标不同的时候,根本性的冲突才会发生;国家之间在多数情况下,存在的利益或目标的分歧和差异并不会触动各自的战略目标或核心利益,从而也不会发生根本性的冲突。

从冲突的烈度上,可以分为四个等级。国际生态治理冲突的最高烈度是生态战争,即国际生态战争。事实上,从国家自身利益的角度看,几乎不会有国家会为生态治理而花费巨额代价,一般不会通过战争来解决,而战争本身也会引发更严重的生态问题。因而,战争一般不会成为国家在生态治理冲突中首先采取的手段。国际生态治理冲突的第二烈度是国际生态危机,即和平与战争之间的转折点。从生态治理的目标与宗旨上看,国家在生态环境问题的治理上一般会采取比较理性的态度,适度地控制自己的国际言行,尽量少树敌或不树敌,因而,国家会尽量克制或制止危机的发生。国际生态治理冲突第三烈度的是一般性生态治理冲突。这种冲突发生的可能性还是存在的,尤其是在主权国家之间,在生态治理问题的建议、政策和措施等方面会发生敌对性或对抗性的行动。国际生态治理冲突的第四烈度是语言性生态治理冲突。某种程度上,国际社会中的行为体在全球生态治理中的冲突较多的就是语言层面的冲突,冲突方主要通过阐述自己的观点、主张或驳斥对方的观点、主张表现出来。

从国际生态治理相关主体上分析,冲突主要表现在几个方面:一是国家与国家之间。主权国家是目前国际社会中最主要的行为体。美国学者小约瑟夫·奈认为:“人们还是希望借助自己的政治制度得到如下三种东

① 李少军:《国际政治学概论(第五版)》,上海人民出版社,2019年,第266页。

西:生命安全,经济福利,社会认同。国际进程的变革正在慢慢地改变着实现这些目标的途径,但民族国家至今依然是最能够帮助人们获得这三样东西的组织。”①主权国家在对全球生态治理的态度、认识、政策、措施、建议和意见等方面大都存在不一致。由于生态利益不同,不同国家之间不可避免地存在冲突。不论经济发展水平如何、社会制度怎样,彼此之间产生冲突在所难免。相同经济发展水平的国家之间、相同社会制度的国家之间、不同经济发展水平的国家之间、不同社会制度国家之间老早可能存在冲突,其中发达国家与发展中国家之间的矛盾与分歧比较突出。比如,在气候问题上,双方关于碳排放量的矛盾比较尖锐;发达国家之间、发展中国家之间也存在矛盾与分歧。二是国家与国际组织之间。国际社会中涌现出众多的国际组织,他们的宗旨、目标与国家利益、目标有时产生不一致,从而引发冲突。三是国际组织之间。不同的国际组织有着不同的目标和利益,一旦发生不一致或矛盾也会发生冲突。

(二)国际生态治理冲突带来的影响

一方面,生态治理冲突一旦发生将会引发严重的生命生存问题。饮用水的匮乏、食物产量的降低、健康风险的升高以及因土地消减或洪灾所造成的生存空间不断地被挤压,人们的生存压力越来越大,国家的社会危机也增加,国内的暴力纷争、内战、种族屠杀、难民潮等将与邻国的相关问题连接在一起,从而引发国际生态治理冲突的发生。国际生态治理冲突的发生反过来加剧了国际社会的动荡和国家间矛盾。土地减少、粮食产量下降、水资源短缺、空气质量恶化、能源争夺等已经成为国际生态治理的重点问题,一系列与人类最基本的生存需要和基础条件相关的生态问题逐渐成为国内讨论的热点议题。生态论坛、环境保护运动、绿党运动等热烈的讨论与活动等逐渐成为一种特殊的政治现象。水资源问题、生态

① [美]小约瑟夫·奈、[加拿大]戴维·韦尔奇:《理解全球冲突:理论与历史》,张小明译,上海人民出版社,2018年,第398页。

难民、气候变化、冰川融化以及生态恶化引发的国内不同产业工人之间的矛盾与冲突,甚至争夺生存资源引起的种族屠杀和国内矛盾等逐渐成为严重的社会问题。

另一方面,生态资源的争夺恶化了国际冲突的烈度。生态资源是人们生存依赖的首要条件,对生存条件的争夺引发的冲突、矛盾与争夺正逐步成为国际常态。随着土地盐碱化、沙漠化使得耕地和可耕地进一步减少,人们为了生存离开原来住所去寻找适合生存的空间,人口大量流动,引发了其他更多的问题。由于可耕地不足以供给超量的人口,人们为了寻找新的耕地或牧场,群体间的争斗便成为家常便饭。河流湖泊的干涸消失将引发不同地区、不同国家、不同种族之间的冲突甚至是战争。生存资源争夺战、生存环境暴力冲突等不断发生,它不单是经济技术科学、政治科学、环境科学、自然地理等的问题,还是一个错综复杂的综合性、全球性问题。生态资源的争夺虽然不一定直接引发国际冲突,却破坏了国际和平,激化了国际矛盾和冲突,加剧了国际社会的动荡不安。

二、国际生态治理冲突的思想差异

全球生态治理的主要问题在于谁来治理(WHO)、怎么治理(HOW)、为谁治理(FOR)。从目前国际社会无政府状态来看,全球生态治理并不能形成统一和一致的认知,因此,在不同地区、不同国家形成诸多不同的生态治理思想、生态治理意识、生态治理态度和生态治理措施。除了国家之外,全球的非国家行为体,包括跨国公司、联合国、区域性国际组织等都对全球生态治理有着自己的认知。不同的行为体对全球生态治理的认知充满差异性,传统的全球生态治理理念、模式与期待解决的全球生态环境问题之间存在不对称、不一致,这种思维模式和实践活动在一定程度上形成僵化的障碍,制约着对现有全球生态环境问题的解决。实际上,“在现代主权国家世界里存在着两个政治空间,一个是国家内部的政治空间,另一个是国家与国家之间的政治空间。这两个空间分别导致了不同的时间概念:在国家内部的政治空间里是正义、法治、自由和社会进步,这些现象都是由控制国家的主权权力而使然的；在此，时间以某种渐进性向上发展的形式而演变成了象征着进步和历史的概念。而在国际空间里，时间概念则颇为不同：在此，进步的观念被各种既有现象的不断重复或者进步性计划的无限期搁置所取代。国家所具有的自私性和/或缺乏中心权力的事实导致了（潜在的）冲突、强权政治和战争状态”[①]。由此可见，在国际层面的生态治理中，不论是在思维方式还是实践模式方面存在冲突是不可避免的。

（一）发达资本主义国家与发展中国家

经济发展水平和社会历史发展的进程不同，发达资本主义国家与发展中国家在生态环境资源的占有、使用和交换中的地位不同，在生态权益维护的能力和实力方面也各不相同，这是因为“在西方文化的深层发出一种疏离，这种疏离远离人与身体与生命的本来关联。我们把我们的身体看成被使用和控制的客体，而不是作为与我们自己同为一体的连续性的整体”[②]。西方资本主义国家形成后，产生的一些思想理念既是人类文明思想的一部分，也是西方资本主义国家用它来推行利己主义的工具。自从资本主义出现之后，它给世界带来魔鬼般的恐怖。资本主义文化思想理念的核心就是冲突与征服，它像捕食的野兽那样，最想得到却总有牺牲，甚至为增加取得牺牲的地盘而相互争斗。这种争斗必然会给人类带来冲突和灾难。发达资本主义国家限制发展中国家前进的步伐，它就像一台上满发条的强有力机器，将自己的触角伸进发展中国家的社会传统、经济方式、自然环境、资源使用以及政治权力等诸多领域，并打上资本逐利的烙印。

发达资本主义国家与发展中国家在社会现代化发展中遇到的经济发

① [挪威]伊弗·B.诺依曼、[丹麦]奥勒·韦弗尔：《未来国际思想大师》，肖锋、石泉译，北京大学出版社，2003年，第450—451页。

② [澳]查尔斯·伯奇、[美]约翰·柯布：《生命的解放》，邹时鹏、麻晓晴译，中国科学技术出版社，2015年，第188页。

展与环境保护的矛盾问题几乎是不可避免。发达资本主义国家率先走上现代化道路，首先遇到发展经济和保护环境的两难困境。作为先发国家与后起国家在同时期的不同经济发展阶段，二者的相遇必然产生交锋与斗争，这是不可避免的现实问题。先发国家的数量少、经济势力强，拥有超强的国际话语权，在双方的较量中处于优势和高位。后起国家数量多、经济实力弱，国际话语权有限，在双方的竞争与接触中处于劣势和低位。这两类国家在推进生态文明建设的进程中，各自的选取路线、方针、理念与思想差异悬殊。“当美国总统小布什宣布‘美国的生活方式决不妥协’的时候，他实际上在说，任何‘赶超’国家——亚非拉三大洲的人们都不要心存幻想，要让帝国主义国家（首先是美国，其次才是欧洲和日本）独占性地挥霍全球范围内的资源。”①

1. 自然环境依赖的情感不同

发达资本主义国家在工业现代化发展的进程中走在了历史的前列，工业现代化带来的污染严重制约了发达资本主义国家的经济增长，同时生态自然环境遭到致命性的破坏，他们依然将自然环境看作为我所用的外在物，完全从对自己是否有利的角度出发。因此，当全球生态环境出现问题，污染已经危及经济发展和他们的生活质量的时候，他们想到的是怎样改变这种结果，而不是寻找产生这种结果的根源。于是，在全球生态环境治理的问题上，发达资本主义国家并没有将自然环境看作和人类同等重要的具有自我价值的存在，没有像对待人类那样去对待自然环境，而是冷冰冰、毫无人性地用所谓的先进技术去修补他们，就像是对待一架发生故障的机器一样去修理自然环境中产生的问题，不论是工业污染、水质污染、空气污染、海洋污染、生物多样性的锐减、气候变暖还是生态服务系统功能。

相对于发达资本主义国家来说，处于后工业发展水平的发展中国家

① [埃及]萨米尔·阿明：《世界规模的积累》，杨明柱等译，社会科学文献出版社，2008年，第3页。

的工业现代化水平远远落后，但是发展中国家所面临的生态环境问题却远超发达资本主义国家。发达资本主义国家的生态环境问题可以说是在经济已经发展后带来的，而发展中国家却是经济还没有发展起来就遇到了严重的生态环境问题。对发展中国家来说，全球生态治理的严峻性也超过了发达资本主义国家。发展中国家在经济发展中，尽管经济发展缓慢、落后，但是对自然环境却有着严重依赖。他们认识到自然环境对人类生存具有重要的内在价值，是需要保护和关爱的。因此，在全球生态环境治理中，人类应该将自然环境看作一个和人类同等重要的生命体，要像关心自己一样关心自然环境，像照顾自己一样照顾自然环境，要把自己的爱和关心体现在自然环境上，而不是将自然环境看作为人类服务的外在物。

2.生态治理的层次要求不同

既要治理被破坏的生态环境，又要保证经济利润的获得，为此，发达资本主义国家利用自身的经济优势和政治地位制高点从国际上寻求有利于自己的机制和秩序。现阶段，发达资本主义国家将本国的国内生态环境保护和自身经济利益获取放在优先考虑的位置，完全不顾及发展中国家的生态环境和经济发展，甚至不惜牺牲发展中国家的生态权益。在全球生态环境问题中，发达资本主义国家的工业污染对本国水域、土壤、生物多样性、空气质量等所带来的生态性破坏在某种层面与发展中国家不相上下。为了继续追逐资本的高利润，发达资本主义国家不得不继续推行工业现代化模式，而这种发展模式以牺牲全球生态环境为代价。对发达资本主义国家来说，全球生态环境治理是为了继续保证本身的经济增长，为了维护自身的生态环境不受威胁。

与发达资本主义国家相比，发展中国家的生态环境面临着双重压力，生态治理的任务也是双重的。一方面，经济发展面临着国内需求和国际竞争的双向压力；另一方面，本国的生态环境遇到来自本国发展经济和发达资本主义国家环境污染转嫁的双重污染。因此，全球生态治理对发展中国家来说，不仅是解决环境与发展的矛盾关系，还要与发达资本主义国家在国际上进行生态权益的争夺。发展中国家将生态治理看作工业化发展阶段的一种发展转型,看作两种不同发展水平和发展历史的国家之间的相处新方式。现阶段,对于发展中国家来说,生态治理是一次重生的机会,全球生态治理是一次历史的机遇。

3.全球责权认识不同

当全球生态环境不但不能再一如既往地为发达资本主义国家的工业现代化提供资源和利润,反而变成工业现代化的发展障碍时,发达资本主义国家才认识到全球生态环境治理的必要性。但是,他们却把全球生态环境的治理责任和义务推向发展中国家,把自己看作全球生态环境退化的受害者,指出全球生态环境的污染和破坏的根源在于发展中国家。发达资本主义国家的利己观念再次体现在维护自身生态的权益和安全上,将资本主义的唯利是图阐释得赤裸裸。位于世界政治经济体系中心的发达资本主义国家并不打算将他们施加在发展中国家身上的规则同样用在自己身上,他们的目标是继续对发展中国家进行压榨。

发展中国家在全球生态治理的历史任务面前,重新思考本国的发展方式,需要重新调整本国的发展目标,反思工业发展模式的弊端和危害;在与发达资本主义国家的长期斗争和反抗中,需要改变斗争武器和斗争方式,重新认识中心与外围的关系,将全球生态治理和发展中国家的生态权益、生态安全纳入斗争的内容,充分认识到"在'中心—外围'体系内,发达资本主义国家对发展中国家不仅实施着经济、政治和文化领域的剥削与控制,还存在着严重的生态殖民主义倾向,致使发展中国家在本国生态治理的道路上举步维艰"[①]。在全球生态治理中,发达资本主义国家必须担负不可推卸的历史责任,必须承认现实不平等国际秩序带来的利益不对等差距。对此,一些发展中国家提出"生态债务运动",提倡一种收敛与趋同的处理过程。只有终止生态帝国主义所造成的破坏,才是解决全球性问题的关键性方案。

① 人民论坛理论研究中心:《关于我国生态治理的若干理论思考》,《人民论坛》,2016年第8期,第32页。

(二)社会主义国家与资本主义国家

由于社会制度的不同,社会主义国家与资本主义国家之间在生态治理的思想与理论上存在本质的差异,主要体现在生态治理的技术、资金、自然的价值、人的地位、人与自然的关系等方面。当然,生态化在不同制度的运作下,治理的效果和方式也是不同的。实际上,“全球化视野下的生态危机最早是资本主义国家工业革命的产物,后因发展中国家迫切追求经济增速致使生态环境进一步恶化”[①]。某种意义上,生态灾难或生态危机是资本主义制度的一种后果。尽管资本主义国家已经认识到生态危机的危害,也采取了一些措施,得到一些改善,取得一些经验,但是因为资本主义制度的内部对抗性而不能从根源上解决问题。

社会主义国家建设以马克思主义理论为指导,生态治理也是以马克思主义生态思想为指引。资本主义国家是以资本主义文化为基础,以市场为法宝。市场力量是资本主义依赖的基础,追求经济利益是资本主义的目标,环境的治理是保留现有制度基础上的现代化发展。因而,资本主义国家的生态治理只能治标而不治本。

1.关于生态问题的根源认识

社会主义国家认为资本主义制度是产生生态问题的罪魁祸首。“资本主义制度是一种金钱崇拜的制度,而正是金钱崇拜使金钱成了一种独立的东西,成了一切事物的‘普遍价值’,于是人类本身的价值被剥夺了,自然本身的价值也被剥夺了。”[②]资本的逐利性导致了自然环境的破坏和生态失衡。资本的无限扩张和增长,一方面无休止地创造了财富,另一方面却在不停地制造贫困、浪费、恐惧和不安,破坏着自然界生态系统。正像马克思指出的那样,“资本来到世间、从头到脚,每个毛孔都滴着血和肮脏

① 袁玲儿等:《全球生态治理:从马克思主义生态思想到人类命运共同体理论与实践》,中共中央党校出版社,2023年,第164页。

② 陈学明:《谁是罪魁祸首——追寻生态危机的根源》,人民出版社,2012年,第5页。

的东西”[①]。资本逐利本性的驱使、获取利润的动机驱使人们破坏自然环境,而不会考虑减少或舍弃利润以保护环境,否则在市场竞争中将失去优势变成弱者。在资本主义机制下,人们奉行“弱肉强食”的生存法则,极力使自己成为强者,而避免成为弱者。“‘扩张或死亡’,是资本的逻辑和内在规定性,资本主义必须以经济的不断增长方式来制造利润以推动资本主义经济。”[②]因此,资本主义的逐利本性导致生态自然环境的破坏,人与自然关系的失衡。在资本主义制度下,资本的任务就是参与竞争并积累财富。自然界成为资本家进行生产的重要组成部分,被纳入经济生活领域,并转化为商品用于交换。自然界和社会关系都服从于资本积聚的目的,资本家通过军事或市场手段对全世界的自然资源进行控制。任何技术创新在资本主义制度下都只能服从于扩大商品生产的需要,自然界成为资本家操纵的资本增值链条中的一个环节,引起生态环境不断恶化。在资本主义生产关系中,科技的发展加重了对自然的掠夺,恶化了土壤生态平衡;资本主义生产方式制造了大量的污染性废弃物,破坏了自然界的生态环境,“只要自然服从于资本需求,生态问题就不可避免”[③],“资本主义的诸多生态矛盾已经发展到这样一种程度,即它们将不可避免地在该制度的灭亡过程中起到巨大作用——因为生态学现在正成为针对资本主义的反体制抵抗的主要发起者”[④]。资本主义本身就是反生态的社会制度。

资本主义国家认为生态问题的根源不在于自身内部的社会制度,而是来自外部世界资源不足和发展中国家的发展。资本主义国家不但不承认历史上的生态责任,反而指责发展中国家在全球生态治理中的态度和立场。

---

①《马克思恩格斯选集》第2卷,人民出版社,1995年,第266页。

② 余维海:《生态危机的困境与消解——当代马克思主义生态学表达》,中国社会科学出版社,2012年,第68页。

③ Brett Clark and Richard Rork. “Rifts and Shift: Getting to the Root of Environmental Crises”. *Monthly Review*, Vol. 60, No.2008, p.20.

④ [美]约·贝·福斯特:《生态革命——与地球和平相处》,刘仁胜、李晶、董慧译,人民出版社,2015年,第210页。

2.关于生态治理的手段

发达资本主义国家对生态环境的治理比较注重利用现代科学和生态技术,同时,采取将有污染的企业和产品向国外进行转移,强调对生态治理的本国单一效果。发达资本主义国家对本国的生态环境治理主要依赖市场,发挥市场的优胜劣汰作用,从市场经济需要的角度进行生态环境治理,同时,将科技运用到生态环境治理中,取得成果主要来自制度外的压力和对外的污染转嫁。

社会主义国家认为生态环境治理是一项综合性的工程,需要国内和国际相联系,认为国家的生态治理与全球生态治理是部分与整体的关系,国家在生态治理中的措施应和全球生态治理相结合。社会主义国家主张对国内生态环境治理应采取包括政府、市场和技术等综合手段,并发挥各自的优势。

3.关于生态治理的目的和服务对象

发达资本主义国家的生态治理受到来自发展中国家的反抗和本国民众的抗议,这些"正促使西方发达国家进行生态治理并取得显著成效的原因主要有两个,一个是大规模的生态社会运动,另一个就是生态帝国主义。西方发达国家的生态社会运动在20世纪60年代开始形成规模,直到1970年4月22日,世界上最发达的资本主义国家美国发生了2000万人的大规模环保示威游行活动,西方发达国家才真正重视并采取各种措施改善环境"[①]。社会主义国家生态治理是为了全体人民,乃至于全人类的共同利益。社会主义国家则是直接从人民利益出发。"中国发展的主要目的是解决中华民族的生存问题,同时中国积极参与世界的和平与发展进程,关切全人类福祉问题,倡导并努力建设生态文明。在厦门的PX事件、四川什邡钼铜项目事件以及北京雾霾治理过程中,中国各级政府都没有采用西方发达国家曾经常采用的镇压或者拖延手段,而是坚持以人为本的

① 刘仁胜:《中西生态治理路径分析和比较》,《国家治理》,2014年第20期,第47页。

发展理念，积极采取相应的整改和治理措施。”①

西方发达资本主义国家的生态治理立足于为了本民族利益和本国资本利益，具有明显的狭隘性。“西方资本主义国家基于资产阶级的需求，在狭隘的目的之下进行生态环境治理，因而，受益主体范围较小，仅仅局限于本国和本阶级范围内。”②在全球生态意识、生态保护全球化格局尚未形成的时期，西方发达资本主义国家这种偏狭的自私性，体现在依靠掠夺别国生态资源、向外转嫁生态包袱、扩大自身的生态空间等来实现对本国生态环境问题的治理。西方“在忽视世界各国和各阶级之间的有机整体性所做出的狭隘的生态治理，决定了西方国家进行的生态治理不具有可持续性”③。发达资本主义国家通过自身主导的国际生态资源分配体系，以产业—结构—品牌—技术—标准—价值链等先发优势为手段，积极构建和维持自身的生态霸权。总之，两种不同社会制度类型的国家之间在生态治理方面，基于制度、理念、文化等的差异出现冲突是在所难免的。

三、国际生态治理冲突的实践表现

生态治理冲突的产生，最根本的原因在于冲突各方生态利益的不一致或矛盾。生态治理主体在实施治理措施的时候往往遵循自我利益为中心的国别生态利益原则，从而引发不同国家之间的生态治理冲突。目前国际社会中，基于不同国家之间的生态治理冲突主要有三种类型：一是经济发展水平不同的发达资本主义国家和发展中国家之间；二是社会制度不同的社会主义国家与资本主义国家之间；三是发展中国家之间。此外，发达资本主义国家之间、社会主义国家之间、经济发展水平相同的国家之间、制度相同的国家之间也会发生矛盾与冲突。

---

①刘仁胜：《中西生态治理路径分析和比较》，《国家治理》，2014年第20期，第47页。

② 刘成军：《从中西生态治理比较中凸显社会主义优越性》，《吉林日报》，2018年8月4日，第10版。

③同上。

(一)发达资本主义国家与发展中国家生态治理实践上的冲突

“资本主义国家间也会因为争夺资源的控制权而彼此竞争,导致了战争与冲突。”[①]发达资本主义国家与发展中国家的生态环境所处的现实状况差别很大。相比来说,发达资本主义国家的国内生态环境处于较好的状态,生态系统的健康程度也较高。发达资本主义国家在对本国的污染环境进行生态治理的过程中,往往站在本国利益角度上实行污染的转嫁和污染的双重标准,对发展中国家的环境带来严重的污染和破坏,在国际贸易机制中,充当着污染治理和污染制造的双重角色。“实际上,欧洲对它以外的环境也造成了很大的影响:生产欧洲消费品所需的资源56%都在其境外;提供给欧洲市场的约30%的原材料都来自其他地区。”[②]

1.发达资本主义国家实行污染治理双重标准,引发与发展中国家的冲突

发达资本主义国家为了治理本区域的自然环境,解决污染问题,专门制定了保护本区域的双重污染标准。这种双重标准体现在两个方面:一是发达资本主义国家对于销往发达资本主义国家和发展中国家的产品实行不同环保标准。欧盟及其成员国的产品出口到发展中国家和发达资本主义国家的环保标准是不同的。欧盟出口到发达资本主义国家的产品环保标准高于发展中国家。发达资本主义国家的企业在发展中国家并没有严格按照发达资本主义国家同等的环保标准进行建设,给发展中国家带来污染。欧盟在企业产品的污染标准方面实施了区内和区外的双重标准。二是发达资本主义国家对销售到本国的发达资本主义国家和发展中国家的产品提出不同的标准要求。欧盟对发展中国家的产品设置了高度壁垒,保护本地区的生态环境。比如,欧盟对家用制冷设备和家用洗衣

---

① 余金成、郑安定、余维海:《中国特色社会主义与人类发展模式创新研究》,天津人民出版社,2020年,第82页。

②《研究称欧洲生态环境日趋恶化,可能持续20年》,http://www.cankaoxiaoxi.com/science/20150305/691551.shtml,参考消息网,2018年12月31日浏览。

机、家用洗碗机等提出生态设计要求,对欧盟成员国的木质家具提出生态标签标准。欧盟对销售到本成员国的产品实行生态标准,对发展中国家产品出口到欧盟提出了超出本成员国的标准和要求,欧盟用双重标准衡量发展中国家和本成员国的产品,从而引发发展中国家的不满。此外,美国、日本等也如法炮制。发达资本主义国家这种双重标准的做法引发了与发展中国家的冲突。

2.发达资本主义国家实施污染转嫁,引起与发展中国家的冲突

目前对自然环境的污染,主要集中在化学药剂、有毒物质、电子垃圾等方面,对空气、水域、土壤、人的生命健康等带来损害甚至是致命性危害。发达资本主义国家将危险的、有害的产业转移到发展中国家,发达资本主义国家的跨国公司将“危险的行业,低于标准的或过时的技术,被禁止的或有毒的物质,破坏环境的采掘业,都越来越多地被置于南方国家,而南方国家被阻止发展自力更生的能力”[①]。2014年,据外报信息披露,“每年发达国家产生的电脑、电视、手机、家用电器等电子垃圾多达5000万吨,调查显示,其中75%的电子垃圾没有经过正规回收处理,绝大部分被非法出口到非洲、中国或印度”[②]。美国成为世界上没有签署1992年《巴塞尔公约》最发达的国家。基于此,美国不受条约中“关于明确禁止越境转移危险废料”这一条款的约束,从而可以肆无忌惮地向发展中国家转移有危害的污染物。美国的污染有害物中电子垃圾所占的比重是最大的,电子垃圾对环境造成的污染是难以估量的,而且危害是长期的。除此之外,英国、德国每年都有大量的电子垃圾非法出口到发展中国家,尤其是非洲、中国、印度。“从中国最大电子垃圾集散处理中心贵屿的情况来看,电子垃圾处理对环境和劳动者健康造成很大损害,但是贵屿从电子垃

---

① 第11次共产党和工人党国际会议《关于纪念博帕尔毒气泄漏悲剧25周年的决议》,http://www.solidnet.org/11-imcwp-resolutions/11-imcwp- resolutions-on-commemorate-25th-anniversary-of-bhopal-gas-tragedy.

② 外报:《西方向发展中国家输出大量电子垃圾》,2019年8月22日浏览。

圾中获取珍贵材料的成本只是欧美的十分之一。”[①]最令人担忧的是，发展中国家正在日益成为发达国家的电子垃圾处理厂。据估算，全球每天会有12.3万公吨破损、过时或是多余的电器电子产品在被丢弃后成为电子垃圾。根据联合国大学公布的解决电子垃圾问题计划，“2012年中国和美国是全球最大的电器电子设备和电子垃圾制造国。美国制造了940万吨电子垃圾，是全球最大的电子垃圾制造国”[②]。根据联合国2013年12月15日公布的一项调查，到2017年，全世界每年产生的电子垃圾预计增加三分之一。根据调查，“美国最多的电子废弃产品是手机，2010年美国产生了大约1.2亿只废弃手机，很多最后被运往了香港、南美等地”[③]。

发展中国家对发达资本主义国家转运垃圾越来越不满，开始采取措施，减少和控制垃圾进口，并着手进行生态治理。如马来西亚、中国等提出禁止塑料等洋垃圾进口。发达资本主义国家生态治理的自私自利行为危害到发展中国家的生态安全，发展中国家开始进行针对性斗争。在不对等的国际生态利益链条上，发展中国家整体上处于弱势地位，在国际旧秩序规则中往往比较被动。在全球的生态治理冲突中，发达资本主义国家在与发展中国家的生态治理冲突中占主导地位。张劲松认为，“全球化进程中的国际生态治理事实上导致了一种所谓的‘非生态性’，也就是‘治本’的‘治理’演化为‘治标’的‘转嫁’，各种高碳产业纷纷从发达资本主义国家转移至发展中国家，从而导致了这些国家的生态灾难”[④]。

从目前发达资本主义国家向发展中国家的垃圾污染转移看，双方之间的斗争与反抗不仅仅是在单纯的政治、经济层面，而是发展到更加深入的与人类整体命运息息相关的生态意义的全球环境层面。“与此同时，帝国主义加强了生态侵略，控制自然资源丰富的地区，掠夺世界资源，将高

①《外报：西方向发展中国家输出大量电子垃圾》，2018年1月22日浏览。

②《印报：发展中国家将成发达国家电子垃圾处理厂》，http://science.cankaoxiaoxi.com/2014/0905/486722_4.shtml，2019年1月20日浏览。

③《世界“电子垃圾”或5年增3成，美国占最大比例》，http://science.cankaoxiaoxi.com/2014/0905/486722_5.shtml，2019年1月20日浏览。

④ 张劲松：《全球化体系下全球生态治理的非生态性》，《江汉论坛》，2006年第2期，第39—45页。

能耗、高污染的夕阳产业转移到发展中国家,而自己却大力发展具有高额利润的知识经济特别是信息产业。"[①]发达资本主义国家对发展中国家这种生态侵害主要表现在,"一是生态污染的转嫁,比如发达资本主义国家把自身工业运行中产生的废气、废料、废水想方设法作为'私货'塞给发展中国家;二是对发展中国家生态资源的过度剥夺,让其在成为经济附属国的基础上日益成为生态附属国"[②]。生态权益上的斗争将是今后发达资本主义国家与发展中国家之间斗争的新内容。

3.发达资本主义国家与发展中国家技术与资金的援助上存在矛盾

发展中国家与发达资本主义国家的经济发展任务和目标不同,对生态环境的政策也不相同。一些发展中国家面临着巨大的人口压力,发展经济的任务远远超过对环境的生态保护。

一些发展中国家在生态治理上没有足够的资金用于修复已被污染的环境,无力提供生态补偿,在生态治理上处于发展经济与保护环境的两难境地。发达资本主义国家却提出发展中国家拿出一定资金改善国内的自然环境和修复已被污染的生态环境或生态系统,这对发展中国家来说很不现实。同理,发达资本主义国家要求发展中国家改进技术或发明生态技术,减少对环境的破坏、污染也是比较困难的。

4.发达资本主义国家与发展中国家的政策倾向不同也引发冲突

"在生态环境上,帝国主义推行生态殖民主义政策,对发展中国家和落后国家执行剥削与掠夺性质的经济、政治政策,极大破坏了世界生态环境,给世界带来了生态危机。"[③]发展中国家为了维护自己的生态权益,开始制定保护本国生态环境的相关政策。新加坡与邻国之间在沙子贸易上的生态权益较量比较激烈。新加坡为了填海造田,增加国土的陆地面积

---

① 余金成、郑安定、余维海:《中国特色社会主义与人类发展模式创新研究》,天津人民出版社,2020年,第85页。

② 郇庆治:《"碳政治"的生态帝国主义逻辑批判及其超越》,《中国社会科学》,2016年第3期,第24—41页。

③ 余金成、郑安定、余维海:《中国特色社会主义与人类发展模式创新研究》,天津人民出版社,2020年,第77页。

而从邻近的印尼、马来西亚、柬埔寨等国家购买沙子。长期以来，新加坡与柬埔寨为了各自的利益和需要实行买卖沙子贸易。但是，挖掘沙子将对生态环境造成严重影响，长期出口沙子给出口国的生态环境带来严重破坏性影响。随着生态环保意识的提高，印尼、马来西亚、柬埔寨等发展中国家制定了环保政策，限制本国沙子出口，甚至永久禁止出口沙子。这些国家的政策引起新加坡的强烈不满和反对，指责这些国家夸大了沙子出口的危害，违反了双方的贸易规定。马来西亚1997年开始禁止出口沙子，印尼也在2007年宣布禁止向新加坡出口沙子。[①]新加坡与柬埔寨之间围绕沙子的出口展开了激烈的较量。发展中国家为了本国的生态环境而采取的保护政策与发达国家追求的本国利益发生冲突，发展中国家保护生态环境的政策将与发达国家对自然资源的需求之间产生新的矛盾与冲突。

5.全球生态治理解决方案的立场、态度引发双方的冲突

整体上，发达资本主义国家与发展中国家对全球生态环境治理的立场和态度存在巨大差异。发展中国家认为全球生态问题的出现发达资本主义国家应担负主要责任。以全球气候变暖为例，发展中国家认为发达资本主义国家历史上的碳排放是造成全球气候变暖的罪魁祸首，现今要解决这一问题，不能让发展中国家与发达资本主义国家承担同样的义务，不能采取相同的减排措施和标准。“唯一公正且可持续的气候体制是将人均二氧化碳排放量压缩到全球可持续的范围之内，并将富裕国家与贫穷国家的排放量逐渐统一到这些全球可持续性排放的低水平上。这种安全的人均排放水平低于目前全球北方人均排放值的十分之一以下。……很明显，美国以及该体系中的其他中心国家不会乐意接受对所有国家实行低水平上的人均排放的平等化。然而，迫切需要发展的第三世界国家

①《柬埔寨下令禁止出口沙子新加坡哭了：用啥填海》，http://news.sina.com.cn/w/sy/2017-07-13/doc-ifyiamif2840459.shtml，2019年1月30日浏览。

也不会放弃人均排放的平等权。”[1]希腊共产党指出，“欧盟提出的‘绿色经济’，依靠加大对工人的剥削和过度开采自然资源，成为积累资本和保障垄断利润的工具；不仅不能解决气候变化问题，反而使气候问题更加恶化”[2]。

（二）发展中国家在生态治理实践上的相互冲突

发展中国家面临着共同的发展任务，各国的资源环境差异很大，各国的环境保护政策也不同。随着生态环境的逐渐恶化，发展中国家之间在生态环境问题上的矛盾和冲突逐渐增多，尤其是邻国之间的生态治理冲突表现突出。

1.对生态环境要求的不同步，产生生态治理冲突

经过半个多世纪的发展，发展中国家已经出现经济发展差距，不同国家对生态环境的要求各不相同。在长期的经济发展中，有的国家比较重视生态环境的保护，有的国家比较注重提高经济效益。发展中国家的“生态足迹”出现很大的差异。在提高经济效益和保护生态环境的两难选择中，不同国家选择了不同的方案。因此，同一生态环境区域的国家在围绕生态治理的标准、要求上产生了矛盾与冲突。

拉丁美洲的洪都拉斯和厄瓜多尔的海湾因为养虾产业的扩大带来海湾生态环境破坏，厄瓜多尔、洪都拉斯分别是拉丁美洲最大和第二大的虾养殖和出口基地。海湾地区的生态系统随着养虾产业的扩大而遭到破坏。红树林是海里野生鱼类的天然防护林，虾养殖场的扩建导致大片的红树林被砍伐，在获取虾苗的时候不加选择地猎捕海洋生物也使虾养殖业危害到了海湾地区的生态系统。“从1984年到2000年，虾养殖业增长了

---

① [美]约·贝·福斯特：《生态革命——与地球和平相处》，刘仁胜、李晶、董慧译，人民出版社，2015年，第101页。

② 第11次共产党和工人党国际会议希腊共产党代表发言，http://www.solidnet.org/ greece-communist-party-of-greece/11-imcwp-intervention-of-cp-of-greece-en-ru-sp-it.

30%,共占用了118,000公顷的海水。”[①]两国在面对海湾生态环境的治理上出现分歧,产生冲突。

2.对自然资源保护政策的不同,引发国家之间的生态冲突

“环境政策也可能会与意在改善各种社会群体(如女性、少数族裔和边远地区的居民)地位的其他——即与经济无关的——社会或政治考虑发生冲突。”[②]毗邻区域的生态环境往往因为国界而导致邻国两侧的生态环境出现不同状态,并出现国界一侧的生态环境的外溢效应波及国界另一侧区域生态环境的质量或生态系统健康的现象。比如,危地马拉和墨西哥的边境地区的森林生态系统就出现明显反差。位于危地马拉境内一侧区域的生态环境,由于人口相对较少,以及对塞拉德·拉康德(Sierra de Lacondon)和拉古纳德·泰戈(Laguna de Tigre)两个国家公园的保护,森林植被依旧。然而在墨西哥境内另一侧区域的生态环境却是一番完全不同的景象。从1974年到现在,由于人口增长对农牧业的需要,恰帕斯地区大部分的森林被砍伐。墨西哥一侧区域的森林系统遭到严重破坏,多种生物的生存环境被破坏了,反观危地马拉境内的森林生态系统则还保持良好。但是从生物多样的系统角度来看,危地马拉的生物多样性生存空间受到墨西哥森林生态系统破坏的影响,从而也危及危地马拉多种物种的生存。同样,在巴西和巴拉圭边境也发生类似的情况。1973年独特的帕拉尼斯热带雨林尚保存完好。不论是在巴西还是巴拉圭境内,这种雨林得到了很好的保护。但是到2003年,巴西一侧90%的热带雨林的林地已经被农业取代,大部分的林地已经缺失;而同时,在阿根廷一侧的林地则损失较小。有学者指出,中东历史进程中,水资源冲突引发的中东危机不容忽视,环境已经成为影响中东地区的一大因素。[③]由此可见,不同国

---

① 《拉丁美洲养虾影响生态环境》,http://news.sina.com.cn/c/2005-06-16/14026961104.shtml,2019年1月30日浏览。

② [荷]阿瑟·莫尔、[美]戴维·索南菲尔德:《世界范围的生态现代化——观点和关键争论》,张鲲译,商务印书馆,2011年,第53页。

③ Valerio Caruso. “Water Conflicts in a Historical Perspective. Environmental Factors in the Middle East Crisis”. *Global Environment*, Vol.10, No.2, 2017.

家对本国资源的利用与保护的政策是明显不同的，结果导致邻国边界的生态区域因为一方的破坏而受到牵连，甚至是危害。

3.跨境的生态污染成为发展中国家之间生态治理冲突的主要内容

一国的环境污染往往会波及邻国，并将直接引发双方生态治理的冲突。边境污染引发的生态治理冲突成为发展中国家之间冲突的一项新内容。在与厄瓜多尔相邻的哥伦比亚境内有一处种植毒品的区域，哥伦比亚政府为了清除毒品的来源，对该区域实施了化学剂，但这种做法严重危害了当地的土壤和植被，造成当地生态环境的破坏，并危害到了当地居民的身体健康。哥伦比亚区域的生态环境和当地居民不仅受到危害，毗邻该区域的邻国——厄瓜多尔也因为哥伦比亚使用化学制剂而导致与其相邻区域的生态环境受到影响。厄瓜多尔为此事将哥伦比亚告上国际法庭，要求对方给本国造成的损失给予赔偿。

发展中国家多数为经济发展水平较低的国家，生态环境多处于恶劣状态。尤其是西亚、非洲、中东等地区。发展中国家政治局势的动荡造成的难民危机进一步加剧了本国生态环境的恶化。在非洲的中部、波斯湾一带、戈兰高地、阿拉伯半岛等地，政治局势动荡造成的难民不断地冲击着这些国家的生态环境。这些难民生活在不同国家的边界地带，不断流动冲击着这些国家的生态承载力。坦桑尼亚、扎伊尔、伊朗、伊拉克、苏丹、南苏丹、叙利亚等国家的难民为了维持生计，对珍稀的野生动物进行捕杀，对原始森林进行肆意砍伐，对居住区的土地进行破坏性开发，植被也遭到严重破坏。非洲的卢旺达政府为了安置难民将本国的一些公园和绿地划归给难民使用，结果导致生态环境急剧恶化。

显然，难民对生态系统的破坏是一个缓慢的长期过程。随着难民人数的增加和难民流动的频繁，难民对生态环境的破坏越来越严重。发展中国家对于难民给生态环境造成的恶性影响越来越重视，为了维护本国的生态环境开始有意识地拒绝接受难民。关于难民给生态环境带来的破坏性影响，联合国难民署开始高度关注。联合国难民署则面临着两难选择，既要保护难民的基本权利，又要保护生态环境；既要尊重发展中国家关于维护本国生态环境的权利,又要发扬国际人道主义精神。如何在二者之间寻求平衡,并非一件容易的事情。对此,联合国难民署通过向发展中国家提供基本生活需要的援助计划,帮助发展中国家减少对国内森林的砍伐,减少对自然环境的破坏。

(三)社会主义国家与资本主义国家生态治理实践上的冲突

社会主义国家在生态治理指导思想上与资本主义国家有着本质的不同,双方在生态治理实践过程中的冲突也在所难免。

1.双方围绕有害废弃物、垃圾产品的倾销展开斗争

发达资本主义国家向社会主义国家倾销垃圾产品,从而给社会主义国家带来环境污染,社会主义国家对此进行强烈抵抗。社会主义国家在维护本国生态环境治理中,采取了外交、经济、法律和政策等手段,其中就包括对外来垃圾产品、有害废弃物等的抵制。为了维护中国的生态权益和生态安全,2023年8月,中国政府对日本执意向海洋排放核污水表示强烈外交抗议,并通过暂停全面进口日本水产品的方式来进行了反制,如果日本继续错误地走下去,中国将对日本的海产品进口全部清零。朝鲜发言人怒斥日本向海洋排放废水是犯罪,并发射导弹以示警告。越南外交部表示日本要以负责任的态度对待核事故。社会主义国家对发达资本主义国家倾销的垃圾产品采取法律制裁,这自然引起发达资本主义国家的不满与反对,甚至利用倾销商品、贸易壁垒等相关的法律条款对社会主义国家进行反生态的活动。发达资本主义国家利用自己在国际商品和生态资源上的制高点向社会主义国家实施垃圾产品销售,社会主义国家则拿起法律和政策武器维护本国的生态权益和生态安全。

2.双方在全球生态治理机制的构建上存在争议

苏联作为世界上第一个社会主义国家,在列宁的领导下在世界范围内与资本主义国家展开了全方位的激烈较量。“列宁在关于‘帝国主义’的相关论断中曾提出预测:随着垄断资本主义的不断演变,它的存在形式必然由‘私人垄断’逐步过渡至‘国家垄断’,然后再由这种存在形式转变为真正的'国际垄断'。"[①]自从社会主义国家诞生,并成为与资本主义国家在全球抗衡的国家,二者在生态上也处于对抗的地位。帝国主义不仅表现在政治、经济、文化上,也同样表现在生态上。当今,随着全球生态危机的蔓延,以中国为代表的社会主义国家从全球人类命运共同体理念出发,提出构建人类共享的合作机制。发达资本主义国家仅把国际机制看作是否有利于本国利益的工具和手段,因而在机制制定的规则、实施手段和具体措施上与社会主义国家存在差异和矛盾。

3.双方提出全球生态治理的途径不同

发达资本主义国家进行全球生态治理的途径受制于资本的制约,一切活动围绕资本获益而展开。发达资本主义国家受到资本逻辑的支配,认为全球生态治理应以维护资本主义生产方式为主,维护本国的生态权益和生态安全,全球生态环境要服务于本国的生态需要,因此,"西方资本主义国家从本国、本地区狭隘视野出发对待生态环境问题,解决问题的最根本方法就是转嫁生态危机,即对发展中国家进行'生态掠夺',攫取发展中国家的生态资源,同时将生态环境污染转嫁给发展中国家,这是西方资本主义国家进行生态治理的'有效'方法"[②]。社会主义国家是以人类整体利益为宗旨,将全球生态环境作为生态治理的视野和对象,提出合作是应对全球生态问题的最佳途径。社会主义国家从人类命运共同体的角度出发,将人类看作一个整体,各个国家的生态治理和全球的生态环境是不可分割的,各个国家的生态治理行为应当有利益于全球生态环境的健康发展,有利于全人类的生存发展。中国提出了互利共赢、合作共享的指导原则,积极推动世界各国求同存异,搭建平台、发表倡议、举办论坛,进行多领域、多层次和多范围的合作。习近平总书记指出,"人类只有一个地

① 莫凡:《"全球生态治理"的二律背反及其破解》,《扬州大学学报(人文社会科学版)》,2018年第9期,第30页。

② 刘成军:《从中西生态治理比较中凸显社会主义优越性》,《吉林日报》,2018年8月4日,第10版。

球，保护生态环境、推动可持续发展是各国的共同责任”[①]。古巴将本国的农业生态技术向世界各国进行推广，培训世界各国生态农业技术人员，为全球生态农业发展提供技术指导。

4.双方认为生态治理的受益群体不同

民族主权国家依然是生态治理的主要行为体，从阶级性、民族性的角度看，发达资本主义国家和社会主义国家在生态治理受益群体上是不同的。发达资本主义国家是资产阶级领导的资本主义制度的国家，国家的基本职能就是维护资产阶级的利益，生态治理的服务对象和受益群体首要的就是资产阶级。从对外的国家职能上看，发达资本主义国家代表本民族，在全球的利益中为本民族谋求利益，为整个国家服务。因此，发达资本主义国家在生态治理中主要的服务和受益群体是本国的资产阶级和本国民众，具有明显的狭隘性和自私性，“资本主义发达国家的本质只能使本国实现人与自然的和谐，而不会承担全球的环境责任”[②]。

尽管社会主义国家也具有民族性和阶级性，但是在生态治理上，无产阶级的先进阶级性与资产阶级的阶级局限性明显不同。无产阶级将本国民众的生态利益和人类的整体生态利益连接在一起，将本民族的利益和世界各民族的共同利益连接在一起。社会主义国家在本国的生态治理中，将人民放在第一位，推动人与自然关系的和谐发展；在全球生态治理中，将人类共同利益和世界各民族的共同利益看作自己的历史使命。“面对生态环境挑战，世界各国需要同舟共济、共同努力，协调人与自然关系，解决好工业文明带来的矛盾。”[③]社会主义国家生态治理的服务对象和受益群体是本国民众和整个人类，体现了广泛的人民性和人类命运共同性。

---

① 中共中央宣传部：《习近平新时代中国特色社会主义思想学习纲要（2023年版）》，学习出版社、人民出版社，2023年，第231页。

② 潘岳：《论社会主义生态文明》，《绿叶》，2006年第10期，第9页。

③ 中共中央宣传部：《习近平新时代中国特色社会主义思想学习纲要（2023年版）》，学习出版社、人民出版社，2023年，第231页。

第三节 生态文明建设中应对国际生态治理冲突的选择路径

国际生态治理冲突是一种新生的、影响深远的冲突,它的产生改变了传统冲突的形式、内容和破坏力。当今社会,国际生态治理冲突的发生影响了生态文明建设的推进,对生态危机的解决带来不可预知的困难,很大程度上制约了人类社会的可持续发展,甚至威胁到了人类的持续生存。生态学家从生态系统均衡的理论层面向国际社会阐明生态治理的必要性。国际生态治理冲突的解决是全球生态均衡实现的重要保障。面对不断发生的国际生态治理冲突,不论是何种制度性质的国家、何种发展程度的国家都有责任采取措施减少冲突,促进冲突的解决。国际社会也应该积极行动起来,为减少和消除国际生态治理冲突而构建机制,搭建平台,提供有益的途径,为人类社会营造一个公平、正义、和平、有序的国际社会环境,推动全球生态环境系统的良性健康运转。生态文明建设对于国际生态治理冲突的解决,应是多元主体的共同参与。个人对冲突存在的常态性要形成新的认知,国家应秉持消除国际生态治理冲突的新理念,国际社会和国际组织要从国际层面采取新措施,这样从多个层面和途径来消除国际生态治理冲突的诱因,推动全球生态环境健康发展。

一、个人应形成的新认知

(一)生态利益的不同必然引起行为体之间的冲突

对于国际生态治理冲突的理解很重要。我们要清楚,这种冲突的存在是一个不可改变的事实,它将在很长的时期内存在。从本质上来说,冲突就是由于利益的不一致,人们发现彼此碍事而产生的。只要国家存在,只要人们的理念或价值不同,冲突产生就在所难免。在国际社会中，国家主权的特性表明，国家之间的利益分歧是不可根除的，冲突也是不可避免的。

国际社会中的行为体是多元的，既有主权国家行为体，也有国际组织、跨国公司等各类非国家行为体。不同类型的行为体对利益的界定、获得与维护的途径与方式也是各不相同。从主权国家行为体来看，国家的利益是多元的，是抽象与具体的合体，是民族利益与阶级利益的统合。从利益的具体领域来看，包括经济、政治、军事、文化、生态等领域。对于国家来说，不同阶段、不同时期，利益的具体要求也不同，不同利益的定位也有差异。一般来说，关于一个国家生死存亡的核心战略利益是一个国家的首要利益，国家将不惜一切代价进行维护。正是由于每一个国家在不同领域对利益的界定不同，彼此产生分歧，发生矛盾甚至是对抗也是正常的。现今，全球生态危机已经影响甚至危害到每一个国家，但是每一个国家对于这种危害的认识和解决的方法却是千差万别，因此，国家行为体在生态利益上也必然会引发冲突。现实情况是经济发展水平的差异、社会制度的不同、以及生态治理理念上的矛盾导致不同国家在国际生态治理实践上纷争不断。对此，要想化解国际生态治理冲突，首先要在全球生态治理上取得共识，形成一些共同的认识。思想是行动的指南。只有世界各国在全球生态治理上取得相同的看法和认知，才能在生态治理实施中采取一致行动。

除国家之外，非国家行为体同样在全球生态环境中享有不同的生态权益和生态安全。他们对全球生态危机的认识也是各不相同。以获取经济利润为目的的跨国公司仅关心本公司的经济效益，而对全球生态环境健康与否很少给予必要的关注，也不愿意拿出一定的资金，更不要说，牺牲本身的经济利益为全球生态系统安全和生态环境健康做贡献。当然，它也不会损害自身的生态利益。资本的获利本性制约着跨国公司的国际生态治理行为。不同的跨国公司对生态利益的竞争产生不一致、引发冲突的可能性也是会发生的。政府间国际组织是目前在国际社会中能够发挥一定协调与合作作用的、具有全球意义的国际组织，政府之间可以在共同关心的生态问题上进行一些政策协调和合作治理。但是,不同政府对于全球生态的系统安全与环境健康的认识不同,生态利益定位也不同,因而在讨论全球范围的生态问题时,必然会出现各持己见、众说纷纭的局面。

现存的国际社会,不论是国家行为体还是跨国公司、国际组织等非国家行为体,都会从自己的利益范畴中界定自身的利益,对于国际生态治理也将产生诸多不同的态度和认识。正是国际社会的无政府状态和各类行为体的自助行为,导致全球生态环境处于一种人类整体利益和行为体个体利益之间,以及与个体利益之间的矛盾状态,因此,行为体的个体利益需求之间的矛盾和差异引发冲突可能性是很大的。

(二)主权国家的个体特性和生态治理的整体要求之间存在矛盾

主权是现代国家的根本特性。自从主权国家产生以来,国际社会中的行为主体都是以国家为主,国际社会中发挥主导作用的也是国家。国家作为一种特殊的组织结构形式,将不同区域、不同种族、不同民族的人群集中起来,在一定程度上形成了该集体人群的共同利益和共同需要。每一国家集合都有着自己的特有利益,有着不能与他国分享的需求。但是,整个地球却是由具有不同利益的国家组成的一个相互依赖、相互影响的世界体系,在这个体系中国家的个体利益依然得到尊重和维护,这主要在于国家的主权这一属性。主权这一特性将被不同的国家利益分割开来,保留着每个国家独有的利益。

当今的国际社会,全球生态环境的恶化需要国际社会共同治理。全球生态环境是一个不可分割的统一体,全球生物的生存链是不可断裂的,它不分国界、不分种族、不分民族,不会受到人类概念划分的影响,也不会因为人类的人为隔离而脱离系统这个整体环境。全球生态问题治理的整体性、联系性、相互依赖性等对主权国家的个体特征提出新的要求。

二者之间的矛盾体现在三个方面:一是生态资源的公共属性和国家

对生态资源的个体使用之间存在冲突。在生态问题的治理上，因为生态问题发生在具体地区，该地区的相关国家将会采取有利于本国的措施，维护本国的生态权益和生态安全。作为个体的主权国家将从自身的利益出发，对自身能够控制的生态资源往往实行有利于自己的措施，而不是顾及生态资源的公共属性采取保护措施，有时甚至会牺牲他国生态资源的权益。二是生态治理的全球性和主权国家生态治理的个体性之间存在矛盾。从生态问题的范畴来说，生态治理需要全球层面的国家共同参与，但是由于主权的特性，国家对生态问题的治理是自私的，大多是为了满足本国的需要，因此，国家在生态治理上将会采取局部的、零散的、地区性的举措。但是，基于生态问题的相互影响和系统一体的特性，主权国家对生态问题的这种治理也就不能取得应有的效果，有时反而使得一个国家的生态治理事倍功半。三是国家个体的张力与全球生态治理的合力之间发生抵触。主权国家所具有的对外独立和不受干涉等独有属性，确保了国家在国际社会中的独立和不受侵犯，使国家在无政府状态下的国际社会中能够维护本身的利益。"国家主权原则表达了国家在严格界定的领土范畴内所声称具有的行使合法权力的能力。"[①]"国家主权原则导致了国家内部和外部的分野成为可能。"[②]但是也正是这种特性阻碍了国家在全球生态环境问题治理上的合作，阻碍了全球生态治理事业的前进。更严重的是，现实的主权国家之间不仅受到主权特性的制约，而且还受到经济发展水平、社会制度、极端民族利益主义等诸多因素的影响。主权国家构成的国际体系也正在受到来自各种不同层面和因素的影响，某种程度上，"正在分崩离析的主权国家体系已成为管理全球生态环境问题的一个最重要的障碍"[③]。总体来看，现实的主权国家的个体特性与全球生态环境治理

① [挪威]伊弗·B.诺依曼、[丹麦]奥勒·韦弗尔：《未来国际思想大师》，肖锋、石泉译，北京大学出版社，2003年，第450页。

② 同上，第452页。

③ Andrew Hurrell. "International Political Theory and the Global Environment". Ken Booth & Steve Smith (eds.). *International Relations Theory Today*. The Pennsylvania State University Press, 1995, p.148.

的整体性之间的矛盾在短期内是很难消除的。

(三)国际无政府状态将引发国际生态治理行为体之间冲突的发生

国际社会的无政府状态是一个不可忽略的现实问题,它的自发和无助的显著特性将给国家行为体的国际行为带来严重的影响。每一个行为体为了确保自己在国际社会中的利益一般采取自助方式,通过增强自身实力与权力来实现,从而引发彼此之间的冲突。根据亚历山大·温特建构主义理论的观点,国际社会可划分为三种不同类型的文化,并形成相对应的国家关系,分别是互为敌对的霍布斯文化、互为竞争的洛克文化和互为朋友的康德文化;在三种类型的文化状态下,与此相对应,国家将会有三种不同的关系选择,从而出现三种不同的国家关系,分别是敌对关系、竞争关系和友好关系。在目前的国际社会中,由于信任的缺失、国际机制的陈旧、国际秩序的不公平、生态资源的有限等多种因素的影响,在无助的国际社会环境下,国家受到霍布斯文化的影响比较深远,从而产生对他国更加明显的敌视心理。国际生态治理需要行为体在和谐的氛围和相互信赖的环境下进行互助互帮。

国际社会没有一个稳定而有序的机制来协调国际关系,也没有高度一致的行为规范来指导国家行为,因此不同的国家行为体都各行其是、各行其道、各负其责、各取所需。世界各国为了自己信奉的道、自己推崇的理而依靠自身的强大来实现,为了获得自己所需要的利、自己所追求的权而利用一切手段。几千年来,国际社会的生存状态已经证明这个“森林法则”的现实性和残酷性。这种法则与国际生态治理的内在要求出现冲突,一个依靠实力、完全依赖自己的行为体在全球生态环境问题的威胁下,需要改变习以为常的生存法则和行为方式,而这种冲突是难以逾越的。

二、国家行为体应秉持的新理念

(一)尊重彼此的国家制度和生态权益

“对生物、美好的东西或者很好工作的东西的广泛尊重,并不需要转换成对平等的尊重,它也不需要被转换成普遍的尊重。我们作为道德主体责任的一部分,就是去对我们尊重的对象以及尊重的方式进行选择。”①生态治理的实践活动中,不同国家的社会制度选择和标准是不同的,如果国家之间能够相互理解、超越制度意识形态的话,国家之间可能减少产生争议甚至冲突;反之,如果有的国家以社会制度划线,国家之间的冲突就不可避免。国家在自己的行为上通常是自己做决定,国家必须搞清楚自己的标准、目标、要求、方法等是什么,自己的优先选择是什么,什么可以引导他们有这样的选择和优先。“冲突解决的最基本的原则是,调解人应该试图让人们关注他们的利益,而不是他们的立场。”②实际上,“对利益的认同有时候要求对立场的认同,有时候要求谈判;有时候人们称为价值的东西,是被包装的立场,和任何真正的利益没有任何关系”③。每一个主权国家都是地球中的一员,在地球的生态环境中拥有同等的生态权益,应当认识到本国的生态权益和其他国家的生态权益是同等重要,不能以牺牲他国的生态权益来满足本国的生态权益。

(二)重视相对获益和全球生态命运一体

民族主权国家基于生存与发展的需要在国际社会中需要获得应有的权益,每一个主权国家对本国权益的界定和需要是不同的,但是生态权益是国家利益不可缺少的组成部分。比如,“在非洲,以及广泛意义上的发

① [美]大卫·施密特:《个人 国家 地球——道德哲学和政治哲学研究》,李勇译,上海人民出版社,2016年,第305页。

② 同上,第286—287页。

③ 同上,第287页。

展中国家,如果人们能够保护自己的土地和野生动植物的话,他们之所以这样做肯定是因为这符合他们的利益,而不是因为这样做符合'整体'的利益"①。尽管如此,生态权益有着与其他的权益相比更加明显的公共性、非排他性,主权国家在政治边界的限定下,获取的生态权益是有限度的,彼此发生的矛盾、冲突也比较激烈。从国际生态治理来说,如果人类作为一个整体,是一个决策实体,它的组成部分不考虑自身利益,这个实体可能会理性地修理自己,会为了整体切掉多余的部分,从而给人类自身之外的生态环境以更多的空间,因此,国家也应更加清楚地认识到全球命运一体的重要性。因此,在国际生态治理权益上,国家行为体取得的可以接受的、稳定的妥协可能要比从脱离政治现实意义上正确的方式更重要。生态权益对任何主权国家来说,都不可能绝对获益,但其公共性、非排他性使国家在全球获得的生态权益将波及其他国家获取的生态权益,这是因为国家生态在全球是一个命运共同体。

(三)应重视政治和法律途径解决问题

不同国家在生态问题的认识和解决上存在差异和矛盾,如果利益相关方能够坚持运用政治或法律的途径来解决,则能较好地避免矛盾的激化和冲突的发生。目前,国家采取的主要政治途径包括谈判、斡旋、调停等政治方式。国际生态治理冲突的解决需要懂得妥协的政治家设计出帮助谈判、有助于双赢的解决办法。谈判是可以在一个不完美世界中可能双赢的行为体之间进行。事实上,冲突并不是要在善恶之间作对决,而是要利益相关方的协调。法律途径有助于利益相关方对问题的解决,主要通过设定解决争议的法律程序、制定详细的法律规定、执行法律裁定的保障手段等,促使运用法律方式解决利益争端。

---

① [美]大卫·施密特:《个人 国家 地球——道德哲学和政治哲学研究》,李勇译,上海人民出版社,2016年,第288页。

三、国际层面应采取的新措施

对于国际社会的无政府状态,国际社会和国际组织可以努力做出一些措施,推动国际行为体间在全球生态治理中减少矛盾与冲突,加强信任与理解。

(一)倡导全球公认的公平理念

关于公平的界定和理解在不同文化背景和不同层面中是不同的。全球公认的公平理念更需要国际社会的倡导和不同行为体的接受和践行。所谓全球公认的公平理念是具有一定的理想色彩,但却是人类共同追求的共同目标。在生态危机威胁到全球的情况下,全球意义的理念越发显得尤为重要,也需要人类打破各种利益的私自占有心态,摆脱人类设置的各种群体利益和差异障碍,在全球人类的共同命运整体层面上,对人类的思维进行历史性的革新。生态危机的爆发和对世界各国的共同伤害为人类的生存方式、相处理念以及对待自然的观念等带来关键性挑战。全球公认的公平理念就对国际社会和国际组织提出了这一世纪命题,需要国际社会和国际组织为人类的未来命运贡献一种新的理念,这种理念能够为不同国家、不同地区的人们所接受,能够超越经济发展水平、社会制度、历史经历差异的制约,从而成为人类未来的共有理念。

公平作为一个在特定历史条件下出现的、具有特定含义的理念,在全球生态环境问题的治理需要中再次被倡导,显示了该理念的价值和意义。现阶段,全球生态环境问题的治理所面临的合作困境和利益矛盾需要一种理念进行疏导和化解。全球公认的公平理念无疑具有这样的功能和特殊价值。它的具体含义应体现在三个方面:一是公平理念要体现出全球生态环境治理行为体的共同意愿。公平是世界上所有行为体的思想、利益、需求等能够公开、自由表达的体现。这种意愿和诉求的表达是不受任何外在力量制约或影响的,这种表达不能够得到相同的对待。二是公平理念要体现出行为体实际的差异性。行为体出现的时间、拥有的实力、获得权益、历史经历以及在各个领域的不同,使行为体对公平的理解存在差异性。这样的差异性不能被抹杀和忽视,只有得到尊重,才能真正意义上体现出公平的实质内涵。三是公平理念的对象与范畴是全球。全球生态环境问题覆盖全球,公平的理念自然也要服务全球,这里的全球不仅是空间范围,还是生物种类的全体。也就是说公平不仅是应用在人类的社会领域,还要应用于人类与自然界共同存在的生态领域。不仅人类社会的国家之间讲公平,生态系统中的不同物种之间也要讲公平。

要倡导全球公认的公平理念,国际组织和国际社会就要担负起重要的责任。因为"国家边界并没有道义上的地位;如果我们从公平分配的角度考虑问题,它们只是在维护理当废除的不平等状况"①。从自然生态的角度看,人的活动不论分成什么样的群体,不论怎样划分,形成何种关系,都是自然界的一部分。但是,现实的人类活动是以地域或地方为单元进行共同居住,从而形成一定的"边界意识",带来一种"我""我们"的身份模式认同。因此,人不仅是作为自然界的动物的自然存在,更重要的是作为社会动物或政治动物,形成特定的身份,对非"我"、非"我们"保持一种不确定、不熟悉的恐惧和警惕。对此,只有国际社会和国际组织才能打破"我""非我"的差异划分,通过在人类整体命运一体的层面上阐释世界公认的公平理念,进而塑造全球生态治理一体的认同理念,为主权国家的国际责任和国际义务提供有益的概念范畴。因为,从责任角度来看,"这是一种不能忽视的责任,不论是对我们自己、子孙后代,还是所有与我们一起分享这个星球的物种来说"②。

(二)搭建交流、沟通的世界平台

国际生态治理的产品具有公共资源的属性,公共资源的悲剧对国家

---

① [美]小约瑟夫·奈、[加拿大]戴维·韦尔奇:《理解全球冲突:理论与历史》,张小明译,上海人民出版社,2018年,第40页。

② [英]杰拉尔德·G.马乐腾:《人类生态学——可持续发展的基本概念》,顾朝林译,商务印书馆,2021年,第259页。

行为体来说是理性的，但是对全球的生态治理来说是非理性的。世界各国在国际生态治理中，主要是由本国的中央政府来发挥作用。政府作为代表国家的行为者，具有自身的独特属性，就像塞戈夫（Mark Sagoff）认为的那样，政府“规定表达了我们的信仰、我们的身份以及我们作为一个民族的所代表的东西”[①]。“忽视不同于自己意愿的人类价值和优先性的政策制定者，肯定管理不好人和生态，因为在其中那些被忽视的价值和优先性扮演了重要的角色。”[②]在现代的国际政治中，政府发挥了重要的作用，为此，国际社会应该为政府之间的交流和沟通搭建各种共同平台，尤其是政府间国际组织更应发挥这种职能。政府之间可以在全球生态治理事务的共同倡议、主题论坛、经验交流、生态技术展览等方面进行共享。在世界平台上，各个国家可以百家争鸣，百花齐放，通过不同的形式和方式实现不同国家间的沟通与交流，增强在全球生态治理中的共识和共享。

（三）构建多元、协商的国际机制

国际机制是指一系列隐含或明示的原则、规范、规则和决策程序，它们汇聚在某个国际关系领域内，行为体围绕它们相互形成特定的预期。国际机制不是从来就有的，也不会永远存在，它有一个发生、发展的过程，是社会发展的产物。国际机制是一种国家间可以平等参与国际事务的制度，为全球生态治理事务的商讨与解决提供了有益的规则。“国家主义者声称，国际政治的基础是国家社会（society of states），它有一些行为规则，但是国家不一定总是严格遵守这些规则。在这些规则中，最重要的就是主权原则，它禁止国家跨越边界、干涉其他国家的管辖权。”[③]但是全球生态治理是一个超越国界、超越政治界限的跨国行为，它需要主权国家采取

---

① Sagoff Mark. *The Economy of the Earth*. Cambridge University Press，1988.p.16.

② [美]大卫·施密特：《个人 国家 地球——道德哲学和政治哲学研究》，李勇译，上海人民出版社，2016年，第291页。

③ [美]小约瑟夫·奈、[加拿大]戴维·韦尔奇：《理解全球冲突：理论与历史》，张小明译，上海人民出版社，2018年，第38页。

跨越国界的行为。为此,国际社会需要积极构建主权国家能够集中协商、共同讨论的国际机制,在机制中减少矛盾、协调争议、加强共识,制定共同的行为准则、共同遵守的政策和共同实施的方针。国际社会和国际组织构建的国际协商机制应该符合全球生态治理的具体需要,应该灵活、多样,为不同国家的不同生态权益提供需要,积极推动全球生态治理的正向发展。国际机制的构建一般可以通过传统习俗、权力创造、协商共建、国际道义等途径来实现。

(四)反对生态霸权和生态帝国主义

国际生态治理冲突的解决需要遵循正义的原则。关于正义的理解有很多不同的说法,“大致说,实体正义是结果的属性。它是关于人(或者任何具有道德地位的实体)获得应得的东西。程序正义是关于遵从合理的过程:那些应该是公正的过程。当哲学家讨论正义的时候,他们通常有一些关于实体正义的理念(即关于在理想世界中物品应该如何分配的观念)。不过,在很大程度上,冲突的调节通常涉及在过程中寻找正义”[①]。从1989年全球性环境被列入“世界末日”指标开始,它已经成为关乎全人类的生与死,对全球性环境问题的解决也被纳入生态治理的国际行为行列。

但是,不同经济发展水平的国家在对全球性生态环境的治理上出现了不同的声音和立场,其中最明显体现在发达资本主义国家在维护自身的生态权益上表现出来的生态垄断和生态霸权。美国著名生态学者约·贝·福斯特在《生态革命——与地球和平相处》中对此进行了深刻的揭露,指出发达资本主义国家在全球生态环境治理中实施的霸道和垄断行径。具体表现在四个方面:一是一些国家通过掠夺资源从而改变本民族或国家赖以生存与发展的生态系统;二是一些国家通过对人口和劳动的转移来实现对资源的榨取和转移;三是一些国家通过利用社会生态的脆弱而

① [美]大卫·施密特:《个人 国家 地球——道德哲学和政治哲学研究》,李勇译,上海人民出版社,2016年,第288页。

实现对他国的垄断与控制；四是一些国家利用中心国家与外围国家的隔阂来实现对生态废物的跨国转移。

全球生态环境治理之道在于人的思考模式及行为方式。在世界生态环境权益的维护和治理的过程中，大国和强国往往拥有更多话语权和主导权。一些发达资本主义国家凭借自己的政治经济军事优势在全球生态治理中维护自己的生态霸权地位。"在全球化体系下，通过转嫁生态危机到'边缘'国家或地区以改善国内生态环境的路径是非生态的，这种生态问题的梯度传递实质上更加剧了全球生态治理的难度，环境问题进一步威胁人类的生存和发展。"①中国学者文贤庆对全球性生态治理给出了一个描述性定义，即"在没有世界政府的情况下，国家和各种非政府行为主体通过正式的或非正式的方法进行谈判协商，权衡各自有关环境生态的利益与责任，为解决各种全球性生态环境问题而建立自主执行的规则、机构或机制等的总和"②。全球生态治理与发达资本主义国家的生态霸权与生态垄断的生态帝国主义是相背离的，全世界应以人类共同命运为己任，抛弃国家生态权益的唯我理念，与其他行为体携手并进，共同营造和谐地球村。于是，对国际社会提出新的要求：一是对全球生态治理的参与行为体在资格和身份上要一视同仁、平等对待，同时在权益上要平等一致；二是参与全球生态治理的行为体应在权利与义务上要拥有相同的法律地位，在共同认可的国际机制中协商合作；三是参与全球生态治理的行为体应平等享有生态治理的各种成果。

现实的国际社会中，主权国家作为全球生态治理的主要行为体，要解决全球生态治理问题，必须反对生态霸权和生态帝国主义，维护全球生态治理的生态正义。国际生态治理冲突从根源上，实际反映了国家与国家的关系和它在国际社会结构里的不平衡。因此，国际生态治理冲突的解决不是单纯的技术问题，而是包含人文在内的价值观和信念的问题。

---

① 李泽栩：《马克思主义世界历史理论视域下的全球生态治理》，《中共珠海市委党校珠海市行政学院学报》，2017年第8期，第18页。

② 文贤庆：《全球生态治理》，《绿色中国》，2017年第6期，第16页。

第四章　生态文明建设中国际生态治理的基本合作形式

生态文明建设是人类社会发展到一定阶段的产物,是在寻求化解生态危机的途径中产生的。现阶段,世界各国都面临着治理生态环境问题的严峻考验。如何实现人类社会的可持续发展已不再是一个单纯的经济问题,不再是单纯关乎人类自身的问题,而是一个转换人类中心主义的思维方式和生存方式的问题。它需要人类转变“人与自然关系中的主体与客体的关系地位”,重新确立人与自然的新型共生关系。人不是自然界的主人、控制者、主导者,也不是超越于自然之上的主宰者,而只是自然界的一部分,人的生存与发展要依赖自然环境,人类离不开自然界。生态文明建设就是要重新修正被破坏了的人与自然的关系,将人类的发展方向引向正确的轨道。全球生态环境问题的解决需要国际社会的齐心协力、共建共享、荣辱与共。国际生态治理合作是人类生态命运共同体生存、发展的内在要求。国际生态治理合作就是世界不同行为体共同解决全球生态环境问题的一种正向的行为选择,是国际行为体之间友好互动的基本形式。生态问题是全世界各国民众共同的问题,基于生态问题的特殊性,全球生态治理的国际合作是必须的、必然的、必要的,因为,“首先,生态问题强化了人类的整体性。其次,生态问题突出了人类生命的物质性。最后,生态问题强调了人类存在的脆弱性”[①]。一些事实证明,“到目前为止,我们已经将合作视为一种创造性的力量,一种能够将基因与细胞组合在一

① 靳利华:《生态文明视域下的制度路径研究》,社会科学文献出版社,2014年,序言第2页。

起、创造新的生物体的力量”①。

第一节 国际生态治理合作的理论与思想

一般意义上，“合作就是个人与个人、群体与群体之间为达到共同目的，彼此相互配合的一种联合行动和方式”②。合作是人类文明进步的表现，对合作的理解并不排除冲突的存在，就像罗伯特·基欧汉指出的，“合作不应该被视为没有冲突的状态，而应被视为对冲突或潜在冲突的反应。没有冲突的征兆也就没有必要进行合作了”③。因此，没有冲突的合作是不存在的。换句话说，正是潜在的冲突才导致合作。同样，正是因为全球生态环境治理中存在冲突，国际社会才应该在生态治理冲突过程中采取合作，推动全球生态环境的健康发展。

西方资本主义国家的三大主流理论流派，马克思主义理论、发展中国家的学者在国际合作理论上存在很大的分歧，对国际合作的态度、主张和合作的可能性、途径，以及合作主体认识等有不同。在生态治理上，基于生态环境的公共性、非排他性、消费的非竞争性等特性，国际合作超越了国家的狭小范围，国家间的合作变得越来越重要。

国际社会的发展是不断演进的。自从威斯特伐利亚体系确立了主权国家在国际社会中的主导地位以来，国家间的矛盾与冲突变得更加突出与激烈，战争也成为国家间关系的一种常态。同时，国家之间的谈判、协商也带来了国家之间的合作。自然环境的污染、生态危机的出现，促使具有超国家性质的自然环境被纳入国家对外关系的内容之中，并且影响到

① [英]尼古拉·雷哈尼：《人类还能好好合作吗》，胡正飞译，中国纺织出版社有限公司，2023年，第45页。

② 靳利华：《生态与当代国际政治》，南开大学出版社，2014年，第198页。

③ [美]罗伯特·基欧汉：《霸权之后：世界政治经济中的合作与纷争》，苏长和等译，海南出版社，2001年，第64—65页。

政治、经济等领域的发展。对自然环境的生态治理要求超越了国家利益的传统界定和范畴，这要求国家主权的概念、功能、机制等要随之更新与发展。

国际社会中，基于生态治理国际合作的主体性质不同，可以分为国家间合作、国家与国际组织合作、国际组织间合作；根据合作的主体数量，可以分为双边合作和多边合作；根据合作的范围，可以分为区域层面和全球层面。目前，从国际社会中行为体在生态治理中的作用与影响来看，国家依然占据重要地位，是生态治理的主要角色。“生态治理，表面来看是治理修复自然环境，其实质是重塑人的发展理念，缓和物化文明背景下人与生态的关系，探索自然生态和人民群众推动下的社会发展之间的和谐互动关系。”①

一、发达资本主义国家的国际生态治理合作理论

西欧国家、美国、加拿大、澳大利亚、日本、韩国等都重视国际合作，基于他们的立场、价值观、对国际无政府的认识等形成不同的主张与观点。目前，西方发达资本主义国家主要理论流派在关于国际合作的机制、可能性和途径等方面存在争议与分歧。但是20世纪90年代以来，三大流派之间的论战为国际生态治理合作的研究提供了有益的理论主张与观点，对国际社会中国家间合作所发挥的指导意义和规范作用也是不容小觑的。

（一）生态环境问题需要加强合作

1.生态风险呼唤国际生态治理合作意识

西方国家的学者已经认识到生态风险的严重性、紧迫性，提出生态合作意识。德国学者乌尔里希·贝克认为，“社会—经济类型（阶级）与环境风险已经不再相互对立，并注意到现代社会的所有成员都必须以这样或那样的方式‘应对现代环境风险’，因为科学与政治的旧体制已经越来越

---

① 姚翼源、黄娟：《五大发展理念下生态治理的思考》，《理论月刊》，2017年第9期，第27页。

难以就我们应该如何生活、行动的问题给出明确的最后结论"[①]。对此，乌尔里希·贝克提出，现在的社会是风险社会，"需要全世界的公民、社团和公民社会运动充分清晰地解释在环境问题、风险和挑战的压力下开始出现的世界一体化意识"[②]。对于生态风险的治理越来越需要人们团结起来。生态风险加剧了国际社会风险的程度，人们不仅要自己活，还要让别人活，而这需要合作才能实现。因此，国际生态治理合作也就成为国际社会中人们活下去的必然选择。

2.生态环境治理需要合作行动

全球环境治理需要打破国家的政治界限，这不仅需要主权国家加强生态环境方面的谈判，而且需要制定国际生态治理的共同政策和行为规则，引导国家参与全球生态环境问题的治理。在全球生态环境治理中，要发挥不同行为体的治理优势，不论是合作的方式、合作的途径，还是合作的层次、合作的身份，要各尽所能，发挥各自在技术、经验、知识和信息等方面的优势。

最早提出"生态民主"(Eological Democracy)概念的美国学者罗伊·莫里森(Roy Morrison)认为，"建设生态民主需要呼吁全人类积极行动起来，需要人们自愿相互合作，保护自然，构建人类生态文明"[③]。对大多数环境风险而言，全球或国际层面上不同的地域模式、生活风格与经济保护机会确实会产生差异，这些差异在一定程度上遵循着后现代社会中的新分布模式，环境风险影响着所有的人，然而人们越来越不确定如何应对。"事实上，西方社会之间日益增长的相互依赖虽然会促使它们合作解决涉及相互利益的问题，但并不因此就一定会导致它们之间建立合作关系。而且，即使它们的确将合作作为目标，这种合作也不能被错误地用来证明世界

---

① [荷]阿瑟·莫尔、[美]戴维·索南菲尔德：《世界范围的生态现代化——观点和关键争论》，张鲲译，商务印书馆，2011年，第56页。

② 薛晓源、周战超：《全球化与风险社会》，社会科学文献出版社，2005年，第290页。

③ J. S. Dryzek, H. Sevenson. "Global Democracy and Earth System Governance". *Ecological Economics*, 2011, 70: pp.1865-1871.

正在进入一个更加和谐阶段的观点。”①

（二）生态治理合作的可能性

一些西方发达资本主义国家出现了反对资本主义制度的学者，他们对经济与环境之间的冲突有着深刻的认识，对资本主义制度进行批判，认为资本主义制度是生态破坏的固有制度。他们并不认同社会主义，同时也反对资本主义制度，提倡以非社会主义替代品来代替资本主义，它能够利用市场，但不是传统的资本主义的自我调节的市场，它能够促进新的可持续世界或社会绿色世界的发展。这里社会公正和生态可持续是其制度的核心价值。其对于经济增长与环境生态之间的矛盾有着深刻的认识，为解决这种矛盾提出了基本的观点。美国学者詹姆斯·古斯塔夫·史伯斯在《世界边缘的桥梁：资本主义，环境以及从危机到可持续性》一书中提出：“资本主义制度对环境具有破坏性，这种破坏性不是小规模的，而是严重地威胁到地球；在更富裕的社会中，现代资本主义已经不能再提高人类的福祉；谋求改变的国际社会运动——将其自身誉为‘全球反资本主义的不可抗拒的兴起’——比许多人想象的还要猛烈；几股力量联合起来了：和平、社会公平、社区、生态学、女权主义——运动之王。”②史伯斯认为资本主义制度造成的生态破坏最终将由不同力量联合起来，共同组建一种新的组织，向着有吸引力的方向发展。这种力量就是社会公正和生态可持续性。为了创造一个新未来，只有通过联合起来的生产者合理地重组人类与自然之间的新陈代谢关系。联合起来的生产者将在自然与社会之间实现新的关系重组。这种关系的重组中，我们不是在单个环境问题上，而是在包括生态矛盾即其他方面的问题在内的层面加以努力，因为今天我们面临的生态方面的问题，“任何试图解决其中一个问题（比如气候变化）

① [挪威]伊弗·B.诺伊曼、[丹麦]奥勒·韦弗尔：《未来国际思想大师》，肖锋等译，北京大学出版社，2003年，第155页。

② [美]约·贝·福斯特：《生态革命——与地球和平相处》，刘仁胜、李晶、董慧译，人民出版社，2015年，第51页。

而不解决其他问题的做法，都很可能行不通，因为这些生态危机尽管在不同方面存在差异，但都具有相同的诱因。只有统一认识，将人类生产视为社会化且根植于与自然的新陈代谢关系当中，才能提供必要的基础来应付已经宽如地球一般的生态断裂”[①]。发达资本主义国家对生态治理的合作意愿也越来越明显，逐渐认识到，“几百年来，世界不断地变得越来越小；在21世纪，任何一个国家，包括美国在内，都不再有可能依赖其地理距离逃避世界上的危险”[②]。美国学者罗伯特·阿克塞尔罗德指出，“人类社会与其他动物群体的一个重要区别是，人与人之间可以通过运用个人理性而达致某种形式的合作”[③]。对此，安德烈·高兹指出：“只有以团结联盟和自愿合作的方式，个人才能摆脱资本逻辑和商品关系的奴役，获得解放，成为社会创造的主体。”[④]

（三）生态治理的合作方式

一些西方学者和环保人士对全球生态治理合作的重要性有着清晰的认识。对于如何加强世界各国协同合作，共同参与全球生态治理，加拿大林务局原副局长彭德雷尔·布鲁斯给出了建议。他说，可借鉴加拿大新成立的一个非政府组织（简称NGO）模式，即“无国界森林”，共同推动全球森林恢复，共建生态文明。他建议，在生态治理方面，各国的非政府组织和政府之间应加强合作与协调。在生态治理过程中参与者进行合作的方式并不唯一，也不相同。

---

① [美]约·贝·福斯特：《生态革命——与地球和平相处》，刘仁胜、李晶、董慧译，人民出版社，2015年，第52页。

② [美]扎尔米卡·利扎德、伊安·O.莱斯：《21世纪的政治冲突》，张淑文译，江苏人民出版社，2000年，第4页。

③ [美]罗伯特·阿克塞尔罗德：《合作的复杂性》，梁捷、高笑梅等译，上海人民出版社，2020年，第2页。

④ [法]安德烈·高兹：《资本主义，社会主义，生态》，彭姝祎译，商务印书馆，2018年，第60页。

二、马克思主义国际生态治理合作观

(一)经典作家的国际生态治理合作观

马克思、恩格斯、列宁处于资本主义社会发展的不同阶段,尽管政治、经济是国际关系中的主要内容,但是,战争、革命、掠夺、剥削等却占据了国际社会的主要舞台。尽管马克思主义的经典作家没有直接提及生态治理的国际合作,但是他们并没有忽视自然环境的恶化、生态危机的隐患。他们从特殊的角度表达了对自然环境进行生态治理的深度思考,提出了具有时代特性的主张与观点。这对社会主义国家保护环境、发展经济,以及对外交往都有一定的启发意义。

1.马恩的生态环境治理合作观

马克思恩格斯提出生态治理的国际合作强调无产阶级的联合。马克思恩格斯看到资本主义发展过程中,自然环境遭到了前所未有的破坏,大量的树木遭到砍伐并引发河流泛滥、水土流失;资本家为了获得企业利润,肆意排放有毒的气体、液体,污染了土壤、河流、空气,贫苦民众遭受身体、经济和政治等方面的侵害。自然生态环境的破坏是资产阶级追求物质财富、掠夺自然资源、谋取资本利润所造成的,劳苦大众想要摆脱这种自然环境恶化带来的伤害,只有团结起来。全世界的资产阶级有着共同的阶级利益,有着共同维护统治地位的一致利益,因此,全世界资产阶级在共同利益面前就会采取直接或间接的合作,这就对全世界的无产阶级带来共同的剥削和压迫。从世界范围来看,无产阶级要反抗资产阶级,只能采取全世界无产阶级的联合的方式,这正是无产阶级阶级性和历史性的共同体现。这样看来,"联合的行动,至少是各文明国家的联合的行动,是无产阶级获得解放的首要条件之一"[①]。对此,马克思恩格斯指出,无产阶级也只有在全球范围内进行联合,才能推翻资产阶级的政治统治;全世

①《马克思恩格斯选集》第1卷,人民出版社,1995年,第291页。

界无产阶级的国际联合与合作是反抗资产阶级的有效途径，这样才能从根本上解决自然环境恶化和环境污染的问题。因此，马克思恩格斯提出的“全世界无产者联合起来”是彻底化解生态危机，实现全球生态治理合作的基本途径。

国家之间的交往是生态治理国际合作的基础。如今，国家间的交往已经成为国际社会发展的必然趋势，成为国家对外关系的必然选择。资本主义生产方式的到来以及全球化的发展极大地促进了“各国人民之间的民族分隔和对立日益消失”[①]，以民族为基础的民族国家之间加强了联系与交往，为国际合作提供了基础。马克思和恩格斯提出民族国家的形成促使世界各地不同民族间的联系加强了，“从中世纪末期以来，历史就在促使欧洲形成各个大的民族国家。只有这样的国家，才是欧洲占统治地位的资产阶级的正常政治组织，同时也是建立各民族协调的国际合作的必要先决条件”[②]。民族国家作为一种新的国家组织结构形式，内含着独立与完整的政治特性，将全世界不同地区的居民之间的联系，历史性地向前推进了一大步，结束了不同地区、不同民族、不同种族之间的隔离状态。

生态治理国际层面的合作条件是国家独立和平等。独立与平等是民族国家的基本属性。马克思恩格斯认为，真正国际合作必须是以国家的真正独立为前提，如果一个国家处于被压迫、被剥削的地位，那么这个国家也就不能在真正意义上采取对外合作的政策，实行真正意义的国际合作。1848年的欧洲革命更是“立即唤醒一切被压迫民族起来要求独立和自己管理事务的权利”[③]。欧洲革命的到来，砸碎了束缚在欧洲各个民族身上的枷锁，每个民族拥有了自己对权利追求的自由，这种自由为彼此合作提供了一定的基础。因为，“欧洲各民族的真诚的国际合作，只有当每个民族在自己家里完全自主的时候才能实现”[④]。也就是说，每个民族的

① 《马克思恩格斯选集》第1卷，人民出版社，1995年，第291页。
② 《马克思恩格斯全集》第21卷，人民出版社，1965年，第463页。
③ 《马克思恩格斯选集》第1卷，人民出版社，1995年，第524页。
④ 同上，第267页。

国际合作的前提是自己首先获得独立,"从国际观点来看,民族独立是很次要的事情,而事实则相反,民族独立是一切国际合作的基础"[①]。对于国家间的合作除了独立的本质属性之外,国家间的平等也是必要的。没有平等,就没有真诚的合作,"国际合作只有在平等者之间才有可能,甚至平等者中间居首位者也只有在直接行动的条件下才是需要的"[②]。无论是在哪个领域进行国际合作,合作主体的身份与地位首先要独立对等,如果"不恢复每个民族的独立和统一,那就既不可能有无产阶级的国际联合,也不可能有各民族为达到共同目标而必须实现的和睦的与自觉的合作"[③]。

生态治理的国际合作是必要的,但也是艰难的。资本主义世界市场、国际分工和殖民体系的建立都需要国际合作,"资本主义的商品经济在冲破了古老国家的樊篱,促使民族国家形成后,又在民族国家的襁褓中积蓄起融合世界的力量"[④]。马克思恩格斯认识到社会化大生产条件下,无论社会制度、经济发展水平如何,任何国家都不可能与世隔绝,而应该相互合作。国际社会的发展离不开国际合作,但是在资本主义体系下,国际合作充满了各种斗争和重重障碍。在资本主义体系规则下,世界各国形成了一个紧密连接的链条,任何国家都很难摆脱世界变动的影响。全球资本主义体系的主导下,"任何个别国家内的自由竞争所引起的一切破坏现象,都会在世界市场上以更大的规模再现出来"[⑤]。在世界市场上,国家生态治理具有共同利益,这为国际合作提供了前提条件。但是又因为存在经济发展水平、宗教信仰、风俗习惯的不同,还有民族隔阂,因此,国家间的合作充满着摩擦和矛盾。

2. 列宁的生态治理合作观

列宁坚持和发展了马克思主义生态治理合作的基本观点,提出了资

①《马克思恩格斯全集》第35卷,人民出版社,1971年,第262页。
② 同上,第261页。
③《马克思恩格斯选集》第1卷,人民出版社,1995年,第269页。
④ 王沪宁:《政治的逻辑——马克思主义政治学原理》,上海人民出版社,2017年,第632页。
⑤《马克思恩格斯选集》第1卷,人民出版社,1995年,第228页。

本主义发展的阶段论，他指出在资本主义发展的第二个阶段，也就是垄断资本主义阶段，无产阶级面对的世界革命形势和与资产阶级斗争的革命任务发生了新变化。尽管国际社会中的战争与革命依然是世界主题，但是，他并没有否定国家间合作的必要与可能。十月革命胜利后，苏联建成历史上第一个社会主义国家。为了社会主义国家——苏联的生存与发展，列宁对国际合作进行了有益的探索与尝试。列宁提出不同社会制度的国家可以和平共处。在列宁的领导下，苏联积极与资本主义国家进行联系，并推动与资本主义国家的合作。不论是从国家的战略安全需要，还是从国家的经济发展需求，列宁都主张与资本主义国家合作是社会主义国家对外关系的必要组成部分。列宁首创了不同社会制度国家的国际合作原则。

列宁提出的和平共处原则应该成为不同社会制度国家进行交往与合作的基本原则。列宁作为苏联社会主义国家的开创者，对社会主义理论进行了实践性的创造，提出不同社会制度国家之间可以和平相处，这为不同制度国家间的合作提供了重要理论基础。也就是说，资本主义国家和社会主义国家可以在国际社会中进行合作，制度的差异不应该成为国家之间合作的障碍。不同社会制度的国家之间照样可以建立外交关系、发展贸易甚至进行合作。列宁指出，“社会主义共和国不同世界发生联系是不能生存下去的。在目前情况下应该把自己的生存同资本主义的关系联系起来”[①]。为了促进苏联社会主义事业的发展，他在《苏维埃政权的当前任务》中提出：“苏维埃政权+普鲁士的铁路管理制度+美国的技术和托拉斯组织+美国国民教育等等总和=社会主义。”[②]

（二）中国的国际生态治理合作观

中国的国际生态治理合作观在国家生态文明建设的推进下得到不断

① 列宁：《列宁全集》第32卷，人民出版社，1973年，第303页。
② 列宁：《列宁全集》第27卷，人民出版社，1973年，第285页。

丰富和发展。具体地说，主要体现在四个方面。

1.国际生态治理合作应以人类命运共同体为行为导航

国际社会中，不同行为体在应对全球生态环境问题时，应充分认识到人类共处于一个地球，不论在地球的哪个地方，不同人的命运是连接在一起的。习近平总书记指出："人类生活在同一个地球村里，生活在历史与现实交汇的同一个时空里，越来越成为你中有我、我中有你的命运共同体。"[①]在地球生物圈的系统功能下，全球生态环境是人类共同生存的共同载体，全球生态环境的变化将直接影响到人类的生存与发展。地球上任何人、任何国家都将不可避免受到影响。面对全球生态环境的危机，"任何人任何国家都无法独善其身，人类只有和衷共济、和合共生这一条路"[②]。

2.国际生态治理合作应以共同生态利益为行为基础

在全球生态治理中，不论国家的经济发展水平、社会制度、历史经历还是资源基础都存在差异，但是在全球生态系统中，各个国家都处于一个相互依赖、相互影响的生态链条上，在链条上的每一个国家都将受到其他国家行为的影响，同时也会影响到其他国家，因此，"不同社会制度、不同意识形态、不同历史文化、不同发展水平的国家在国际事务中利益共生、权利共享、责任共担"[③]，从而形成全球生态命运共同体。中国作为全球生态链条上的一员将与世界各国一起，协商应对生态环境问题，积极合作、提出方案、贡献生态治理智慧。

3.国际生态治理合作应以共同生态利益为行为目标

习近平指出："我们要坚持同舟共济、权责共担，携手应对气候变化、能源资源安全、网络安全、重大自然灾害等日益增多的全球性问题，共同呵护人类赖以生存的地球家园。"[④]在全球生态环境问题治理上，要充分认

① 中共中央宣传部：《习近平新时代中国特色社会主义思想学习纲要(2023年版)》，学习出版社、人民出版社，2023年，第267页。

② 同上，第268页。

③ 同上，第268—269页。

④ 中共中央文献研究室：《习近平关于社会主义生态文明建设论述摘编》，中央文献出版社，2017年，第128页。

识到生态环境问题并非单纯的环境问题，也并非一个国家的国内生态环境问题，而是全世界政治发展、经济发展、社会发展等不平衡的共同结果，它涉及国家的国际地位、国际权利和国际责任，因此，对全球生态环境问题的解决，国际社会应秉持实现共同生态利益为行为目标，发挥各种行为体的优势，创新多种合作方式，促进生态治理合作的有效推进，最后实现生态治理成果的共同分享。

4.国际生态治理合作应以国家责任差异为行为前提

“责任是合作的前提和基础，每个国家都义务为生态环境贡献力量，国际社会应该树立共同的责任意识。”[①]但是，在现实的国际社会中，国家行为体在对待全球生态环境问题治理上的实力、能力是有差异的，经济发展水平高的国家明显优越于经济发展水平低的国家，社会环境治理有序的国家也明显好于社会环境混乱的国家，国民生态素质高的国家胜过国民生态素质低的国家。因此，在全球生态环境问题的治理中，对国家在国际生态治理中的责任与义务问题应区别对待，这样既能体现出国家行为体的国际存在，又能反映出国家行为体生态治理的差异性。中国在生态文明建设的道路上，积极探寻推动全球生态治理合作的新观念和新模式，为全球生态治理的国际合作提供中国智慧和中国方案。

三、发展中国家国际生态治理合作思想

发展中国家的学者对于生态问题的治理合作有着不同的认识。这里包括对生态问题产生的根源、生态治理的合作条件和合作方式等。一些发展中国家出现了关注全球生态问题、人类可持续发展、自然资源的合理开发利用、环境生态保护、发展中国家自然环境污染的现状与问题等方面的专家、学者。他们的主张或观点在国际社会中产生了一定的影响，比如，印度的萨拉·萨卡、埃及的阿明等。

---

① 袁玲儿等:《全球生态治理:从马克思主义生态思想到人类命运共同体理论与实践》,中共中央党校出版社,2023年,第169页。

（一）国际生态治理合作应明确责任问题

一些发展中国家学者认为，生态治理的国际合作要首先弄清生态危机的根源与责任，对此提出了“生态债务”这一概念。十分清楚、明白地说明了国际社会中发达资本主义国家和发展中国家在全球生态治理中谁更应担负生态治理的责任问题。在发展中国家看来，目前，全球生态环境问题甚至是生态危机主要是由发达资本主义国家工业现代化发展中的自私逐利行为所导致。解铃还须系铃人。那么对于全球生态环境问题的治理，发达资本主义国家理应担负主要的责任。发展中国家将“生态债务”作为反抗发达资本主义国家生态治理的重要理论武器，并详细地列出了具体的“生态债务”①。发展中国家提出的“生态债务”这一主张，体现了其在国际生态治理合作方面的重要立场。这个立场是发展中国家将生态问题的历史责任和现实问题结合在一起，将国际生态治理合作看作重要的国际问题。

（二）发展中国家要求生态治理中获得生态补偿

发展中国家提出全球生态问题的治理要考虑历史和现实的因素，发达资本主义国家应为其生态殖民侵略买单，向发展中国家提供生态补偿，并在当今的全球生态问题治理上担负历史性的主要责任。为此，发展中国家认为有权向发达资本主义国家提出生态补偿。“第三世界国家坚持认为，由于生态帝国主义的历史，全球北方欠全球南方一笔生态债，而对此进行补偿并创造一种公平的可持续性气候体制的唯一方法就是：将所有解决方案都基于人均排放量之上。”②

---

① 约·贝·福斯特指出生态债务包括：榨取自然资源、不平等的贸易条款、因为出口粮食而造成的土地和土壤的退化、其他一些因为榨取和生产过程所造成的无法识别的破坏和污染、将遗传知识据为己有、生物多样性的减少、大气和海洋污染、使用有毒化学产品和危险武器以及向外围国家倾倒有害废弃物。

② [美]约·贝·福斯特：《生态革命——与地球和平相处》，刘仁胜、李晶、董慧译，人民出版社，2015年，第100页。

（三）发展中国家之间应加强对话与合作

发展中国家普遍认识到，针对全球生态问题，应加强彼此之间的对话、协调与合作。他们提出生态治理要与经济社会发展连接在一起，生态治理要和一个国家的发展，尤其是贫穷联合在一起，如果贫穷问题得不到有效解决，生态治理国际合作也就没有实际意义。柬埔寨自然教育机构主任周索新在对话中强调，贫穷不是一个国家的事，它也会影响到周边的邻国，希望通过"一带一路"民间合作，恢复生态，改善生活。尼泊尔达利特福祉联合会主席莫蒂拉·尼帕利表示，中国政府和民间组织发挥各自作用，让我们看到了政府和民间组织合作产生的合力，"一带一路"倡议将会对尼泊尔形成巨大的帮助。

第二节 国际生态治理合作的概念与实践

理论与现实的差距总是存在的。全球生态环境出现恶性的发展倾向，这不能不引起我们的警觉和关注。目前"环境恶化程度取决于富国和穷国之间的力量均势。当富国权力大于穷国时，环境恶化加剧"，"权力和财富分配越不公平，环境恶化越快"[①]。从世界银行对生态环境的关注上看，"自1992年以来，世界银行在导致气候变化的不可再生能源上的项目是用在可再生能源的25倍多，一项报告显示，在所有世界银行的项目中，只有不到10%的项目受到对环境影响的审查"[②]。一些大国和国际组织没能积极采取国际生态治理举措，国际社会也没有认识到全球生态环境变化带来的远期危险，而是依然注重眼前的利益，结果对国际生态治理带

① James K. Boyce. *The Political Economy of the Environment*. Edward Elgar Publishing Ltd, 2002. p. 44.

② Peter Newell. "The Political Economy of Global Environmental Governance". *Review of International Studies*, Vol. 34, No. 3, July 2008, p. 518.

来越来越多的困难和问题。

20世纪90年代初,全球治理开始兴起,国际社会对于全球生态问题的治理也开始给予更多关注,其中最具代表性的是气候治理问题。全球气候治理的国际合作也应运而生。现实情况是,整体的国际生态治理合作进程缓慢,困难重重。尽管如此,国际生态治理合作将是国际社会发展的一个新趋势,它在国际关系和国际事务中将表现出一种具有前景的合作。因为"合作是一种社会保险形式,万一人类最基本的需求得不到满足,合作就是一种缓冲风险的方式"[①]。

国际社会的合作已经不是新鲜事物,国际合作也是国际社会的基本相处方式。全球生态问题的出现,将国际生态治理合作推到历史的前台。不论是政治家、企业家、专家、学者还是民众都不可能阻挡国际生态治理合作的趋势和前进的道路。人类社会在迎接全球生态问题的挑战中,单枪匹马是注定要失败的;协调一致、通力合作才是人类社会前进的出路。现实情况下,"气候变暖、极端天气、土地荒漠化、核污染等生态危机不能靠一国之力付诸行动,生态环境治理需要全球国家展开密切的国际合作,共同营造良好的生态体系,国际间的生态合作是人类共同生存和发展的基础性需要"[②]。

一、国际生态治理合作的概念与内涵

(一)基本概念

首先,合作是一个多元的词义。中文的合作是指"互相配合做某事或共同完成某项任务"[③]。英文中的合作可以用cooperate,collaborate等词语,表示通力合作或配合工作。这里的合作是指个人或群体为了实现共

---

① [英]尼古拉·雷哈尼:《人类还能好好合作吗》,胡正飞译,中国纺织出版社有限公司,2023年,第306页。

② 丁燃、魏雪敬:《构建全球生态治理共同体》,《中国社会科学报》,2020年11月11日,第7版。

③《现代汉语词典》(第7版),商务印书馆,2016年,第525页。

同目标，统一认识和规范，在相互信赖的基础上，在一定时空下一起工作或共同完成某项任务而采取的联合行动或方式。合作是社会文明的基础，通常人们为了实现同一目标而相互帮助、共同行动。

其次，关于国际合作的概念并不统一。有的人将“国际合作”等同于“国家间合作”，也有的人认为国际社会中的行为体多种多样，不仅有国家行为体，还包括国际政府组织、国际非政府组织、跨国公司以及宗教团体等。目前，新自由主义学派的国际合作概念被学界广泛接受，不仅包括国家行为体，还包括机构合作。

“国际生态治理合作”作为一个表达在世界范围内不同利益行为体以全球生态环境的健康和系统平衡为目标的词语，在国际社会的实践活动中开始出现，但是在学术研究中还没有形成专门的概念，也没有统一的界定。基于全球生态治理需要更加包容性的国际合作，新自由制度主义学派的国际合作概念比较适合目前的国际社会现状。

国际生态治理合作是国际合作的新领域，是社会发展到一定阶段的产物。国际生态治理合作是指国际行为体之间基于生态利益或生态目标的基本一致或部分一致而在一定问题领域进行的政策协调行为，是国际行为体为实现自身生态利益或生态目标的基本行为，是行为体之间的一种互动行为。国际生态治理合作的基础是行为体之间生态利益或生态目标的基本一致或部分一致。从目前国际行为体在国际舞台上的作用来看，国家依然是最主要的行为体。

（二）国际生态治理合作的内涵

国际生态治理合作是生态治理中各种不同行为体基于共同的或基本的生态利益而进行的政策协调行为。国际生态治理合作的基本前提是生态利益的一致或基本一致。如果行为体在生态问题的治理中产生共同的生态利益或基本一致的生态利益，一般行为体会有寻求合作的可能性。在生态问题的治理中会出现生态利益的需要，这就加强了不同行为体的合作动机或意愿。生态利益是生态治理过程中产生的好处或有益的公共物品。生态治理中的生态利益主要体现的是各国在客观上具有应对生态灾难、生态危机、生态修复、生态保护等方面的共同需要。生态灾难或生态危机带来的溢出效应或多米诺骨牌效应将会影响或危及难以估量的行为体。由于生态本身的复杂性、关联性使生态灾难或生态危机将跨越国界、民族等人类社会形成的政治界线。人类的政治域、经济域、军事域等将难以阻断生态危机或灾难的冲击和影响。经济活动的区域化和全球化改变了生态环境的外部存在状态,生态自身的内部和谐也遭到冲击和破坏。生态环境与国家政治边界、经济领域、军事安全的不一致导致一国与周边邻国或与其他国家之间出现基于生态安全需要而形成合作的共识和必要。自然环境、自然资源、动植物微生物等生命体在国家行为体的日常议程中的地位和意义逐渐提高。人与自然的关系重新得到国家的高度关注。在太平洋彼岸的蝴蝶扇动翅膀就会波及太平洋的另一端,这种相互的影响已经不是传说,也不是梦幻,而是现实的存在。任何国家发生的疾病都会被传播到世界其他地方。人类的共同安全已经成为生态时代的国家应对的新课题。一个国家的安全、一个国家的发展、一个国家的生态环境已经不能与其他国家,不能与整个世界分割开来。生态命运共同体成为人类社会发展的新趋势和新目标。

生态危机促使国际生态治理合作成为需要。生态危机的爆发引起世人的关注。"生态危机是人类在20世纪追求生存发展的过程中,由于在处理人与自然相互关系方面人类行为的非理性、社会变迁过程中社会结构内出现的功能障碍、关系失调以及整合错位等原因,而导致的基本生态过程即生态系统的结构与功能遭到破坏、生命维持系统瓦解而最终导致危及人类利益甚至威胁到人类的基本生存和发展的一种全球性问题。"[①]人类在整个20世纪的社会经济发展中,在提高对自然利用能力的同时,也对自然界造成无情掠夺和残忍伤害,这种行为的结果就是带来

① 冯胜利:《从全球生态危机看发达国家与发展中国家的合作》,《学习与探索》,2003年第2期,第145页。

严重的生态环境问题甚至生态危机，而这些都是人类自身恶性行为的产物。自然环境的生态问题与人类的命运已经紧密地连接在了一起。尽管各国政府能够对本国环境进行治理和保护，但是却对超出国界的环境污染漠视，而对来自他国的跨越国界的环境污染往往无能为力。毋庸置疑，“人类有一个共同的、相互依赖的未来”[①]。自然环境的生态问题需要国际社会超越“自我中心利益”，进行跨越国界的、跨越区域的乃至全球层面的合作。

生态治理的经验表明：国际合作是人类可持续发展的必要手段。从全球生态环境治理的过程与经验来看，发达资本主义国家因其率先面对环境污染的发展困境，在科学技术、经济发展比较先进的条件下较早地开始了国家层面的生态治理，尽管取得了一定的生态治理效果，但是多数国家并没有彻底实现全面的生态治理，甚至一些国家出现了生态治理中的二次污染。随着广大发展中国家相继走上与发达资本主义国家相似的工业化发展道路，发展中国家的环境污染问题也随之出现。伴随着全球范围的工业化发展模式的拓展，全球的自然环境破坏严重，出现水域环境和土壤环境的污染加剧、物种持续减少、植被系统紊乱、自然资源的日益匮乏、空气质量的不断下降、异端气候的持续频发等一系列生态问题。全球自然环境的生态健康状况亮起了红灯。怎么办？众所周知，全球自然环境是一个生态系统，人类与所有生物共处在一个星球，无论是大国还是小国，是富国还是穷国，是有钱人还是穷人，没有例外地受到自然环境的影响和制约。人类已经走到了一个十字路口：是继续放任自己对自然界的无情掠夺和残忍伤害，还是改变自己的错误的行为，拯救我们赖以生存的自然界？“已经被破坏的生态系统一旦失去了满足人类基本需求的能力，就很难有机会去实现经济发展和社会公正。一个健康的社会同样需要关注生态可持续性、经济发展和社会正义，因

---

① [美]康威·汉得森：《国际关系：世纪之交的冲突与合作》，金帆译，海南出版社、三环出版社，2004年，第387页。

为他们是相辅相成的。”[①]人类需要担负起生态系统可持续平衡的责任。

（三）国际生态治理合作条件的构建

合作的实现需要一定的条件，成功的合作离不开必要的条件。生态治理的国际合作如果要想实现，同样需要一定的构成要件：一致或基本一致的目标、统一或基本统一的认识和规范、相互信赖的合作气氛、具有合作所需的基本物质基础。为了促进国际生态治理合作的实现，需要从这四个方面做准备。国际生态治理合作并非短期的行为，而是需要国际社会的共同努力和长期合作。为此，应该为国际生态治理合作创造条件，促使国际社会的进步。

1.形成人类命运荣辱与共的基本共识或一致目标

任何形式的合作都要有共同的目标，至少是短期的共同目标。只有形成了一致或基本一致的目标，合作才有基础。生态治理的国际合作同样需要形成一致的目标，那就是人类命运的荣辱与共。只有全人类形成了在同一星球上具有相同命运的观念，认识到不论贫穷富贵，在地球的任何地方，所有人都连接在同一个生态链条上，最终的命运是分不开的。生态危机的爆发推动人类向形成共同目标的方向迈进，但是依然还充满着重重障碍和各种阻挠。西方发达资本主义国家与发展中国家之间的政治、经济矛盾严重地制约着人类命运共同认知的形成。

全球生态环境问题的恶化将人类的生存与发展推向一个共同的时空阈，在同一个地球，在相同的时间，世界上所有的国家和所有的人都将面临共同的生存空间和条件，不论是经济发展水平高还是经济发展水平低，不论历史上多么繁荣、多么霸气，这一切都将在相同的时空中同命运、共荣辱。但是，并不是所有国家都能认识到这种历史的生态命运。在现实的社会生活中，各个国家在不同的政治、经济、军事以及文化的基础上，

---

① [英]杰拉尔德·G.马尔腾：《人类生态学——可持续发展的基本概念》，顾朝林等译，商务印书馆，2021年，第12页。

形成对于生态命运的不同认知和不同定位。发达资本主义国家在世界的诸多领域占据着优势，制定的规则也是以自己的权益为目标，世界生态的系统服务倾向于本国的生态环境，但是随着生态环境的全球一体功能的逐步深入，发达资本主义国家的生态环境越来越离不开发展中国家的生态服务，政治、经济、军事甚至是文化上的中心主导逐渐发生偏离，向着发展中国家广阔区域的生态服务系统靠近，传统的社会发展领域在生态环境的新领域开始发生改变，人类开始在生态系统功能统一的内在要求下走上一条同生共死的道路。对此，巴雷特早有论断："如果地球将被一个小星星击中，我们可以相当肯定，世界上将会有近200多个国家团结起来努力使之转移。"①

人类第一次在生态命运一体的时空中形成了共有的目标，以国家行为体为主导的人类形成了相同的生存价值取向。不论是对国家还是对个体生命，在全球生态环境治理面前，全球范围的生态治理合作将是历史的必然趋势。

2.营造共有利益的统一认识和合作机制的基本规范

世界各国在众多事物的认识上各不相同，对国家在国际社会中权利与义务的认识也是千差万别。不论怎样，总会有一些国家在某些问题上有一些相似或相同的思想和看法，这些相似或相同的认识必然促使国家采取一些共同或联合的行为，这就是合作。因此，合作的前提就是合作者在应对共同目标、实现途径和具体步骤时应形成基本一致的认识，形成统一的认知和规范。

迄今为止，人类社会在不同领域能够进行合作的基本前提就是利益的一致或基本一致。利益是人类社会中不同群体、不同组织、不同个人进行行为联合的基础。关于利益，马克思认为，"人们为之奋斗的一切，都同他们的利益有关"②。利益是人们行为的指南针，是人类社会关系的风向

① [美]斯科特·巴雷特：《合作的动力——为何提供全球公共产品》，黄智虎译，江苏人民出版社，2012年，第216页。

②《马克思恩格斯全集》第1卷，人民出版社，1995年，第187页。

标。在人类几千年的繁衍发展中,形成不同的群体单元,其中最基本的就是家庭、国家,还有部分的社会团体,这些不同的群体单元就是利益的结合体,在群体单元内的个体成员有着相同的利益,群体单元外的个体成员不具备与群体单元内的个体成员相同的利益。简言之,群体单元存在着利益的内外有别,也就是利益的排他性。随着社会的进步和文明的发展,生命个体的活动空间和活动领域逐渐向着新的社会组织结构发展,市民社会成为人们的新群体生活方式,并逐渐向国家政权组织机构靠拢,正像黑格尔说的那样,“普遍物是同特殊性的完全自由和私人福利相结合的,所以家庭和市民社会的利益必须集中于国家”[①]。因此,国家逐渐成为人类社会不同群体生活的最基本、最重要的组织形式和群体单元。

不论是历史上,还是现实的国际社会,国家依然是国际社会中最主要的利益主体。因为,不同国家利益的排他性导致国际关系的矛盾、冲突甚至是战争的发生。在全球生态环境恶化的背景下,生态利益成为不同国家的共有利益,曾经的零和利益思维模式已经不适应生态利益的需要,生存与发展的内容也从物质层面向着关系层面转变,这对国家的对外行为思维和方式提出新的挑战。共有的生态利益促使国家在全球生态环境问题上形成统一的认识,达成一些统一规范,进行共同的联合行动。

国家之间采取共同行动需要制定一些规则或机制,为行为活动提供统一的要求和规范,因此,合作机制显得尤为重要。在全球生态环境的治理中,不同国家拥有的国际生态治理理念和价值观是有差异的,有的国家有着极强的自我中心意识,国际生态治理要为本国服务;有的国家在国际生态治理中对责任与义务实行不对等的态度;有的国家利用自己的生态治理优势对他国实行生态侵略或扩张。国际社会中,不同国家的生态治理思想或理念制约了国家间的生态治理合作,对此,国际社会应该借鉴已有的国际合作机制,结合生态治理的特性,制定有效的国际生态治理合作机制,最大限度确保国家在合作机制内拥有同等的机会和权责。因为“现

① [德]黑格尔:《法哲学原理》,范扬、张企泰译,商务印书馆,1961年,第21页。

代性的持续危及我们星球上的每一位幸存者”[①]。人类已经没有其他选择,不能继续相互伤害下去了。

当然,我们还是看到了人类在全球生态治理合作中的努力。“目前主权国家正在向两个方向转移和让渡自己的治理权力:一个方向是向国内的地方政府和民间组织转移,另一方向是对外向国际政府间组织和国际非政府组织转移。”[②]权力转移为合作机制的构建提供了基础,权力在不同层面、不同团体中的分配方式和规则是不同的。世界无政府状态导致国际权力的分散和效力的有限,为此,合作机制的构建需要为权力的行使与运作提供新型的方式与规则。这种合作机制需要行为体在联合行动中遵守共同认可的社会规范和群体规范。

3.塑造公共责任与相互信赖的合作气氛

如果想合作成功,就得需要相互信赖的合作气氛。相互信赖,本身就是一个责任问题。合作者不仅要对自己负责,还要对合作对象负责。对国家来说,担负责任是参与国际合作的基本前提。只有负责任的国家才能赢得国际社会的信赖。“责任”对一个现代国家来说,是其在国际社会中最基本的行为要求,也是其必须应该承担的最基本的国际义务,而“不遵守一项国际义务即构成国家的国际不法行为,引起该国的国际责任”[③]。

全球生态环境治理对所有的国家提出共同的责任要求问题,即公共责任。公共责任也就是所有行为相关者共同担负的责任,任何一个行为相关者都不得逃避。全球生态环境对国家提出共同的责任要求,也就是在全球生态环境问题的治理上,各个国家都要共同承担相应的责任,在全球生态命运统一体的系统环境下,保持本国在全球生态系统中的生态服务功能和生态健康状态。对此,国家在全球生态环境问题治理上的责任

---

① [美]大卫·雷·格里芬:《后现代科学:科学魅力的再现》,马季方译,中央编译出版社,2004年,第23页。

② F. A. Elder, C. J. Andrews, S. D. Hulkower. “Which Energy Future?”. *Energy, Sustainability and the Environment*, No.9, 2011, pp.3—61.

③ [英]詹宁斯:《奥本海:国际法》第1卷第1分册,王铁崖译,中国大百科全书出版社,1995年,第401页。

应包括三个注意事项。一是对于国际责任的理解应体现出尊重与差异。由于国家的资源环境、发展任务、文化传统和国际处境各不相同,因此,不同国家对于全球生态环境治理中的国际责任产生不同的认识,形成不同的主张与观点。国际社会应该尊重不同国家的主张与观点,认识到不同国家在全球生态环境治理上的差异,从中求同存异,形成共同的责任认识。二是反对国际责任的霸权论调。现代国际社会,发达资本主义国家拥有国际社会中国际责任的话语权,站在国际责任的制高点,对国际社会的责任规则实施霸道分配,强行制定发展中国家的国际责任,违背国家公平和道德伦理。三是国际责任的实践行为落实困难。现存的国际组织和国际机制是世界各国在基本共识的基础上设立和制定的,对国家行为起到一定的规约作用。但是全球生态环境治理对国际组织和国际机制提出了新的挑战,要求国际组织担负更多的公共责任和公共认识,要求国际机制发挥更有效的协商和合作作用。全球生态环境治理对世界各国的国际责任提出更加急迫的、更加主动、更加正向的要求,但是国际组织和国际机制却并不能提供有效的保证,导致国际责任很难落实。

全球生态环境的合作治理需要国家间相互信赖,因为只有信赖,国家才能采取进一步的联合行动或合作方式。信赖是相互的,单一的信赖是无效的。相互信赖也就是国家间相互相信并依赖。信任是前提,依赖是基础。全球生态环境治理需要国际社会最主要的行为体——国家在全球生态环境问题上彼此信任,在全球生态系统服务功能中相互依赖。每个国家都要将全球生态环境的变化、状态与本国的利益、命运联系在一起,认识到本国的利益和命运就是全球利益与命运的重要组成部分,全球的利益与命运也将影响到本国的利益与命运。因此,国际社会应营造公共责任意识,形成公共责任观念,提高承担公共责任的能力,增强国家的实力,推动世界各国和民众增进相互信赖,促进国际合作。

4.提供世界可持续合作的物质基础

合作的实现离不开基本的物质基础,全球范围内的生态治理合作更加需要足够的物质基础。在生态治理的国际合作中必要的物质条件,包括设备、通信、交通器材工具等。他们是确保国际合作能够顺利进行的前提条件。生态治理的国际合作是在一定的时空中进行的。从空间上来说，不同的范围内（邻国之间、区域内国家、全球范围的国家）需要不同的、最佳的配合距离，不同的距离对具体的物质条件的要求也各不相同。从时间上来说，准时、有序也是物质条件的组成部分。生态治理的国际合作与其他国际合作相比，对空间、时间上的物质基础有着特殊要求。

从空间上看，生态治理的国际合作需要遵循全球生态整体性原则。世界实现持续发展不论是在一个国家、一个地区还是全球，都应遵循全球生态一体的理念。从全球生态一体的空间上进行布局和规划，每一个国家、每一个区域都是全球生态的重要组成部分，都是全球生态一体的大循环、大整体、大功能的统一系统的合成要素和系统功能的一部分。不论是全球的物种、海洋、陆地、冰川、森林还是气候，都是一个不可分割的整体。世界各国的可持续发展要维护全球生态健康的水平和全球生态服务功能的正常工作。世界各国的可持续发展提供的用于通信、交通等的工具与器材应以全球生态健康、生态环境的良好、生态功能的正常为目标，生态理念应注入物质条件的创建中，不能因满足眼前的短期需求而忽视生态环境的健康、有序。发达资本主义国家与发展中国家在可持续发展的界定、要求、具体实施上存在差距，在提供合作的物质基础上存在矛盾，这也影响了国际合作基础的发展。

从时间上看，生态治理的国际合作要求世界各国在合作中准时、有序。世界各国在生态治理合作中因为距离和条件的限制，想要做到准时、有序，就需要有一定的规则进行界定。世界各国的可持续发展的水平、程度、效果等不同，对合作的具体要求也不同，具体到生态治理的领域上，时间的划定、序列的排序存在争议，影响合作。因此，从整体上看，世界各国在不同空间的相同时间的要求上不同，相同空间的不同时间的要求上也不同。不论怎样，可持续发展是人类社会前进的方向，生态治理的国际合作所需要的物质基础在不断积累。如果能够沿着这种正向的方向发展，人类的国际生态治理合作终将实现。

二、国际生态治理合作实践的进展及类型

(一)起源与发展

从哲学意义上讲,生态问题就是人与自然之间的关系问题。这一问题可以说自古有之,只不过人类在不同时期的治理和应对方式各不相同。随着人类认知能力的提升,人类在对自然的认识和利用上不断获得主动性,在人与自然的关系中逐渐占据优势。科技革命的产生进一步推动人类在自然面前的能动性。随着人类的物质欲望、控制欲望、占有欲望的膨胀,人类对自然界的索取、掠夺达到疯狂的地步,人类的自我利益、自我需要、自我追求在自然界面前毫无节制地裸露出来。自然的反作用同样也随着人类的行为而不断加强。20世纪30年代,西方国家开始爆发的环境污染事件便是很好的例证。随后,从20世纪的30年代到70年代,发达资本主义国家中的英国、德国、美国、日本、加拿大、法国等对环境污染带来的生态问题采取了不同的治理措施。社会主义国家建立后在社会经济发展中尽管注重对环境的保护和资源的开发利用,但是,解决人们贫困的主要压力不同程度地对本国环境带来一定的破坏和污染。广大发展中国家基本处于国家发展的初步阶段,发展经济是其主要任务,保护环境的意识并不是很明确,环境污染问题也很突出。总的来看,全球的生态问题开始不断发生与蔓延。直到20世纪70年代,人类开始反思自身的发展模式,反思人类对自然界的行为,开始提出保护环境和发展经济要同时并举的可持续发展理念。但是,多数国家的认识比较滞后。虽然一些国家在国内实施了针对环境污染的不同程度的治理,有的国家也取得了明显的治理效果,但是在全球层面的生态治理中,国家间的合作却是一个充满荆棘的过程。尽管如此,国际生态治理合作实践至今也取得了一定的进展。大致经历了以下三个阶段。

1.20世纪50年代—1992年:国际生态治理合作实践的萌芽阶段

20世纪50年代,西欧国家在环境污染上开始合作治理。1979年在瑞

士日内瓦召开的联合国大会上，气候变化第一次作为受国际社会关注的问题被提到议程上来。生态问题从单一的国家问题层面开始上升到国际问题层面，国际社会开始共同关注全球生态问题，提出具有共识性的观点与主张。“可持续发展”的观点开始成为国际社会的共识。20世纪80年代，世界各国的经济发展成为国家的主要任务，发达资本主义国家与发展中国家之间的斗争与矛盾不断加剧，不同的发展阶段与发展任务，使发达资本主义国家和发展中国家在全球生态问题上很难形成更进一步的共识，也很难付诸实践。国际非政府组织、联合国的环保组织和国际进步人士在全球生态问题的解决上不断地向前推进，但是国家间的合作意识比较淡漠。表现在：一是发达资本主义国家与发展中国家很难形成基本共识。发达资本主义国家与发展中国家在国际贸易中的不公平、国际政治中的不平等严重地阻碍了双方生态问题共识的达成。二是社会主义国家与资本主义国家之间因为意识形态问题而制约生态治理合作意识的产生。苏联的生态治理极为匮乏导致国内的生态环境质量很差；中国在改革开放初期环境保护并不充分，一定程度上也产生了环境污染问题和资源浪费问题。三是发达资本主义国家之间的生态治理合作也有限。发达资本主义国家对本国的污染环境进行了不同程度的治理，有的国家取得了一定的效果，但是并没有从区域乃至全球的层面实施合作治理。发达资本主义国家的生态治理更多的是单一行为，缺乏合作意识。尽管如此，在这个阶段，世界各国也意识到全球生态问题治理的重要性，形成了一些初步的共识，这为国际生态治理合作奠定了基础。

2.1992年—2017年：国际生态治理合作实践的曲折发展阶段

1992年是国际生态治理合作的一个历史性转折点。国际社会开始认识到国际合作对全球生态治理的重要性并开始采取了历史性的行动，推动国际生态治理合作走上实质性的道路。尽管1992年的地球首脑会议只是关注了全球气候变化问题，但是会议上提出的“共同但有区别的责任”的原则却为国际社会中发达资本主义国家与发展中国家之间的合作提供了重要的行为指向。之后，联合国以及相关成员国每年针对共同关心的问题和议题召开国际性会议，进行国际协商，制定了诸多的协议和公约，从而为国家行为体的国际生态治理行为提供了必要的行动指南。1995年在德国柏林通过工业化国家和发展中国家《共同履行公约的决定》，推动双方开展尽可能的合作，为解决全球气候变暖问题作出努力。从1995年到2000年，缔约方分别在德国的柏林(1995)、瑞士的日内瓦(1996)、日本的东京(1997)、阿根廷的布宜诺斯艾利斯(1998)、德国的波恩(1999)、荷兰的海牙（2000）等地举行国际会议，协商全球生态环境问题的应对之策。世界各国通过国际会议在全球生态治理上逐渐加强交流与沟通，达成一些积极的共识，国际生态治理合作逐步加深。

但是，国际生态治理合作的进程并不顺利。1997年缔约方通过的《京都议定书》具有历史性意义，但是2001年却因为美国宣布退出而受到挫折。因为世界性大国——美国的消极应对，导致缔约方在此后召开的国际会议上全球生态问题合作治理协商进展缓慢。2001年的《马拉喀什协定》、2002年的《德里宣言》也不同程度地推动国际生态治理合作向前发展。

国际生态治理合作的路线图再次明确了各国的行为路线。2005年于加拿大蒙特利尔通过的双轨路线——“蒙特利尔路线图”，2007年印度尼西亚巴厘岛会议上通过的“巴厘岛路线图”等再次为国际生态治理合作提供了行动的具体路线。2008年12月，国际社会再次推动《京都议定书》落实，促进世界各国在全球层面上形成生态治理合作新共识。从2009年开始，缔约方例行每年一次的国际会议在世界不同的城市举办，这种规则不断地推动缔约方扩大对全球生态治理议题的协商，并推动全球生态治理合作的前进步伐。

迄今为止，关于气候治理的国际合作依然没有取得实质性进展。气候治理只是全球生态治理的一部分，国际气候治理合作的缓慢推进足以表明国际生态治理合作的艰难程度。全球气候合作治理只是国际生态治理合作的一个方面，全球生态问题不单是气候问题那么简单，全球生物的多样性保护、海洋污染治理、各种垃圾处理（塑料垃圾、电子垃圾等）、化学药品使用管控、森林草木植被保护等等，都需要国际社会携手共进。

3.2017年至今：国际生态治理合作实践的转折慢进阶段

2017年美国宣布退出《巴黎协定》，2021年美国重返《巴黎协定》，给国际生态治理合作带来打击，这也使得国际生态治理合作的环境更加复杂。美国的行为引起国际社会的强烈不满，这种行为对国际社会几十年在全球生态治理合作上的努力制造了严重的障碍。作为世界上最强国家的美国不仅没有在全球生态治理合作上发挥积极作用，反而在国际生态治理合作进程中开倒车，制造障碍，影响全球合作前进的步伐。

国际生态治理合作是人类可持续发展的必然趋势。尽管美国为首的一些发达资本主义国家在国际生态治理合作中采取消极态度、拒绝合作，给国际生态治理合作的前景蒙上了一层阴影，但是，世界上还有很多国家在合作的道路上不断前进。发达资本主义国家中的德国、法国、意大利等在国际生态治理的合作上比较积极地落实《巴黎气候协定》的各项措施，履行《京都议定书》，鼓励合作伙伴。中国在国际生态治理合作上态度端正、立场坚定，积极推动全球气候变化的合作治理，反对美国之类的国家在全球生态治理上的倒行逆施，中国政府承诺将继续履行推动并签署《巴黎协定》。中国不仅自己积极行动，还向联合国提交应对气候变化的具体方案，希望同世界各国就此加强合作。同时，中国积极推动本国生态文明建设，积极为国际社会做出应有的贡献。中国提出世界生态文明建设的倡议，并在国际社会中积极推动全球生态治理合作，为国际生态治理合作带来新的方向与动力。2018年9月13日，“一带一路”生态治理民间合作国际论坛在中国内蒙古召开，联合国开发计划署全球环境基金小额赠款计划国家协调员刘怡介绍了小额赠款计划的领域和功能，小额赠款能够向“生态保护和修复同时提高人们健康福祉与生计”的项目提供资金支持，这对“一带一路”沿线国家开展生态修复项目能发挥重要的作用。

联合国气候变化框架公约第23次缔约方大会于2017年11月在德国波恩举行，这是美国退出《巴黎协定》后的第一次会议。2017年国际咨询会(IAC)外方主席、英国的约翰·莱斯利·普雷斯科特说，发达国家和发展中国家必须进一步加深共识和合作。“现代科技发展已经清楚说明，如果现在不采取行动的话，对全世界带来的损伤是无限的。”[①]对于发达国家和发展中国家的不同“诉求”，约翰·莱斯利·普雷斯科特建议，要用低碳、绿色的经济增长模式，来实现可持续发展。“我们就必须找到一个共同的解决方法，同时我们必须保证发达国家以及发展中国家都能接受这样一个解决方案。”[②]国际社会的现实情况是，生态治理的国际合作是必然的，不可缺少的，但是国际合作进展也是相当的困难。在全球生态问题面前，人类走到了一个重要的十字路口。前进还是后退，生存还是死亡，人类面临着一个严峻的考验。

（二）国际生态治理合作实践的主要类型

地球作为人类存在的大系统，已经将人类社会环境系统和自然环境系统紧密地联系在一个息息相关、相互依存、相互影响的统一体内，现实的全球自然环境问题已经威胁到了人类生存与发展的底线，人类作为全球智慧物种，有责任、有义务在人类社会与自然界之间搭建一座共生共存的桥梁。这一桥梁的搭建需要国际社会共同努力、相互支持、协商合作才能成功。“生态危机的爆发促使各国政府、国际组织以及普通民众高度关注自身的生存环境，生态合作意识不断提高，生态合作逐渐成为常态。”[③]事实上，人类社会已经发展到一个共同体时代，全球问题不仅是自然环境问题，还包括众多的社会问题、经济问题和能源问题，这些都离不开国际社会的协商合作。生态治理已经成为人类社会生存与发展的必要选择。“鉴于合作失败会导致战争或经济衰退，一个重要的结论是多合作比少合作好，合作比不合作好。”[④]生态治理的国际合作已经启动。从生态治理国

---

①《英国前副首相：各国需不同“绿色模式”，“中国模式”可借鉴》，http://world.people.com.cn/n1/2017/0617/c1002-29345906.html，2017年5月22日浏览。

②同上。

③ 靳利华：《生态与当代国际政治》，南开大学出版社，2014年，第212页。

④ [美]威廉·汉得森：《国际关系：世纪之交的冲突与合作》，金帆译，海南出版社，2004年，第12页。

际合作的范围上，主要包括三种类型：跨国生态治理合作、区域国际生态治理合作、全球生态治理合作。

1.跨国生态治理合作

跨国生态治理合作是包括各种不同发展水平、各种不同社会制度的国家在生态治理上基于共同生态利益基础上的合作。这种合作主要体现在毗邻国家在边界生态环境问题治理上的合作，自然环境的外部性使毗邻国家在相邻边界两侧的生态环境问题治理的合作成为必要。此外，不同国家也可以基于共同的生态利益而进行生态治理合作。

较早的跨国生态治理合作开始于1950年7月，德国、荷兰、瑞士、法国、卢森堡等国家共同参与成立了“保护莱茵河国际委员会”。该委员会从生态环境公共产品属性的理念出发进行国际合作治理。该委员会对处于同一河流沿岸的国家在共有水域的污染治理上采取了协商共治政策，根据不同国家境内河流的不同水位，采取职责明确的分工和费用分担。该委员会制定了统一的生态治水计划、总体规划以及法律法规，并让处于水位最下游的荷兰人担任永久秘书长，从而保证共有河流的污染得到监督和有效治理。

跨国生态治理合作在拉美地区也比较突出。拉美地区的古巴不仅在国内开展生态农业积极治理本国农业生态环境，而且还积极与其他国家进行合作。古巴把本国生态农业的成功经验传播到了其他国家和地区，与安提瓜和巴布达、巴巴多斯、圣文森特和格林纳丁斯、墨西哥、委内瑞拉和哥伦比亚等国家进行跨国生态技术合作。

可持续发展目标的共识使人类认识到国际合作的必要性，但国际社会的现实，即各国追求自身利益的强烈冲动与国际社会的无政府特征决定了这种合作关系的必要。生态治理跨国合作有着现实的基础与条件：一是任何一个国家都不能单独有效地解决生态环境问题，生态的相互依赖需要国家与邻近国家进行协商共同治理。比如，对跨界的森林、水域、草地等自然环境，需要从生态系统服务功能出发进行合作治理，任何边界一侧的国家的单一治理并不能真正意义上完成该生态系统的有效治理。

二是生态系统的保护需要跨界的联合。生态系统并非某种动物、植物的单一保护或某地生态环境修复，而是由各种物种共同组成的完整生态系统，这就需要边界两侧的国家从生态整体性出发进行合作，共同保护生态系统的完整性和健康性。

2. 区域生态治理合作

区域生态治理合作是指同一自然区域内的国家之间通过协议进行生态环境治理的合作，这种合作以区域内自然环境的生态系统健康为目标。区域生态治理是国家间进行合作的主要范围，并且已经取得一定的经验。海洋、河流、森林、草地等方面的区域生态治理合作是国家间生态治理合作的主要内容，也最能体现自然生态环境的系统性和统一性。区域生态治理合作要求自然生态区域内的国家都要参加进来，实行统一的生态治理政策和行为，共同担负自然生态区域内的生态责任和义务。根据自然区域生态治理的实际情况，不同国家在具体担负的责任上要具体对待，要反映出本区域内自然生态环境在不同国家的影响程度、治理的实力和保护力度。因此，区域内的国家在自然生态环境治理的合作方式、合作途径、合作机制、合作程度等要具体问题具体对待。

区域内的生态治理合作相对比较顺利，成果比较明显。欧盟、拉美地区、东南亚、非洲等地区的一些生态治理合作取得比较突出的效果。目前区域生态治理中比较成功的合作主要有：欧洲国家根据1974年签署的《保护波罗的海区域海洋环境公约》对波罗的海的生态环境进行合作治理，欧洲国家在本区域大气污染方面的生态治理合作，美国和加拿大合作制定的五大湖区域生态管理机制，大湄公河流域的相关国家之间在水资源管理上的合作，中国和俄罗斯、蒙古等在东北亚的稀有物种保护方面的生态治理合作等。

以欧盟为例，欧盟国家在本区域的自然生态环境治理方面制定了较多的政策和规则，对本区域的气候、共有河流、森林等取得比较明显的合作治理效果。1994年正式开始运营的欧洲环境署（简称EEA）是用于监测和分析欧洲区域环境问题的独立机构，它可以帮助欧盟的成员国优化环境政策,综合环境和经济因素,在区域环境生态问题治理上协调成员国的政策、加强合作。本区域有八个国家[①]在水资源的节约上形成了一些共同的手段,合作治理水资源。

3.全球生态治理合作

全球生态治理合作是指以国家为主的行为体在全球范围的生态环境治理上通过协商采取共同行为,实现生态治理国际合作。目前,全球生态治理合作比较突出的方式是在联合国的主持和推动下,通过制定全球范围的共同生态治理原则、签署共同的环境条约,发布共同的生态公约等来进行合作。到目前为止,以联合国为主导的关于保护全球生态环境的各种条约已经获得初步的发展。1972年《人类环境宣言》的发表标志着国际社会对全球生态环境合作治理的历史性开端。此后,在联合国的推动下,在世界濒危物种的保护、臭氧层的保护等诸多领域逐渐开始了国际生态治理合作。1992年联合国通过《关于环境与发展的里约热内卢宣言》《21世纪议程》《关于森林问题的原则声明》《气候变化框架公约》和《生物多样性公约》,再一次从更广、更深的角度推动国际社会在生态治理上加强合作。1997年的《京都议定书》对国际社会中国家的温室气体排放做出了新的合作安排,即"国际碳交易",它对国家在地球上的生存权利与义务进行了新的认定,并从国家的历史、现实与未来等方面作出了一定的安排,标志着全球生态治理合作新模式的开启。

当然,全球生态治理合作的进程是曲折的,合作的过程是艰难的。2002年约翰内斯堡第二届地球峰会并没有取得任何实质性的进展,从中暴露了全球生态治理合作的艰难。美国学者福斯特指出,"约翰内斯堡标志着里约峰会及其《21世纪议程》几乎没有产生任何有意义的结果,从而凸显出全球环境峰会的弱点"[②]。国际会议是全球生态治理合作的重要平台,美国退出《京都议定书》和拒绝签署《生物多样性公约》等国际合作协

① 八个国家包括塞浦路斯、丹麦、法国、德国、瑞典、意大利、罗马尼亚和西班牙。

② [美]约·贝·福斯特:《生态革命——与地球和平相处》,刘仁胜、李晶、董慧译,人民出版社,2015年,第110页。

议，所表现出的极端利己主义严重破坏了国际合作的氛围和信任基础。从2009年的“哥本哈根气候大会”开始，国际社会每年都在全球生态环境治理问题上作出努力，主要议题是气候变化，重要问题是控制世界各国的温室气体排放，途径是降低碳排放，最大的障碍是发达资本主义国家与发展中国家在资金支持上存在分歧。国际社会在一年又一年努力，尽管遇到了一些大国的消极对待，甚至是开倒车，但是也有像中国一样的国家在积极正向推动。

到目前为止，全球层面的生态治理合作并不理想。如果说以1992年里约热内卢的第一届地球峰会作为解决全球生态问题的开端，开启了全球层面生态治理合作对话，那么经过了长达20多年的努力，至今依然没有取得实质性的进展。“在国际层面上，国家间彼此的合作行为则常因争议而难以获得。”[①]由此可见，全球层面的生态治理合作依然步履维艰，困难重重。

三、国际生态治理合作实践面临的困境

中国学者赵可金教授在关于治理全球公共事务的合作困境中提到三种困境。“一是‘公用地困境’导致的制度供给难题。二是囚徒困境博弈导致的相互监督难题。三是集体行动的逻辑导致的可信承诺问题。”[②]自从国际社会意识到生态治理国际合作的必要性和重要性以来，一些国家和国际组织在积极不断地推进不同层面、不同程度的合作。某种程度上也取得了一定的进步。但是，国际生态治理合作实践的进展依然缓慢，合作的程度也较低，远远不能满足全球生态环境治理的需要。从生态治理国际合作实践中存在的问题来看，主要包括四个方面的困境。

① [瑞典]乔恩·皮埃尔、[美]B.盖伊·彼得斯：《治理、政治与国家》，唐贤兴、马婷译，上海人民出版社，2019年，第65页。

② 赵可金：《全球治理导论》，复旦大学出版社，2022年，第178页。

（一）迫切需要与复杂现状之间的差距

当今世界的生态环境整体状况并不乐观，一些国家的生态环境处于不断恶化的趋势，全球生物多样性受到严重影响，自然生态系统遭到严重破坏。世界各国的生态环境问题千差万别，生态系统情况也各有千秋，生态治理的困难重重，更不要说在全球范围内进行生态治理国际合作。以缅甸的生态环境为例，据英国《卫报》2014年4月19日报道，缅甸一直被认为是全球重要的生物多样性热点地区，从2014年12月到2015年7月，科学家在缅甸进行了6次调查，发现了至少31种哺乳动物，其中超过一半是《世界自然保护联盟濒危物种红色名录》中的近危、易危、濒危的物种。事实上，缅甸的生态环境依然在恶化，生物多样性的保护并没有起到有效的作用，负面发展的趋势依然在蔓延。缅甸生物多样性的保护不仅仅是缅甸的国家行为，还需要缅甸与区域内相关国家合作并得到国际社会的支持，因为离开国际合作的生物多样性保护将很难实现实际意义上的生态环境治理。同理，俄罗斯远东的西伯利亚虎的生存环境的保护也说明对某一物种的保护离不开国际合作，否则不能实现真正意义上的物种保护。早在19世纪，俄罗斯远东地区，随着移民数量的增多，为了不被西伯利亚虎伤害和获取虎皮和中药材，移民们对西伯利亚虎进行猎杀和捕获。为了保护虎群的生态环境，俄罗斯采取打击偷猎和贩卖行为的措施，从而使西伯利亚虎的数量开始回升。据日本《朝日新闻》报道，近年来，俄罗斯一度担心西伯利亚虎会因滥捕而灭绝，偷猎和砍伐森林行为也屡禁不止，再加上经济危机，西伯利亚虎的生存环境受到严重影响。为此，俄罗斯设立了独特的自然保护区，建立了禁止与调查、保护无关人员进入的“特别保护区”，以及外人可以进入但禁止狩猎和采集植物的“普通保护区”，以此来保护西伯利亚虎的生态区域。俄罗斯全国设立了102个“特别保护区”和约70个“普通保护区”。俄罗斯加强了西伯利亚虎生态环境的保护，但是一些商人为了非法获取木材的经济利益，通过伪造批件非法砍伐森林，将木材出口到中国，做成家具后在日本销售。对此，世界自然基金会俄罗斯分会官员丘巴索夫指出,"非法砍伐森林是严重问题,这个问题与日本有关"[①]。因此,对于西伯利亚虎及其生存环境的保护并非单纯地保护虎群数量,还包括虎群生活的森林以及消费森林资源的相关国家的共同合作。对此,消费国家也需要对相关的活动进行监管。事实表明,生态治理不是一两个国家能够解决的,生态环境的系统性、整体性和相关性需要所有相关国家进行合作,共同参与到对物种生态系统的保护之中。2020年全球疫情的防控再次表明,严峻的生态问题需要国际社会加强合作治理。

一些区域生态环境呈现恶化趋势。尽管国际政府组织、国际非政府组织以及一些国家早期实施了对野生动植物和自然环境的生态保护,但是,由于国家之间存在国界的障碍,国家对生态利益的界定和具体的需求有差异,这就影响到国家生态环境的整体系统保护意识的形成。因此,全球的生态环境质量整体上是糟糕的,危机发生的概率很大,人类的生态环境压力很大。

(二)道德价值取向与行为体自我利益需求之间的差异

全球生态环境恶化以及生态危机的发生是人类行为和观念的错误使然。这与人类长期在自然面前的抗争历程和争胜经验分不开。人类在自然界中首要的任务是生存。在几千年的实践活动中,人类从自身的经历和经验中逐渐获得一些共识和行为指导思想。人类前期的经验和思想认识成为后期的借鉴和引导。从不同意义和不同角度上看,人类的思想认知和经验积累都在不同时期发挥了不同作用。目前,人类在自然界中表现越来越主动、越来越自我、越来越无畏,对自然界的自然价值和内在价值越来越忽视。俗话说,物极必反,盛极必衰。人类对自然界规律越来越背离,也越来越遭到自然界的报复。种种现象表明,全球生态环境治理

---

①《日媒:俄罗斯西伯利亚虎数量增加生存受日本影响》,http://news.163.com/15/0402/17/AM7CK3CH00014AEE_mobile.html,2019年8月22日浏览。

的国际合作已经势在必行，对国家的自我利益和合作的道德价值取向提出新的要求。

生态治理的国际合作需要共同的道德价值和共同的生态目标取向。从合作的强制性看，分为硬性合作与软性合作。所谓硬性合作是指合作者之间有严格的法律法规和明确的规定，合作的内容、方式、条件和目标等都具体、明了。合作者在合作中的权利与义务有明确的规定与划分，一旦违规将受到严格的惩罚。所谓软性合作是指合作者之间没有严格明确的规定，只有基本约定与章程，合作的内容、事项不明确，合作条件严格，合作效益的外部性较强，一旦违规受到的惩罚不严厉。生态治理的国际合作没有严格的规定和对违规者的有效惩处，导致合作困难。生态治理的国际合作更多依靠的是基本的国际制度和机制，属于比较软性的合作，较多地依靠道德的、非法制的软性规范。

"我们必须注意，新形成的社会以及人们之间建立的联系，都要求人们具有一种不同于人类在原始社会状态中的品质，人类的活动已经显现出道德的影响。"[①]生态治理的国际合作需要行为体之间建立积极的相互联系，并得到彼此的道德认同和价值共识，否则谈不上真正意义上的合作。生态治理的国际合作之所以比较重视道德认同，主要在于国际社会缺乏强有力的权威机构和有效的法律框架。在国际社会，道德舆论、道德价值、道德评价等往往会影响到一个国家的国际声望。在国际社会中，一般会有两种方式对一个国家的国际声望加以判断：一种是利用普遍意义的道德规范来进行判断，一般根据先验的理念来对道德法规作出普遍规范，然后依据这些法则来判断对与错；另一种是利用强者理论逻辑来进行道德规范的判断。国际关系理论中现实主义的利益观依然在国际社会中发挥重要的影响，人们往往依据现实主义的强者利益论逻辑来规范道德，将利益置于道德之上，然后根据有助于还是有碍于实现该利益来判断政策或行为的对错，道德在现实主义利益理论中失去了应有的功能。但是，

---

① [法]卢梭：《论人类不平等起源》，高修娟译，上海三联书店，2009年，第55页。

世界上的事情也并不都是以利益来衡量的，而道德也并非全是以抽象、普遍的形式作用于国家行为，有时却是以具体的道德呈现在世人眼前，如保护生命的人道主义道德。因此，国际关系中并不存在纯粹的、抽象的道德。国际社会中的道德规范往往根植于权力和利益为主的国家行为之中，并隐含在具体的行为活动中。每一个国家的行为都有着自己的价值取向和道德要求，这种道德价值具有本国利益倾向性，表达的是本国的自我道德观。但是，全球生态环境的治理对国家的道德价值取向提出新的要求，合作与协商需要普遍的共有道德价值取向。

现实的国际社会，归根到底还是国家的利益需求决定了其行为和道德取向。无论是从历史的经历还是现实的状态，国家的自我利益和自我道德标准依然与国际生态治理合作的道德价值取向存在差异，甚至是背离。一些国家公然违背国际规则和机制，对国际生态治理合作造成严重的负面影响。如今，发达资本主义国家和发展中国家的生态利益需要和道德评价标准之间存在严重的分歧，与国际生态治理合作的道德价值取向并不一致，严重制约了国际生态治理合作的正向发展。国际生态治理的合作不仅反映的是人类社会发展的政治经济状况，更要体现出人类的道德进步。生态危机的爆发要求生态治理的国际合作超越国家道德价值取向，确立人类普遍的道德价值取向。

（三）生态环境压力与经济发展目标之间的不协调

生态问题的出现表明人与自然之间的关系更加紧张，生态环境与经济发展之间的冲突更加尖锐。不仅在一个国家、一个区域，而是全球的生态环境与经济发展目标出现不协调，这给国际生态治理合作带来严重的障碍，具体表现在两个方面。

一是生态环境与经济发展的孰先孰后问题。关于这些问题的认知，发达资本主义国家与发展中国家之间存在巨大差异。发达资本主义国家属于世界经济发展的先发国家，起步早，占据了资源利用的先天优势，建立了资源无限供给和生态自动调节的发展模式，获得了巨大经济利益，但是这种经济发展成果是依靠掠夺资源、透支生态储存来实现的。发达资本主义国家的经济发展优先、环境生态保护次之的做法是不可取的。发展中国家经受着经济发展和生态恶化的双重压力,他们既要赶上发达资本主义国家实现经济现代化,又要在缺乏技术和资本的条件下,向国内的自然资源进行索取用于发展经济,从而引发了国内自然生态环境的恶化。发展中国家的经济发展目标是摆脱贫困,实现基本生活需要,但是国内的自然资源和生态环境却承载着巨大的生态失衡压力。发展经济就离不开必要的自然基础条件,自然环境生态的维护又影响了经济发展的工业化进程。对任何国家而言,选择可持续发展都是明智之举。经济发展不应以牺牲环境为前提,应在经济发展和生态环境平衡之间寻求一条兼顾的可持续发展模式。发展中国家绝对不能步发达资本主义国家“先污染后治理”的后尘,不能牺牲环境生态,获得经济利益。全球生态问题再次表明:人类社会在生态环境与经济发展的先后选择上,已经给出鲜明的答案。

二是生态环境与经济发展孰重孰轻的问题。几千年来,人类社会一直在不断地探索这个古老的问题。实际上,人类一直在不断地提高自己的能动力,企图成为自然界的主人。生态危机的发生表明这种思想观念是错误的。生态环境是人类赖以生存的基础,离开自然环境,人类将无法生存下去。一方面,发达资本主义国家为本国的生态环境和经济发展向发展中国家实施不平等的发展规制。现代的新发展已经将生态环境转变为国家间贸易发展的必要要件,离开生态环境将无从谈及发展。历史与现实的双重差距导致发展中国家成为国际贸易链条中的弱势群体,本国的生态环境也成为发达资本主义国家获取利益的工具和筹码。发达资本主义国家还通过生态倾销的方式,制定不平等的贸易规则,将对本国生态环境有害的产品输出到发展中国家。另一个方面,发展中国家经济发展和生态环境的双脆弱以及来自发达资本主义国家的经济与环境的双压力,导致发展中国家在生态环境与经济发展上的两难选择。长期以来,发达资本主义国家在国际经济贸易、国际环境治理等全球问题上拥有主导性话语权。发达资本主义国家片面强调国际生态责任的担负和污染治理义务，对发展中国家实行经济技术的歧视。20世纪90年代以来，发达资本主义国家虽然承认他们给全球环境带来了压力，愿意向发展中国家提供技术和财政援助，但直到目前，这种援助还是极其微弱的，对发展中国家急需的环境保护技术和环境治理资金也是杯水车薪。发展中国家的经济发展需要技术、资金的支撑，却得不到应有的援助与支持；同时，一些发展中国家的生态环境在不断恶化，急需发达资本主义国家给予生态治理的技术和资金的帮助。发达资本主义国家的责任缺失致使双方的国际生态治理合作举步维艰。因此，发达资本主义国家与发展中国家在经济发展目标与生态环境压力上的不协调深深地制约了国际生态治理合作的进展。

（四）共有权力与国家政治权力之间的不统一

谈合作，离不开对权力的分享与配置。权力从属性上分为三种类型：即公权（政府）、私权（市场）和共权（社会）。这里的“共权”指的是以社会为代表所使用的权力。这种权力用于执行共同参与的事项和对象。生态环境的共同治理属于社会性的共同事物，其权力用于执行共同参与治理的对象，因此，这种权力属于共权，自然资源、自然环境的共同治理需要使用共有权力。美国学者罗伯特·基欧汉和约瑟夫·奈将权力界定为“对资源的控制力或影响结果的潜力”。关于权力的变化，美国学者罗伯特·吉尔平认为，“导致变化的基本推动力：就行为体层次而言，这体现在对权力和财富的追逐上；就体系层次而言，这体现在有关的市场机制和技术演变上。在现代社会里，技术/效率和权力已经内在地联系在一起。由此所产生的结果具有全球性意义，即它是全国性和跨国性的‘为获取效率而进行奋争’。在这场奋争中，很多政府都发现自己被夹在了来自国际上的要求和国内的社会契约这两个因素之间。从国际社会角度对权力转移的控制，尤其是大国之衰落的控制”[①]。

---

① [挪威]伊弗·B.诺伊曼等：《未来国际思想大师》，肖锋、石泉译，北京大学出版社，2003年，第170页。

国际合作中行为体的权力意识和政治态度将直接影响到国际生态治理合作。国际生态治理合作是一种特殊的权力共有。它要求参与国际合作的行为体共同分享、共同拥有合作中的权力。在全球生态环境的共同治理下，作为行为主体的国家有着对本国领域治理的权力，同时生态环境的共同治理要求国家超越国界进行合作，国家的权力出现了国界内的最高权在生态环境下的共有需要，这样对国家来说，如何安排和处理生态共有权力和国家自我权力存在着两难选择。生态治理的国际合作是为了行为体的共同利益，通过权力的共同分配，实现对生态环境的有效保护，这种权力超越了单一的国家主权范围，需要有机整合。国家作为国际社会中最基本、最主要的行为体，主权的特性使其拥有了自己独特的政治权力和政治意志，也正是这种特性使得主权国家在国际社会中保持了自己的独立性。因此，国家就往往出于维护本身利益的最大化的职责而采取不利于其他国家甚至是整个人类的措施，当然也不会考虑其他国家的利益。

生态危机的出现要求全球合作推动生态治理，从政治学意义上说，合作必然使各个行为体的行动置于一个统一的框架内，每个行为体的利益、决策和要求将受到限制，行为体的个体权力将受到制约；而生态治理的国际合作要求行为体之间共享一些权力，放弃自己的部分权力，如果处理不好，行为体之间的合作很难达成。生态危机的出现进一步凸显了相互依赖的重要意义，但是相互依赖并非行为体之间没有矛盾、分歧，没有自我利益需求，而是要为行为体之间的合作提供机会并减少冲突发生。自然环境的生态治理进一步推动行为体的相互依赖，行为体之间的相互作用也越来越突出，关系越来越密切。行为体之间的互动也需要分享权力和共享权力，这对主权国家的绝对主权是一个新的挑战。国际社会中，行为体之间的相互依赖也是不平衡的，从而造成国际关系中的不公平，并影响到行为体在全球层面的生态治理合作。

四、国际生态治理合作实践发展的制约因素

从全球生态治理合作的参与者上看，国家层面上主要存在三种情况：一是一些国家以本国利益为中心而有条件地选择参加合作。比如，在全球气候治理上，美国从开始的参加到后来的退出再到后来的重返，完全是一个典型的国家利己主义者。此外，也有一些国家是消极参加，名为参加实则浑水摸鱼。二是一些国家因国际合作机制的缺陷而不能公平地参加。比如，由于国际旧机制的存在，国际生态治理合作机制不健全，广大发展中国家的生态权益还不能得到充分的体现与重视。部分国家由于本身经济发展的困难、内战的影响，没有能力参加全球生态治理事务。三是一些国家为了人类共同命运而积极推动合作。比如，中国一直积极参与国际生态治理，推动生态治理全球层面的合作，主动承担应有的责任与义务，发挥一个大国的应有作用，为国际社会做出重要贡献。

从行为体的参与治理实践不平衡上看，存在三种情况：一是国家与非国家行为体在发挥作用方面存在不平衡。在国际生态治理合作中，国家与非国家行为体在国际生态治理实践中发挥的作用是不同的。一般情况下，国家往往处于主导地位，非国家行为体在国际生态治理中发挥的作用有限。二是非政府组织发挥的作用也有差异。不同非政府组织的机构、机制、历史、宗旨等千差万别，在国际生态治理合作中的作用也各不相同。三是各国公民的生态素质参差不齐。由于公民所在国家的生态环境、生态资源和环境污染问题等各不相同，因而影响到公民对参与国际生态治理的态度和认知，从而也影响到国际生态治理合作的发展。这样，在现实的国际社会中就存在行为体不能有效地参与和国际生态治理需要所有行为体参与合作的矛盾。生态治理产品的公共属性要求世界上所有的国家都要参与进来。实际上，在现有的国际体制下，并不是世界上所有的国家都能有效地参与到国际生态治理合作中来。目前的国际社会中，经济发展依然是国家行为体进行合作的主要动力，经济发展依然是国家的主要目标。生态治理产品经济效益的隐蔽性、长期性和模糊性导致一些国家

放弃或忽视对生态治理合作的参与。总之,制约国际生态治理合作实践发展的因素主要有四个方面。

(一)信任的缺乏将制约行为体之间的合作愿望

合作中最根本、最基础的是信任,“信任最容易从共同价值观和文化中产生”[①]。但实际上,由于国家、民族之间存在不同的文明、不同的宗教信仰和不同文化观念,迄今为止,人类社会依然很难产生共同的价值观和共识观念。国际生态治理是对全球生命的共同担责,生态环境需要我们共同分享。信任的缺乏具体来说也就是对生态环境的共识缺乏信任。从建构主义的视角来看,信任作为一种文化是建构社会关系的基础。如果缺乏信任,那么社会关系将处于一种松散而淡漠的状态,人与人之间、国家与国家之间的合作也将很难实现。

(二)信息不对称将影响行为体的合作意愿

在生态环境治理中,相关方如果不能对有关信息进行公布和传递,很有可能影响到生态治理的实施,甚至可能会带来生态灾难。区域内或全球范围的生态环境与生态治理需要信息共享,需要建立信息共享平台、信息沟通机制。但实际上,在世界范围内,区域性的或全球性的信息共享机制和信息共享平台是严重缺乏的。试图发出合作意愿信号的国家如无法接收到另一方回应的信号或指令,不确定性制约了双方合作意向的达成,从而合作也无法实现。“当信息匮乏时,一方会以先前的互动为条件,严重依赖于先验的信仰去设想竞争对手的所作所为。”[②]这些国家之间没有建立信息分享机制,不能很好地预测自然环境变化带来的灾害,从而造成该区域各国面临严重生态环境问题,也给相关国家带来人员和财产损失。

---

① 于明波:《澳日两国达成稀土贸易协定的原因》,《沈阳大学学报(社会科学版)》,2012年第12期,第15页。

② [美]肯尼思·奥耶:《无政府状态下的合作》,田野、辛平译,上海人民出版社,2022年,第140页。

(三)对相对获益的不同关切将制约行为体的合作意图

现实主义认为国家主要关注的是本国在合作中的相对获益,因此影响了国家间合作,从而对国际生态治理合作也比较悲观。基于国家在世界无政府状态下遵从的自助(self-help)原则,国家对外部世界的关注与参与行为的选择是基于对本国利益的相对获得。这种对国家对外行为选择的认知在很大程度上制约了国家对合作的积极参与。事实情况也表明,人类在过去很长时间里,在全球生态治理问题上,更多关注自己比他人获得更多的生态权益,这导致合作有限,从而使全球生态灾难频发。"从民间到联合国,从里约热内卢到约翰内斯堡会议再到纽约峰会,在过去的半个世纪当中,人类不仅没有阻止环境灾难的频繁发生和世界性蔓延,而且气候变暖等全球性生态环境灾难仍在不断累积加剧。"[①]事实表明,世界各国对生态权益的相对关注严重地制约了国家在全球生态治理中的合作意图。

(四)"搭便车"不利于行为体合作意向的达成

全球生态环境的服务功能和健康体系属于一种特殊的公共产品,因此,任何国家、任何组织、任何个人等都可以不经过其他政府、组织、个人的允许而进行消费,从而出现"搭便车"的行为。"'搭便车'的本质特征是行为主体只求收益而不付出,对于责任主体而言,便是不履行责任。"[②]这种"搭便车"的行为导致全球生态环境的"公地悲剧"发生,从而导致生态环境恶化甚至危机的发生。全球生态环境的治理成效具有明显的正外溢性,根据"集体行动逻辑"的理论,全球生态治理中的利益相关者会采取有限理性的行为选择,采取"搭便车"的行为,会对实施生态治理合作的国家带来消极影响,进而制约国家在国际生态治理合作中的参与热情和合作意向。

---

① 刘仁胜:《中西生态治理路径分析和比较》,《国家治理》,2014年第20期,第45页。

② 李嵩誉:《环境保护责任共担的法治进路——对破解环境保护"搭便车"难题的思考》,《现代法学》,2020年第5期,第126页。

（五）沟通方式不足和沟通渠道不畅将引发行为体之间的隔阂和猜忌

全球生态治理合作中行为体是多元的，不同的行为体对全球生态治理合作的观点、主张、要求、愿望等存在分歧和差异，要实现国际合作，需要行为体之间进行充分的沟通和协商。但是，国际社会存在沟通方式不足和沟通渠道不通畅的问题，严重地影响和制约了行为体之间的合作。从行为体的特性上看，存在国家与国家之间的沟通、国家与非国家行为体之间的沟通、个体与国家行为体、个体与非国家行为体等不同行为体之间沟通。不同行为体的沟通上，在生态治理合作理念上存在差异，尤其是发达资本主义国家与发展中国家之间的沟通差异更加明显，“可以说，资本主义工业文明的发展正是以落后的被殖民国家自然资源被掠夺为代价的，最终结果既造成资本主义国家内部的生态问题，同时也造成了落后国家的生态问题”[①]。在行为体之间的沟通中，国家行为体之间传统的沟通方式依然比较突出，主要是政府之间的官方外交。国际会议、国际论坛也在发挥沟通桥梁的作用，但是比较有限。在现代信息通信技术飞速发展的时代，国家行为体之间的沟通方式和沟通渠道与现代的信息时代相比存在明显的滞后。

第三节　推动国际生态治理合作的途径与机制

生态环境的跨境性、超国家性要求生态环境治理的国家之间进行合作，离开合作的生态环境治理将很难有效实施，也不可能真正实现自然环境的生态平衡，更不可能满足本国生态产品的需求。“从生态学视角对这些需求进行考量，人们就会马上发现，此类问题不仅关乎社会公正，同样

① 王雨辰：《发展中国家的生态文明理论》，《苏州大学学报》，2011年第6期，第40页。

也关乎生态可持续发展问题。如果生命的生态基础继续瓦解下去,那么一国内部和国家之间财富的重新分配也就没有多大的意义了。”[①]国际社会正在努力推动国际生态治理合作的发展。“国外生态治理更多关注市场机制下的跨区域合作、公众参与及社会媒体监督,国内研究则侧重于庇古税背景下政府间及政府与企业间的层级监管。”[②]全球生态治理的国际合作中存在的问题和诸多影响因素,严重制约了全球生态治理合作的进步与发展。但是,国际生态治理合作的历史趋势是不可阻挡的,通过搭建平台、寻求途径、构建国际生态治理合作机制,推动全球生态治理合作向着正向的方向发展。

一、国际生态治理合作的历史逻辑

对于目前的全球生态环境治理进行国际层面的合作并非任何单一的行为体能够完成的。诸多的历史事实表明,国际生态治理合作是人类在工业现代化时代停止自我毁灭的正确选择。“据美国《赫芬顿邮报》2015年8月19日报道,2010至2013年,日本环境省对海岸垃圾进行了现场调查,以确定垃圾来源地。其中大约50%的垃圾来自韩国,余下来自日本和中国的垃圾则各占一半。”[③]2010年以来,日本对来自邻国海洋垃圾的失败处理充分证明,海洋垃圾的国际治理合作是保证区域海洋生态环境健康的重要手段,任何国家单凭一己之力是根本无法解决生态环境问题的。尽管国家之间存在疆域分割、主权独立,但是在面对生态环境恶化的侵扰时,需要区域内所有国家联合起来进行协商合作。从全球生态环境的特性看,无论国家的经济发展水平如何,社会制度怎样,在全球公共生态环境问题前,人类生态命运是连接在一起的。“任何一个国家都没有足够的

---

① [澳]伯奇、[美]柯布:《生命的解放》,邹诗鹏、麻晓晴译,中国科学技术出版社,2015年,第237页。

② 潘鹤思、李英、柳洪志:《央地两级政府生态治理行动的演化博弈分析——基于财政分权视角》,《生态学报》,2019年第5期,第3页。

③《外媒:中韩塑料垃圾冲向日本海岸,大量塑料瓶被打捞》,参考消息网。

力量独自对付整个生态系统受到的威胁。对环境安全的威胁只能由共同的管理及多边的方式和机制来对付。”[①]离开国际生态治理合作,一国的生态治理将无法实现。因此,国际生态治理合作将是历史发展必然趋势。

(一)国际生态治理合作的超政治逻辑

自然不辩国别,生态不识国界。“政治范畴”的国界将在自然生态系统中失去传统意义。自然生态环境问题超越人类设定的各种界限,不论是政治权力、经济利益还是军事安全都在生态面前失去固有的界定和范围。科技的“双刃剑”作用在自然界发挥得一清二楚:一方面,科技给人类社会带来巨大的物质财富和便利的生活条件;另一方面,科技的使用使自然界遭到巨大的创伤和破坏。科技对自然界的破坏给人类社会带来的危害已远远超出单一国家能够应对的能力。国界在生态问题面前已经失去传统的意义,人类作为一个整体将共同面对生存的危机与挑战。换言之,人类而不是国家将成为生态环境问题的直接对象,因此,客观上要求国际社会从人类共同体的视野进行对待,正如芭芭拉·沃德所说的那样,“从自然规律上看,整个地球具有无法逃避的相互关联性”[②]。

国际生态治理效应体现在全球共享的生态价值层面。国际生态治理不是为了某个国家、地区的生态权益或生态安全,不具有任何的局部性、个体性,而是全球所有人、所有国家的共同享有。“从这种角度出发,人们考虑的并不是国家间的相互合作或者个人的权利与义务,而是人类应该如何团结起来以共同应对某些生态或环境方面的挑战。”[③]在联合国的推动下,全球生态环境已经成为国家间合作的新领域和新议题。促进世界各国的生态治理合作,维护地球生态的健康发展,已经成为联合

① 世界环境与发展委员会:《我们共同的未来》,吉林人民出版社,1997年,第394页。

② [澳]伯奇、[美]柯布:《生命的解放》,邹诗鹏、麻晓晴译,中国科学技术出版社,2015年,第237页。

③ [英]赫德利·布尔:《无政府社会——世界政治秩序研究》,张晓明译,世界知识出版社,2003年,第67页。

国的主要国际议题。事实表明,“几百年来,世界不断地变得越来越小;在21世纪,任何一个国家,包括美国在内,都不再有可能依赖其地理距离逃避世界上的危险”[①]。政治意义的国界已经在生态环境面前失去存在的价值。

(二)国际生态治理合作的生成价值

从生态治理效益的外部性来说,生态治理的对象一旦恢复生态平衡和健康的生态环境,其所发挥的作用具有一定“公共物品属性”,从而出现“搭便车”的现象,这样对实施生态治理的行为体来说具有一定的伤害,从而导致生态治理行为体的消极行为。因此,为了促进生态环境的积极治理和有效恢复,推动生态治理行为体进行合作显得极为重要。行为体通过合作参与生态治理,彼此能够共享生态治理合作成果的外部效应,出现“1+1>2”的生态治理效果。因此,国际生态治理合作可以推动生态治理主体主动地参与到生态治理的行动中。

从生态治理的成本与收益的角度看,对任何一个生态治理行为体来说,生态治理的成本一般是高于其收益,尤其是在短期内,成本的付出与收益的差距很大。但是,如果进行国际合作,生态治理行为体之间通过风险共担、利益共享,在一定程度上可以使生态治理行为体的单一成本降低、收益提高。因此,生态治理行为体之间进行国际合作是一种互利共赢的行为方式。

从生态治理的生态学原理上来说,对自然环境的生态治理需要遵循自然环境的生态原则,运用生态原理和生态技术进行系统综合治理。自然环境的生态本性是无国界的,也是超国界的,国家领土的政治疆界人为地分割了自然界的生态环境,从而出现自然环境的生态整体性与国别疆界的个体性之间的矛盾。通过国际生态治理合作,可以在一定程度上协

①[美]扎尔米·卡利扎德、伊安·O.莱斯:《21世纪的政治冲突》,张淑文译,江苏人民出版社,2000年,第14页。

调自然环境与国家权益的一致性，使超越国界的自然生态环境得到充分治理，人与自然在更高意义上实现和谐与统一。

（三）国际生态治理合作的应然路向

国际政治的纷繁复杂考验着人类的智慧。人类始终在自我利益的争夺中进行着厮杀。不论是战场上的武力交锋、经济交往中的金钱争夺，还是政治斗争中的胜负较量，都一直充斥着人类发展的历史和现实的舞台。在人类的视野中，自然往往只被看作人类生存的外部条件，人类并没有过多关注它，也缺少足够的关爱。自然作为存在的价值仅仅来自人类的视角。全球生态危机的出现给人类当头一棒，警醒世人重新审视我们生存的家园，重新考量自然的价值。马克思主义的"人与自然关系"的生态思想价值再次嵌入人类的思维意识之中，为人类的可持续生存与发展提供了一个有力的思想武器。美国学者查尔斯·格拉泽指出，对于国家来说，"在各种物质和信息条件下，合作是一国获得安全的最佳选择"[①]。

合作是人类社会行为的必然选择，是文明社会存在的基础，"实际上，合作是人类得以延续的和发展的基本条件。合作比不合作好是人类脱离动物界时早就得到的重要经验。历史表明，合作代替冲突是自然进化的产物，也是人类理性选择的结果"[②]。这是人类在几千年的实践中积累的经验，"在进入文明社会之后，人对合作的要求非但没有减弱，反而与日俱增。这是因为人越是理性地对待困难和问题，越是发现，合作解决问题比单独解决问题要容易得多"[③]。全球生态环境问题的治理更加表明合作的重要性，"未来应继续加强国际间的合作，着力搭建全球生态系统治理互动平台，加强信息共享，相互学习借鉴"[④]。目前，全球性问题的生态治理

---

① [美]查尔斯·格拉泽：《国际政治的理性理论：竞争与合作》，刘丰等译，上海人民出版社，2020年，第2页。

② 陈根法、汪堂家：《人生哲学》，复旦大学出版社，2005年，第94页。

③ 同上。

④《综述:全球生态治理的成功典范——海外专家高度评价中国三北工程》，http://news.hebei.com.cn/system/2018/12/06/019303173.shtml，2019年2月1日浏览。

主要集中体现在自然环境领域,也就是人与自然的关系层面,因此,人类社会对自然生态环境问题的治理显得更加重要。

二、推动国际生态治理合作的主要途径

全球生态问题已经引起国际社会的极大关注,生态治理合作在不同层面上的推进成为国际社会的重要议题。全球生态治理合作中存在的矛盾和问题严重地制约了国家行为体在国际生态治理合作中的进步与发展,想要推进国际生态治理合作,必须探求有益的方式和途径。

(一)国家行为体应正确定位自身的国际地位

不同国家在国际社会中具有不同的国际地位。判断国家在国际社会中占据什么样的地位,对国家认清自身在国际生态治理合作中发挥的作用至关重要。当代国家是国际政治意义中的国家,国家成为国际社会发展的重要组成部分。国家行为与职能中的对外内容越来越突出,这就需要国家重新审视国家的国际行为理念与行为方式。国家间的关系、矛盾,区域性问题和全球性问题等国家间的共性问题以及对外行为要求国家树立新的国家行为观、国家利益观、国家安全观等,正确定位本国在国际社会中的地位。

国际社会中存在的国家中心主义和传统国家主义已经不能适应全球生态问题的解决,不利于国家间合作,不能客观应对全球性问题的解决。国家中心主义是指国家完全以自身的利益为主,本国利益至上,这种观念将国家地位置于中心。传统国家主义则强调国家利益的绝对性,主张在国际社会中国家利益不可侵犯,不可让步。国家利益始终是国家行为的根本指南,各国为了实现本国利益选择自助行为,这必然导致国际社会中国家间的冲突不可避免。国际社会中,每一个国家的能力与实力是有差别的,国家利益的界定也是不同的,这也导致国家在国际生态治理合作领域中地位的差异。

错误的国家地位观,显然是不利于国际生态治理合作的。在国际生

态治理合作中，需要首先对国家地位进行界定。目前国际社会中主要存在两种理论。一种是“元治理”理论。该理论是指“强调国家或地方上的政治权威介入自治组织、网络组织和治理团体的组织过程。政治权威提供了治理所需要的基本规则，确保不同治理机制和规则的兼容性或连贯性，充当政策共同体中对话的主要组织者；形成一种有组织的对情报和信息的相对垄断，从而塑造人们的认知预期；在治理团体内部和外部有冲突和争议时充当“上诉法庭”；政治权威也准备在治理失败时履行自己的政治责任等”[①]。另一种是全球主义观下的国家主义理论。该理论“主张在理论和价值起点上鲜明地高举全球主义的旗帜，强调人类的共同利益和共同价值追求，共存共赢，而在治理过程和实践中要充分认识国家的特殊重要作用，尊重不同制度、不同发展阶段和历史传统的国家在全球治理中所采取的有区别的政策，尊重国家合理与有节制的利益诉求，努力寻求全球主义与国家主义的平衡，寻求起点论和过程论的协调”[②]。

目前，主权国家依然是国际社会最主要的行为体。因此，在推动国际生态治理合作时，国家的职能与作用是必不可少的，也是最主要的。从国家行为体的行为上看，在国际生态治理中需要创建必要的行为原则；此外，国际社会中的民众和非政府组织也应发挥自己应有的作用，共同推动国际生态治理的正向发展。从多中心治理理论上看，参与国际生态治理的主体应是多元的，这些不同的治理主体在生态治理中应发挥不同的作用，彼此呼应、协调一致。国家在国际生态治理合作中的作用要客观地看待，既要看到国际社会离不开国家的积极参加、主动协调的重要作用；又不能夸大国家在生态治理合作中的唯一性和绝对性。因此，要寻求有效的途径，促进国家间合作，推动国际生态治理。

① 蔡拓：《全球治理的反思与展望》，《天津社会科学》，2015年第3期，第109页。

② 同上，第109—110页。

（二）国家行为体应树立全球生态共享的价值理念

1.超越传统的国家本我利益观

国家行为体应在相互依存的整体性世界中认识和处理国际事务，要破除现实主义的权力观、领土政治观，因为“国家主义和国际主义对国家的崇拜、对中心的崇拜、对权力的崇拜根本无法适应全球化时代所面临的复杂、多元和多层次相互交织的人类公共事务，而且植根于国家主义价值的各种制度、规范与组织，在全球性的公共事务面前也大都丧失了效用和行动力”①。国家行为体在全球生态环境的共同治理中应将全球生态共享价值理念作为指导本国的行动指南，超出传统的本国利益观，向人类共同利益的方向发展。

2.克服国家主义的诱惑与束缚

国家在全球生态环境的恶化以及危机的紧迫形势下，应将本国的自我利益和地球的生存未来结合在一起，充分认识到地球家园的环境危机，限制自身对权力的私欲和对金钱的贪欲，认识到“人类文明正处在一个重要的十字路口，我们面临的挑战就规模、范围来说在人类历史上从来没有过”。“生态系统对于人类的生存发展是不可或缺的。希望有更多的人关注生态系统治理，特别希望政府部门将其列入国家发展战略之中。”②

3.突破全球生态治理合作的意识形态束缚

国际社会中，意识形态的矛盾和分歧已然成为制约国家间全球生态治理合作不可忽视的要素。生态环境问题的无国界性、关联性、整体性和相互影响需要国家超越意识形态的差异，减少意识形态的分歧，进行无意识形态障碍的合作。社会主义国家与资本主义国家、发达资本主义国家与发展中国家、不同宗教信仰的国家之间，应该超越双方在意识形态上的分歧和差异，协商合作解决生态环境问题，更好地促进区域甚至全球生态

---

① 蔡拓：《全球治理的反思与展望》，《天津社会科学》，2015年第1期，第108页。

②《全球生态系统治理要树立命运共同体理念》，《人民政协报》，http://www.xinhuanet.com//politics/2015-10/29/c_128369186.htm，2018年11月2日浏览。

系统功能的健康发展。美国和古巴在海洋生态治理中的合作充分表明，在生态海洋的共同生态治理中，美古之间完全超越了意识形态。美国国家公园管理局主管乔纳森·加维斯说："海洋生物资源是没有国界的，古美两国在海洋保护区和国家公园领域展开合作，对保护加勒比海和墨西哥湾海域的海洋资源将发挥重要作用。"①中俄东北亚虎群生态环境合作保护，中韩相邻海域的生态治理合作等表明，不同社会制度的国家在生态环境问题中的合作治理完全可以超越意识形态的障碍，实现在人类生态命运一体中的国际生态治理合作。

（三）国家行为体参与全球生态治理的多元保障

全球生态治理需要世界上所有的行为体参加进来，共同发挥作用，不论是国家层面、社会层面还是个人层面，都是不可或缺的。现实的情况是，全球生态环境的现状呈现恶性发展趋势，全球生态治理合作明显不足。不论是国家的参与广度还是深度，非政府组织的参与能力，个人的参与意识等都需要提高，促进共同参与。国际社会应为提高国家行为体在参与全球生态治理中的能力提供条件，创造机遇，提供多元的保障。

一是搭建国际生态治理合作的多元平台。国际组织、跨国公司、大国以及联合国等应该发挥自己的作用，围绕全球生态治理主题，发起各种倡议、举办各种论坛，为世界各国对全球生态治理的主张与建议提供表达的机会和渠道，从而促进世界各国在全球生态治理合作中发挥自己应有的作用，做出应有的贡献。

二是制定国际生态治理合作的相关规章制度。"根据格劳秀斯的理论，规则和制度所起的作用是很大的：无论在区域性抑或国际性社会里，基于对得失的各种预期，有关秩序的规则通常都得到了遵守。能够获得有道德和遵纪守法的美名是有助于自己的，而相反的坏名声则会给自己

---

①《美国与古巴签署首个海洋环境保护协议》，《中国海洋报》，http://www.oceanol.com/gjhy/ktx/2015-11，2018年7月3日浏览。

带来不利影响。”[①]全球生态治理是世界各国共同应对的行为活动，无政府状态会引发国家行为体的自助行为，从而制约国家间的合作，制定相应的规章制度在某种程度上可以规约国家的自助行为，从制度上保障参与的公平性、广泛性，从而增强国家参与全球生态治理的行为意愿。

三是组建专业性组织机构，明确国际生态治理合作中的利益风险。国家行为体的行为是以国家利益为导向的，全球生态治理效益的共享性、外部性和消费的非排他性导致国家行为体在全球生态治理合作中的消极观望。通过组建专业性的组织机构，公正合理地评估国家行为体在全球生态治理中的责权利，将国家生态利益与全球生态利益紧密地连接在一起，增强国家行为体在全球生态治理中的合作意识和合作愿望。

（四）国家行为体参与国际生态治理合作应遵循的重要原则

美国学者奥兰·扬提出国际环境伦理的七条核心原则，主要是污染者付费、预防原则、环境公平原则、共同但有区别的责任原则、对未来世代的义务原则、管理原则和关爱地球的原则。[②]生态治理的国际合作是一项长期的任务，是人类社会可持续发展的必然要求。因此，要实现长期、稳定、有效的国际生态治理合作必然要求行为体遵守一些共同的原则。这里以国家行为体为主，提出应遵循的一些基本原则。

1. 尊重多样性的原则

国家行为体在全球生态治理中对自身的行为意图、行为选择、行为能力等应有充分的认知，在国际行为中应遵循多样性的原则。具体体现在以下方面。

（1）主体参与成员的数量众多。目前，国家行为体是国际社会中最主要的行为体，全球生态治理的主要行为体同样也是国家行为体。目前，世

---

① [挪威]伊弗·B. 诺依曼、[丹麦]奥勒·韦弗尔：《未来国际思想大师》，肖锋、石泉译，北京大学出版社，2003年，第290页。

② [美]奥兰·扬：《复合系统：人类世的全球治理》，杨剑、孙凯译，上海人民出版社，2019年，第144—151页。

界上有主权国家190多个。在全球生态治理合作中，尽管不是所有主权国家会参与到每一个领域、每一个议题中来，但是，参与全球生态治理事务的依然是绝大多数利益相关的主权国家，参与成员数量众多。因此，国家行为体在全球生态治理事务中应该彼此尊重。众多参与成员国在国际法面前的地位是相等的，多样性是全球生态治理行为体的基本表现。

（2）主体参与的内容广泛。全球生态治理事务涉及的生态领域是很广泛的，利益内容也是复杂多样的。国家行为体在参与全球生态治理的过程中，将根据本国生态利益和全球生态利益进行权衡，然后做出选择。随着全球生态环境问题的不断扩延，国家行为体应对的生态问题领域也是越来越广泛，议题内容也是多种多样，为此，国家行为体在全球生态治理事务中应认识到全球生态治理利益的多样性，积极参与到国际生态治理合作的进程中。

（3）主体参与的行为方式多样。全球生态治理事务是复杂多样的，国家行为体将会选择相关的领域参与到合作中来。基于全球生态治理的特殊性，构建和组织多种形式的参与渠道和方式，从而为国家行为体的行为选择提供多样化的合作途径。国家行为体在全球生态治理事务中可以根据自己的需要和判断选择适合的行为方式，从而有利于全球生态治理合作的发展。

2.创建互惠互利的原则

互惠互利可以为国家行为体提供良好的政治环境，是对国家权益的基本尊重。英国学者尼古拉·雷哈尼指出："促进合作的最简单的机制是助人者得人助，也就是互惠原则。"[①]国家自我生态利益需求和全球生态利益取向存在不一致，甚至是冲突。这就需要协调二者之间的矛盾，提供一些对国家都有利益和好处需要遵循的原则。国家在全球生态环境压力下要协调生态治理与本国的经济发展目标，实现环境保护与经济发展的协同共进。因此，国家行为体要在自我生态利益与全球生态利益、经济利益

① [英]尼古拉·雷哈尼：《人类还能好好合作吗》，胡正飞译，中国纺织出版社有限公司，2023年，第174页。

与生态利益的矛盾中寻找共同利益、协调一致。

(1)共同的目标与任务

“污染无国界,生态恶化的严重性与传染性已使传统的主权国家强烈意识到,改善生态环境,优化生态环境不仅是一国主权内的事务,更是全球所有主权国家的共同责任。一国的生态恶化会迅速波及其他国家乃至全球,核泄漏可以造成整个地区的灾难:非洲沙漠化和热带雨林的消失同样可以危及发达国家,这些证明了一国的生态状况与全球的生态环境之间的相关性。”[①]国家行为体的双重属性使国家应该在国家个体和全球整体互利互存的发展中将国家的个体生态利益与全球整体生态利益连接在一起,寻找生态利益的共同性,这不仅符合国家的生态利益需要,也符合全球的整体生态利益需要。在全球生态环境问题的威胁下,国家间的共有任务和目标逐渐显现,并将不同的国家行为体连接在一起,通过协商与合作,共同实现共同的任务和目标。

(2)双赢、和谐的解决方式

国家在全球生态问题的威胁下,不得不将本国的经济发展目标和环境生态治理连接在一起。实质上,生态环境治理本身也是一种特殊的社会经济发展,并且是一种长期的发展需要。国家需要在短期利益与长期利益、物质利益与生态利益、个体利益与公共利益之间进行合理布局和战略安排,需要寻找二者的契合点,实现两种利益的双赢、两种利益矛盾的和谐化解。全球生态治理事务对国家行为体的行为提出新的要求和挑战,创建国家行为体和全球生态治理合作的共同利益将成为国家对外的主要行为原则。

3.共享权力、共担风险的原则

国际生态治理合作中,国家往往期望本国在国际社会中的权力等同于国内的权力,但事实上,国际社会的权力不同于国内的权力。国际社会

---

① 魏海清:《浅议全球生态治理与国家主权的调适》,《北京林业大学学报(社会科学版)》,2004年第3期,第2页。

的权力是共有权力，是世界各个国家共同所有，并不是某一国家的权力。为此，国际生态治理合作要求国家应该遵循权力共享的原则，而非独占。权力共享要求国家行为体在全球生态治理事务中共同行使国际权力，共同拥有国际权力，不能将国际的共有权力据为己有，独自行使。在全球生态治理事务中，国家行为体在全球生态治理行为过程中应协商各方的权利，权利向度是多元的、发散的、自下而上的，而不是单一的，要把各种相对分化而又共存的利益主体纳入共同框架，达成权力共识。

全球生态环境恶化的风险，需要每个国家共同面对、共同承担。每一个国家都应该认识到全球生态环境恶化所带来的风险是共同的，不会因为国家经济发展水平或社会制度的不同而有所选择，所有国家要突破狭隘的国家界限、民族差异，共同担负起应对全球生态风险的责任。

4.坚持生态平等、生态公平原则

（1）坚持生态平等原则

全球生态环境中行为体在生态系统服务中享有平等的地位和权利。所谓生态平等，是指国际行为体在国际生态治理中拥有平等的地位，享有国际生态法律法规规定的对环境同等的拥有权和平等表达全球生态环境主张、观点的权利。在全球生态环境的治理中，行为体的生态平等包括法律上的平等和事实上的平等。法律上的平等是指在全球生态环境国际地位上的法律身份是相等的，这表明了主权国家在全球生态环境中的根本性权利。同样，违反国际生态法的国家将受到法律的制裁和处罚。事实上的平等是指在国家社会经济发展、生态资源利用和生态贸易规则等方面的生态权利是相等的。但实际上，国家在全球生态环境治理中的权利和地位是不相等的，尤其是发达资本主义国家与发展中国家之间。因此，在全球生态环境治理的共同任务面前，要制定新的国际生态治理机制，为不同国家提供平等的发展机遇。

（2）坚持生态公平原则

全球生态环境治理中由于国家的生态环境不同、生态资源不同、生态安全程度也不同，因此，国际社会中的国家行为体在合作中要坚持生态公平原则。所谓生态公平是指地球上所有的一切,不论是动物、植物、微生物还是空气都有存在的价值,人类社会都应该公平地对待它们,不能按照人类的需要进行破坏性的改造和控制。具体到国际生态治理,作为主体的国家应该在全球生态环境的服务功能和生态资源的使用上享有公平的权利,这种公平需要通过国际生态治理规则、国际生态治理机制、全球生态权益和安全的共享以及同等违约惩罚等体现出来。国际生态治理在理论和事实中还是存在不一致。理论上的公平容易表述,但事实上的公平难以达到。毕竟现实的国际社会中国家之间在诸多方面都存在差距,这些事实难以使国家在国际生态治理中真正实现公平,尤其是发达资本主义国家与发展中国家在生态权益和生态安全的权利与义务方面,这种不公平更加突出。

(五)非国家行为体参与国际生态治理合作的灵活平台

"'治理'是一种机制,它在认可政府管理和法制的前提下,提倡多种类型的行动主体,提倡超出单一权威的多层次目标和责任,通过它,国家和其他自主的行动主体将会在国际共同体里分享全球社会合作的生态环境利益与责任。"[①]国际生态治理是一项长期的、全人类的共同任务,除了国家行为体,非国家行为体也应发挥应有的作用。对此,应积极搭建各种平台,推动非国家行为体积极参与到全球生态治理合作的行动中来。

1.推进民众积极参与

民众是社会存在的最小和最直接的单位。民众在国家的政治生活中拥有本国的国民身份。不同的国民对本国的生态问题具有不同的要求和认识,对全球的生态问题以及生态治理合作的认识也是千差万别。全球气候变化的生态治理日益引起民众的普遍关注。2015年美国的民调机构——皮尤研究中心对40个国家的民众就气候变化进行了采访,结果面

---

① [美]詹姆斯·N.罗西瑙主编:《没有政府的治理》,张胜军、刘小林等译,江西人民出版社,2001年,第5页。

对具体的问题,受访者的选择也有差别,“更有多达78%的受访者支持其所在国家在接下来将在法国巴黎举行的气候改变大会上,支持限制温室气体排放。民调显示,拉丁美洲国家认为气候改变是严重问题的受访者最多(74%),然后是非洲(61%)和欧洲(54%)。亚太地区(45%)和中东(38%)受访者中仅有不到一半的人认为气候改变是个非常严重的问题”[①]。“2019年1月31日,据香港《大公报》报道,有73%的美国人承认全球变暖确有其事,这一数字比2015年3月的数据上升了10%。”[②]这些访问调查的结果表明:世界各国的民众已经越来越认识到气候变化等生态环境的恶化问题。

但是,民众的生态素质毕竟是有差异的,民众对于全球生态环境重要性的认识以及对问题环境的治理还是存在很大的不同。2009年在丹麦哥本哈根联合国气候变化大会召开之前,法国的媒体机构对本国民众关于气候变化方面的态度与看法进行了一次民意调查,“大多数法国民众都希望会议能够取得突破,但前提是不损害自己的利益……他们也愿意改变一些日常的生活习惯,为应对全球变暖作出自己的贡献,不过前提是不能损害自己的经济利益”[③]。多数民众还停留在不损害自己利益的前提下,少量民众能够做到牺牲自己的利益去维护生态环境。民众个人的自我利益还是占据主要地位。因此,如果想让民众在全球生态环境问题的治理上发挥更加积极的作用,应该采取一些举措。

首先,国际社会应强调全球生态环境对个人影响的重要性,激发民众的参与意识。国际社会中各类生态环保组织要从不同角度、不同领域、不同层面加大宣传力度,让民众亲身体验到全球生态环境的恶化不是空穴来风,也不是遥不可及的夸张说辞,而是实实在在关乎每个民众的生存

① 《BBC:中美民众对气候变化问题较淡漠,但支持减排》,参考消息网,http://www.cankaoxiaoxi.com/science/20151107/989583.shtml,2019年12月20日浏览。

② 《调查:极端天气频发,美逾七成民众关心气候变化》,http://world.people.com.cn/n1/2019/0131/c1002-30601654.html,2019年12月22日浏览。

③ 《调查显示法国民众面对气候变化心态复杂》,http://news.163.com/09/1126/12/5P1VCAEV000120GU.html,2019年12月23日浏览。

环境与健康条件，充分认识到全球生态环境恶化的产生与每个人的行为活动密切相关，更需要每一个人重视生态环境的保护。

其次，国际社会应该制定一些行之有效的、所有公民都能理解和支持的行为规范。尽管目前人类社会的活动组织单位是以国家为界限，但是在地球的整个生态空间，每个人对地球有着共有的尊重和关爱。虽然每个国家的生态文化不同，但是却有着相同的生态本质。因此，从保护全球生态系统健康的目标出发，每个民众在生态环境生存空间中有着相同的义务，担负同等的责任。

再次，国家对民众的生态治理行为应给予积极的引导。不论怎样，在目前的世界无政府状态下，国际社会对民众的作用与影响是有限的，国家能够利用自己的强大国家机器对民众的生态行为进行直接的引导甚至是强制性干预。国家在公民参与生态治理的作用上还是大有可为。比如，制定民众生态行为规范、制定违反生态规律的惩罚机制、建立生态教育宣传机构、设立生态保护行为的奖励机制等。

最后，国际社会和国家应采取措施，推动民众自觉生态行为的形成。民众只有参与到国家和国际社会的生态治理实践行动中，才能成为一名合格的地球居民，才能尽到地球居民的应有义务。人类社会要迈向一个健康文明的生态社会，民众必须在生态环境治理中担负起生态责任，弘扬生态和谐精神。现实的情况是，民众对自身的生态行为并不重视，也没有深刻认识到自身生态行为的重要性，更不要说主动参与到生态环境问题的治理中。事实上，民众生态行为的养成并非一朝一夕，而是需要长时间的养成过程，需要在生态治理的实践中不断改进自己的生态行为。世界各国民众的生态行为是有差异的，但都需要国家加强对本国民众生态行为的监督和引导。世界各国应倡导健康的生态意义的生活、消费和生产等方式，根据本国的生活习惯、生态文化和生态环境为本国民众提供诸多的参与途径，引导民众参与到生态治理的活动中来。

民众参与生态治理将形成一个合力。俗话说，众人拾柴火焰高。全球生态环境问题的治理是一项需要众人拾柴的新事业，需要所有的地球居民行动起来，共同治理我们病了的地球家园。一个人的力量是有限的，在日益严重的生态环境问题面前也渺小而微不足道，正因如此，需要地球上的所有居民齐心协力，共同担负治理的责任。为此，个人通过参与到组织、团体、机构和国家等不同的单元集体中，形成诸多的集合体，发挥集体的力量，就像水滴石穿一样，推动全球生态环境的良性发展。

2.鼓励民间组织主动参加

目前，政府间国际生态治理合作陷入困境，有效进展比较缓慢。但民间组织在全球生态治理合作中可以发挥积极而主动的作用：民间组织有着不同于国家的特殊组织结构和作用方式，在国际生态治理合作中能够发挥独特的联系作用。近年来，中国的民间组织在国际生态治理合作中的作用逐步显现出来。2018年9月13日，“一带一路”生态治理民间合作国际论坛在内蒙古举行，来自世界各地的民间组织，积极推动生态治理的国际合作。在此次国际生态治理合作论坛上，中国绿化基金会副主席兼秘书长陈蓬通过神奇胡杨、大美胡杨、修复胡杨、生态计划四方面，讲述了丝路胡杨面临的问题，解析了《“一带一路”胡杨林生态修复计划》，展现了中国民间组织在生态治理合作方面的成功经验。国际竹藤组织副总干事李智勇通过介绍《竹藤发展与生态治理》情况，强调种植竹林的重要生态性，号召大家努力共建美好家园，体现了对生态治理合作的期盼。埃塞俄比亚海尔马里亚姆·罗曼基金会高级项目官员马思凯拉·里拉介绍了海尔马里亚姆·罗曼基金会的重点工作领域，展示了《非洲绿色长城计划》的内容、初步成果和经验教训，展现了非洲人在生态治理方面的壮举。沙特阿拉伯沙漠植物协作会主席摩提伯·阿里·沙特以《沙漠生态系统恢复》为题演讲，介绍了沙特防止沙漠化的成功案例，表达了沙特在沙漠的生态治理上将不遗余力保护环境的决心。亚太森林恢复与可持续管理组织副秘书长夏军以《共同努力，恢复森林》为题，介绍了“能力建设、政策对话、示范项目、信息共享”四大支柱，着重展示了生态示范项目主题与资金分配、示范最佳森林恢复模式等重要内容。俄罗斯无国界河流高级项目官员尤金·索姆诺夫分享了干旱区域河流治理的宝贵经验。无国界河流组织长期致力于生态与环境开发,研究和监测水资源管理对俄罗斯、中国和蒙古国自然生态系统的影响并进行相关分析,对生态系统保护具有重要的参考价值。

民间组织的发展情况是复杂的,有的发展较快,作用明显;有的因各种缘故而发展迟缓,作用微弱。但是,从发展的趋势看,越来越多的民间组织投身到生态环境问题的治理上。鉴于民间组织的自组织属性,应大力推动民间组织参与到生态治理合作的事业中来。一是国际社会应积极培育有效的民间组织,在国际生态治理的一些特殊领域中发挥作用。目前国际社会中,政府间国际组织功能相对比较突出,而非政府的民间组织在资金、技术、权力等方面有很大的局限性。因此,国际社会应该为民间组织提供更大的发展空间,提供更多的支持和帮助。比如,经济实力雄厚的跨国公司应该从资金、技术等方面给予大力支持;政府间国际组织也可以对民间组织提供区域生态环境问题治理的工作权限,为民间组织的生态治理提供合法的活动空间;联合国可以在具体的生态治理领域为民间组织提供行为规范和活动章程,推动民间组织生态治理行为更加规范。二是世界各国也应大力鼓励本国的民间组织走向国际社会,实现国内民间组织国际化,让民间组织发挥更大的国际合作作用。民间组织尽管具有全球性、区域性等特点,但是,民间组织的活动还是在特定的国家主权范围内,因此,主权国家应该为民间组织提供更多有益的帮助与支持,包括法律、政策、资金、技术和合作途径等方面,尤其是民间组织的生态治理活动不应该遭到当地国家和政府的干预甚至阻挠。

三、构建国际生态治理合作的有效机制

"随着我们进入一个人类占主导地位的生态系统世界,这个行星的新世代被广泛称作'人类世',提升我们对变化门槛(临界点)以及引发非线性变化现象的触发机制的认识变得十分紧迫。"[①]目前,全球生态治理中的

① [美]奥兰·扬:《复合系统:人类世的全球治理》,杨剑、孙凯译,上海人民出版社,2019年,第62页。

国际合作受到信任缺失、沟通不畅、信息不对称、相对获益和"搭便车"等因素的影响,导致行为体在国际合作中的意愿低下、活动困难,为此,构建健全的、合理的国际生态治理合作机制既必要也重要,而"建立国际机制是便于合作的另一种方式"①。

(一)国际生态治理合作机制构建的必要性

国际生态治理合作机制属于国际机制,它与国内机制存在很大的差别。从其作用上看,如果说国内机制具有强硬的特性,那么国际机制则具有软弱的特性;从法律的强制程度上看,国内机制属于"硬法型"的制度,而国际机制属于"软法型"②的制度。国际合作由来已久,而且已经广布到许多领域。随着全球生态环境问题的不断加剧,国际社会认识到生态治理至关重要。20世纪30年代以来,由于空气污染、水资源污染、海洋污染、土地污染、化学污染、垃圾污染、气候变暖、资源短缺和生物多样性锐减等一系列生态问题的出现,一些国家开始对本国的生态环境问题进行治理,但是,由于没有遵循生态学原理,环境的生态治理效果并不理想。"研究发现,人类固然付出了很多的努力,然而,从1970年以来,生物多样性减少了50%以上;人类生态足迹提升显著,几乎需要1.6个地球才能满足我们日常的资源消耗,年度温室气体排放量增加了将近一倍,这一时期,人类失去了超过48%的热带和亚热带森林,另外还必须补充一点,世界人口和人均资源消耗量增加了一倍以上。"③

生态环境问题的区域性、系统性和公共性使需要治理的范围超越行政界线、国家疆界,要按照生态系统的原理进行治理。国家的单打独斗在生态环境问题面前往往事倍功半。事实上,"在具有较多共同利益的国家

---

① [美]肯尼思·奥耶:《无政府状态下的合作》,田野、辛平译,上海人民出版社,2022年,第252页。

② 软法的相关概念与理论被肯尼斯·艾伯特(Kenneth Ab-bott)和邓肯·施奈德(Duncan Snidal)等人系统地纳入了国际机制的理论框架之中。

③ [德]魏伯乐、[瑞典]安德斯·维杰克曼:《翻转极限:生态文明的觉醒之路》,程一恒译,同济大学出版社,2018年,第75页。

之间,合作的便利超过这些成本"①。同一生态环境区域内的国家进行协调、联合与合作,超越国家层面的生态治理合作,往往能够有助于共同解决环境污染、能源危机等生态问题,而国际组织、联合国等在国际生态治理合作中则能发挥重要作用。但是,现有的国际机制、国际组织并不能有效地发挥推动合作的职能与作用。某种意义上讲,联合国环境规划署的成立标志着生态治理国际合作机制创建的开始。但是,各种因素导致目前的国际生态治理合作机制仍然没有得到积极构建,也不能有效地发挥作用。国际社会积极构建合理健全的国际生态治理合作机制的任务已经提到议程上来。

目前,国际生态治理合作机制的功能不健全,不能适应国际生态治理合作的需要。尽管人类已经认识到生态环境对人类可持续发展的重要性,但是基于国际政治"丛林法则"的长期影响和国际社会的无政府状态,现存的国际机制大都是二战结束后,在美国等发达资本主义国家的主导下建立起来的,它们反映了大国、强国的意愿,维护的是发达资本主义国家的权益。现存的国际机制对行为体的合作规范主要是通过国际组织来实现的。国际组织本身存在功能缺陷,这阻碍了行为体之间进行生态治理合作。目前的国际组织大多是为了资本主义的发展而组建的,并且发达资本主义国家在组织中占据主导地位。生态治理合作如果危及发达资本主义国家的经济利益,必然会遭到抵制或阻挠。1995年组建的世界贸易组织(WTO)成为主要资本主义国家的一种稳固的国际机构,目的是促进新自由主义的自由市场原则,这对单个国家生态环境的改变极为困难。市场经济的体制下,在不平等的国际贸易规则中,发达资本主义国家获取了世界自然资源的主导权,发展中国家则成为自然资源的输出方和受损方。"世贸组织标着资本主义的全面胜利,而将第三世界的环境和发展政

---

① [美]肯尼思·奥耶:《无政府状态下的合作》,田野、辛平译,上海人民出版社,2022年,第72页。

策限制在富裕资本主义国家的统治利益集团可接受的范围之内。”[1]

在资本主义体系中，处于经济中心的发达资本主义国家总是利用自己经济发展的优势尽量去弱化发展中国家在生态环境中的权益。“世界资本的中心国家认为，只有将所有国家以及经济活动的每个角落都向市场力量开放以追求新自由主义议程，才能够实现可持续发展。然而，这一战略绝不是为了发展全球南方，它只会加深多数第三世界国家的经济停滞或者经济衰退，加深富国与穷国之间的发展差距——并伴随着环境的加速恶化”[2]。发达资本主义国家利用国际货币基金组织、世界银行、国贸组织甚至联合国来促进资本在全球的积累，保护发达资本主义国家的金融与经济利益。现有的这些国际组织是无法促进可持续发展的，它们需要被重新定位，用可持续性原则进行重构，将环境需求、社会公平等纳入组织中，使它们转变成同时关注环境可持续发展的广义机构；同时在这些机构、组织之间建立一种协调机制，使国际货币基金组织、世界银行、世贸组织、联合国等形成一个协调合作系统，在经济发展与环境保护之间实现平衡。“有一件事应该清楚：世贸组织及其类似组织根本无法促进持续发展，因为这与它们存在的全部理由相矛盾。它们的作用是促进全球资本积累，并保护北方的大银行和金融中心。采用联合国组织机构平衡布雷顿森林体系机构的‘权力平衡’策略注定无法达到预期目标，因为其预期是建立在一个徒劳的空想之上，即认为实际权力是基于这些机构而非它们所服务的既得利益集团。”[3]基于此，现有的国际组织制定的国际机制不可能对国际生态治理合作提供必要的有效的应用机制，因此，积极构建新型的、健全的和合理的国际生态治理合作机制迫在眉睫。

---

① [美]约·贝·福斯特：《生态革命——与地球和平相处》，刘仁胜、李晶、董慧译，人民出版社，2015年，第113页。

② 同上，第113—114页。

③ [美]约·贝·福斯特：《生态革命——与地球和平相处》，刘仁胜、李晶、董慧译，人民出版社，2015年，第116—117页。

(二)构建国际生态治理合作机制的措施

1.建立相关方合作的互信机制

国无信而不立。在国际生态治理中想要实现相关方的合作,就必须确立各方相互信任的合作机制。在国际社会中,因为各方的立场、态度、利益差别很大,要就某一项生态治理合作的方案达成共识,就要建立信任机制。

其一,要寻找共同的理念和观点。因为信任最容易从共同价值观和文化中产生。世界各国的文化和价值观差异很大,寻找国际社会一致认可的合作理念并不容易,但是,也不是没有可能。比如人类命运共同体、同一个星球等。人类社会在几千年的历史发展长河里,不同的民族、种族之间有矛盾、有交流、有借鉴、有冲突,彼此之间已经交织在文明进程的轨迹里。共识的存在为信任机制的建立提供了基础和条件。“大多数人都被那些有关生活在饥饿中的索马里儿童或者达尔富尔难民的画面所震动,因为世界上存在着跨越国界的、某种程度的共同体观念,尽管这些观念很弱。我们毕竟都是人。”①

其二,信任机制的建立应充分体现参与各方的观点、立场。信任机制的执行要有力度、有效力,否则将会带来负面效益,导致信任机制危机产生。“合作是基于公平原则下的相互承诺和相互信任,以谋求公共利益为目标的一种交往模式。既然合作是以公共利益为目标,那么合作机制必然强调公共性的生产,它的选择取决于治理主体遵循的价值目标和原则。所以,合作机制就是社会主体以公共利益为目标,在相互承认、相互信任和相互尊重前提下形成解决公共问题的机制。”②

---

① [美]小约瑟夫·奈、[加拿大]戴维·韦尔奇:《理解全球冲突与合作:理论与历史》,张小明译,上海人民出版社,2018年,第40—41页。

② 解丽霞、徐伟明:《公共理性视域下的社会主义生态治理研究》,《学术研究》,2017年第6期,第32页。

2.搭建合作治理的信息共享机制

国际生态治理合作困难的主要原因在于合作者面临着信息获得不对等的困境，为此，应建立共享信息平台和渠道，推动合作方无障碍获得相同信息，促进国际生态治理合作。信息是合作者参与合作的基本保障，只有获得充分可靠而同等的信息，合作者才能增强合作的意愿。

构建信息共享机制，搭建共享信息平台，将共享信息进行透明、公开的传递，能够获得合作者的信任。搭建共享技术平台，既可以交由非国家的某一国际机构或国际组织来承担，也可以由合作者共同参加和协商建立。共享技术平台的信息发布要及时、可靠、全面、权威，合作者可以便利、随时获得。其一，创建信息共享资源库。由联合国等第三方的国际组织或国际机构建立信息资源库，公开发布相关信息，实现相关国家对信息获取的同等机遇。其二，建立信息技术供给机构。无偿提供技术信息，确保各国都具备获得信息的技术和手段。

3.构建国家行为体的利益风险共担机制

国家行为体对相对获益的关注阻碍了国际生态治理合作行为的产生，为此，通过设立风险利益的共担机制，将国家行为体的利益范围扩大，并对获利的途径、方式等进行多元化的创建，从而将国家行为体对相对利益的关注弱化，增加国家行为体之间合作的意愿。

全球生态治理的效益具有公共产品的属性。国际生态治理合作的对象将会受到公共产品外部性的消极影响，产生合作的困境。目前，市场经济机制在全球发挥着重要的作用，国家和民众将该原则作为自己获利遵守的基本原则。市场经济倡导自我利益最大化，为了自我的利益可以不择手段，对其他个体或集体利益疏于考虑。市场经济以经济利益为目的，其他的地球构成要素为其获取经济利益服务，同样，其他生物或资源也都是经济利益的奴仆，完全臣服于经济利益。在国家作为获取经济利益的主要地球单位前提下，自然生态的利益也让步于国家经济利益，世界各国为了本国的经济利益在市场机制的作用下展开血与火的较量，最终生态环境成为国家进行经济利益争夺的牺牲品。

从国家角度说，主权国家的利益更多的是一种不可兼顾的自我利益思维。主权国家在经济、政治、军事等领域的利益形成非此即彼的竞争模式，国家在争取自己的利益中不惜利用一切手段。全球生态环境的恶化以及生态危机的到来，将国家的利益范畴改变了，国家间的利益不再是零和的博弈，而是一种生死与共的集体风险，它对国家的主权和利益的传统范畴与界定带来重大的挑战。这种现实的情况，“在贝克看来，全球环境风险是平等的，这不仅意味着环境风险不会因不同的社会阶级而产生差异，也意味着不能再借助传统的阶级差异来认识环境风险在社会全体之中的分布状况”[①]。全球生态环境问题带来的利益风险需要世界各国共担，加强政策协商，促进生态治理合作。为此，国际社会应该共同努力，积极构建国家行为体在全球生态问题治理合作中的风险利益共担机制。新机制是时代发展的需要、是国际社会应对全球生态问题的积极回应。当代全球生态问题进一步提高了世界各国相互依赖的深度和广度，生态问题已经融入社会发展的历史轨道，人类已不可能局限于国家领土之内应对生态问题的挑战。世界各国只有协商与合作才能共同解决生态治理问题，推动社会持续发展，实现人类与自然的共生共存。

4.构建国际生态治理合作的交流共商机制

交流共商机制是指国际社会中的行为体在共同政治意愿的基础上，遵守平等、民主、自主的原则，通过充分表达自己的观点与主张，交流彼此的意愿，将在全球生态环境问题上存在的治理偏好进行修理，最终达成共同的认识，形成统一的行为政策和指导规范，并具有一定合法性。在全球生态环境问题的治理上，由于存在诸多不同的行为体，而且行为体的主张与要求也千差万别，想要获得进展，必须对不同行为体的不同观点与主张进行协调，消除隔阂、形成共识。

交流协商机制对行为体间的政治立场、观点与主张等的沟通与统一

① [荷]阿瑟·莫尔、[美]戴维·索南菲尔德:《世界范围的生态现代化——观点和关键争论》,张鲲译,商务印书馆,2011年,第55页。

具有重要的作用。首先,交流共商机制是为消除行为体的误解、曲解而服务的。生态环境的健康状态和生态系统的服务功能在世界各国是不同的,对此,不同国家对全球生态环境问题的治理在态度上也存在消极与积极之分。在目前生态环境问题的表现中,气候是最明显的领域。气候变暖是一个恶性的发展趋势,减排和碳交易是解决问题的重要环节。发达资本主义国家与发展中国家在这个问题上的争端与分歧也十分尖锐。通过交流协商机制可以帮助这两类国家在全球气候变化的生态治理议题上减少对彼此观点与主张的误解,从而增加共识。其次,交流共商机制为行为体提供了达成共识的平台。行为体可以在这一机制下,充分表达各自的意见,各个行为体的意见得到其他行为体的共同对待。交流协商机制表达了行为体之间的相互尊重,利用这个平台,行为体的偏好将得到修正,最后在共同的认同下达成一些共有的观念与观点。再次,交流共商机制体现了行为体的自主、平等与民主等共同精神。行为体在全球生态环境问题的治理上抛弃了国家主权利益的狭隘性,行为体在全球生态环境面前将自主地表达自己关于生态权益的主张,平等地享有全球生态系统提供的生态服务。在这个机制下,所有行为体都可以不受外来干涉和强权欺压,都可以作为平等的行为体参与到任何相关议题的讨论中。因此,构建国际生态治理合作的交流共商机制需要采取以下措施。

一是联合国应发挥主导作用。目前,联合国作为解决全球性问题的最有效的机构,是任何组织或国家所不能取代的,尤其是联合国环境机构和联合国环境规划署。联合国是世界无政府状态下能够有效为其成员国提供共同商讨平台的组织机构。为了推动全球生态环境治理合作,联合国应该健全相关部门的交流协商机制,将议题集中在生态治理的国际合作上,推动世界各国在全球性生态问题上畅所欲言,自主地发表自己的观点,平等地交流彼此的看法,尊重不同国家提出的治理建议和治理方案。成员国通过在联合国进行关于全球生态环境问题的交流,能够体会到不同国家的生态主张和责任态度,形成一些共有的认识。在交流基础上经过协商,可以产生一些一致性的认识和看法,从中获取共有观念,形成全球生态共同命运观。联合国应主动为成员国提供全球生态环境问题的议题,帮助成员国更加客观地认识地球生态系统的意义。

二是国家应在国际生态治理合作的交流共商机制中承担操盘手的职责。交流协商机制的参与者主要是国家,国家在全球生态治理问题上应积极参与、主动倡议,提出生态治理的具体议题、生态治理合作的方案、生态治理合作的方式、生态治理合作的途径等相关事宜。国家在全球生态治理问题上应认真对待全球生态权益、生态安全与本国生态权益、生态安全的区别与联系,充分认识到全球生态环境与本国生态环境犹如母子关系、密不可分。但是,经济发展水平和社会制度的不同给国家之间带来矛盾与冲突,从而制约了他们之间的合作,因此,应该制定一些规则和机制促使他们在全球生态环境治理问题上加强交流与沟通,推动“新的环境管理与技术管理体系也从发达国家传播到了发展中国家,这种传播既有直接渠道——通过南北间管理机构的合作,也有间接渠道——通过确立全球性的环境规范与目标(包括在公司消费者和个人消费者中确立规范与目标)”①。这样,可以进一步促使国家在全球生态环境问题的治理上更加容易达成一些共识。

(三)创建阻碍“搭便车”的途径与方式

国家行为体的“搭便车”行为严重损害了国际生态治理合作的基础,为此,应通过设立合作储备金、组建专业性组织等,阻碍这种行为,推动国际生态治理合作机制稳固发展。

1.建立国际生态治理合作储备资金

目前,国际社会中国家间的经济发展水平差距越来越大,经济实力极为悬殊,实施全球范围生态治理合作的难度相当大。但是,在人类发展的十字路口,国际生态治理合作势在必行。发展中国家与发达资本主义国

① [荷]阿瑟·莫尔、[美]戴维·索南菲尔德:《世界范围的生态现代化——观点和关键争论》,张鲲译,商务印书馆,2011年,第346页。

家在生态治理上的尖锐矛盾不解决,国际生态治理合作就不能顺利推进。这一矛盾的核心在于:生态治理的资金从哪里来?由谁提供?如何提供?生态环境治理中,从目前实施生态治理的技术和措施看,资金是主要瓶颈。如果没有充足的资金,全球生态治理将举步维艰。因此,扩展国际生态治理合作的资金渠道尤为重要。发达资本主义国家在向发展中国家提供资金的时候附加了诸多条件,引起发展中国家的不满,导致合作受阻。国际社会可以拓宽渠道,增加资金来源的多元性。一方面,资金来源的主体多元。除了国家提供之外,非国家的国际组织、跨国公司、企业甚至个人等都可以提供。多元资金来源可以减少发达资本主义国家与发展中国家在资金问题上的矛盾,促进合作。二是资金使用的监管。对于获得国际资金资助,实施生态治理的国家要实行资金使用监管,确保资金使用的效果。这种监管应该是由第三方来做,避免出现内部监管的腐败。

2.组建国际生态治理合作专业组织

国际生态治理合作是一项巨大复杂的工程,涉及技术、资金、信息、专业、政策、法规、政治、民族、种族、宗教和贫困等诸多问题,合作的难度难以想象。为了更好地推动国际生态治理合作的发展,可以组织专门性的组织或机构进行合作。比如,可以组建区域内的生态治理组织,也可以组建全球性的生态治理机构;可以是邻国之间组建,可以是区域国家之间组建,也可以是世界各国联合组建;可以为某一项生态问题的解决而组建,也可以为解决诸多问题而组建。比如,可以建立某某区域的森林生态治理组织、某某河流流域生态治理机构、某某野生动物保护合作组织等。

国际生态治理合作组织的构建要遵循自愿、平等的原则,参加者可以按照自身的意愿决定是否参加,并且在组织内部,所有的成员是平等的。国际生态治理合作组织的结构和功能要完善,组织一旦建立,就要能够发挥有效的作用。国际生态治理合作组织的专业性有利于生态治理合作的顺利推进,有助于治理效果提升。由于生态治理的特殊性,专业性的组织能够针对性地提出实施生态治理的措施,有助于生态环境问题的解决,在一定时间内解决生态环境问题。目前,国际社会上已经出现了推动生态治理的国际组织，如国际生态安全合作组织[①]、国际绿色生态合作组织等。

不得不说，国际生态治理合作已经刻不容缓，需要全人类共同应对。因为人类现存的全球生态系统已经出现严重的问题，有数据显示："全球约60%的生态系统已经处于退化或者不可持续的状态。目前，天然林面积依然以每年660万公顷的速度锐减，沙漠化土地达3600万平方公里，100多个国家严重缺水，人类造成的物种灭绝速度比化石记录的灭绝速度快了1000倍；同时，自1750年以来，大气中的二氧化碳浓度已上升了32%。人为干扰使地球生态系统出现了不可逆转的非线性崩溃的风险，加之目前不同程度存在的治理体系破碎化问题，使人类社会生态治理的投入和效率被严重削弱。"[②]人类只有一个地球，保护生态环境、促进绿色发展是各国利益的汇合点。在当前的全球生态治理体系建设中，各个国家都应该承担起应有的责任，精诚合作，避免生态治理出现全球化的"公地悲剧"。北京林业大学校长宋维明说："在全球生态治理体系建设中，首先必须明确这是全球性统一的活动，而不是某一个国家，某一个地区，某些组织能够完成的事情，必须是一个统一的利益共同体合作，因为它有鲜明的公地特征。"[③]

① 国际生态安全合作组织于2006年6月在中国由成员国政党组织、国家议会、政府机构依据联合国千年发展目标"消除贫困、保护环境、全球合作"等而创建。

②《综述：全球生态治理的成功典范——海外专家高度评价中国三北工程》，http://news.hebei.com.cn/system/2018/12/06/019303173.shtml，2019年2月1日浏览。

③ 同上。

第五章　中国生态文明建设中推进全球生态治理的经验与借鉴

新中国成立以来特别是改革开放以来，我国的经济发展飞速增长。一方面，自然环境为社会发展提供了物质基础；另一方面，在经济发展过程中，由于发展模式的粗放型和忽视环境保护，导致生态环境问题不断凸显，因此，解决经济发展与环境保护之间的矛盾问题成为新时代中国发展的新任务。在生态文明建设的道路上，中国政府和人民积极探索，不断努力，逐渐走上一条具有中国特色的社会主义生态治理之路。2012年11月25日，英国《金融时报》网站发表文章称，中国生态文明建设具有全球意义。2017年10月10日，美国过程哲学的领军人物小约翰·柯布在中国浙江丽水市莲都区举办的首届“生态文明与绿色发展”莲都国际研讨会上表示，自己从中国的生态文明建设实践中看到了人类生态文明的希望。[①]中国对境内环境污染和生态问题开展全面而积极的治理行动，为世界各国在环境污染的解决和经济发展与环境保护的关系处理上提供了有益的启发和借鉴。新时代的中国政府和人民选择了与西方工业资本主义发展模式不同的道路，积极实施生态治理，大力推进生态文明建设和国际生态治理合作的发展。中国作为当今世界上负责任、有担当的发展中的社会主义国家，在生态治理的实施中独树一帜，引领世界生态治理新发展。中国在创新全球生态治理理念方面具有重要的历史意义，正如有机马克思主义代表人物菲利普·克莱顿提出的那样，“在地球上所有的国家当中，中

---

①《中外学者汇聚丽水 共话文明与绿色发展》，新华社（杭州），http://news.iqilu.com/china/gedi/2017/1010/3707511.shtml，2018年12月20日浏览。

国最有可能引领其他国家走向可持续发展的生态文明”[①]。中国学者胡鞍钢教授曾经指出,“中国从最大的生态赤字危机走向最大的生态文明建设之国,引领世界走向生态文明时代”[②]。

第一节　中国生态文明建设中生态治理的基础与保障

2003年中国第一次明确提出“建设山川秀美的生态文明社会”。十七大报告明确提出建设生态文明是我国全面建设小康社会的重要任务,“生态文明”首次被列入中国共产党的正式文献。“推进生态文明建设,是涉及生产方式和生活方式根本性变革的战略任务,必须把生态文明建设的理念、原则、目标等深刻融入和全面贯穿到我国的经济、政治、文化、社会建设各个方面和全过程。”[③]党的十八大正式提出生态文明建设的目标要求、战略框架、责任担当以及生态文明的时代特色,并为我们如何解决环境与发展关系的问题指明了方向——“生态兴则民族兴,生态衰则民族衰”[④]。党的十八届五中全会把生态文明写入“十三五”规划,提出了绿色发展理念,奠定了我国今后的经济发展模式和发展理念,确定将以绿色、低碳、循环为主线。中国生态文明建设的深入推进为生态治理的实施提供了充分的条件和基础。中国政府和中国共产党已经将生态治理作为推进生态文明建设的重要措施。生态治理作为当代应对生态危机的有效手段,是在特定历史条件下推进生态文明建设的有力措施。生态治理的重

① [美]菲利普·克莱顿、贾斯廷·海因泽克:《有机马克思主义——生态灾难与资本主义的替代选择》,孟献丽、于桂凤、张丽霞译,人民出版社,2015年,第8页。

②《胡鞍钢:中国从最大的生态赤字危机走向最大的生态文明建设之国》,中国青年,http://news.youth.cn/wztt/201805/t20180524_11628075.htm,2023年8月26日浏览。

③《胡锦涛文选》第三卷,人民出版社,2016年,第610页。

④ 中共中央宣传部:《习近平生态文明思想学习纲要(2023年版)》,学习出版社、人民出版社,2023年,第222页。

点在于修复被破坏了的自然环境，运用生态学原理，实施生态性治理，恢复生态系统的服务功能。目前，中国全力以赴地全面推进生态文明建设，生态治理的实施则是至关重要。生态治理之所以在社会主义中国得到有效实施，离不开基本的条件和保障，包括社会主义制度的根本保障、马克思主义生态思想的理论指导、传统生态文化的历史传承、中国共产党的坚强领导等。

一、马克思主义生态思想为生态治理提供了理论指导

20世纪90年代以后，全球生态危机的发生再次激发国内外学者回归马克思主义思想，从中挖掘人类生态思想的闪光点。“马克思和恩格斯对生态和进化问题——正如他们那个时代的自然科学所能够证明的那样——都有深刻的理解，而且能够为我们理解社会和自然如何相互作用而做出重要贡献。”①马克思主义生态思想已经得到国内外学者的普遍认同，并不断地被研究与挖掘，为中国特色内涵的社会主义生态思想提供了重要的思想支撑，有力地指引了中国生态治理的发展，为中国生态治理提供了基本的理论指导。

(一)人与自然和谐统一的关系理念为中国生态治理提供理论指引

马克思主义强调人与自然要和谐相处，主要体现在三个方面。一是人类来自自然界并依赖自然界。“人本身是自然界的产物，是在自己所处的环境中并且和这个环境一起发展起来的。”②对于人和自然界的关系，恩格斯更加明确指出：“我们连同我们的肉、血和头脑都属于自然界。”③

① [美]约·贝·福斯特：《生态革命——与地球和平相处》，刘仁胜、李晶、董慧译，人民出版社，2015年，第133页。

②《马克思恩格斯选集》第3卷，人民出版社，1995年，第374页。

③《马克思恩格斯选集》第4卷，人民出版社，1995年，第384页。

人类要生存下去的基础是“人靠自然界生活”[1]。在马克思恩格斯看来，人是不能离开自然界的，人的生存与发展所需要的一切都是自然界提供的，如果离开自然界，人也就不存在了。“从实践领域来说，这些东西也是人的生活和人的活动的一部分。人在肉体上只有靠这些自然产品才能生活，不管这些产品是以食物、燃料、衣着的形式还是以住房等等的形式表现出来。在实践上，人的普遍性正是表现为这样的普遍性，它把整个自然界——首先作为人的直接的生活资料。”[2]毋庸置疑，“人类和人类社会归根结底是自然界发展的产物，没有自然界就没有人自身”[3]。

二是人类和自然界是一个不可分割的有机整体。马克思认为自然界只有人化，与人的实践活动发生互动影响才有意义，离开人的自然界也就失去了真实的意义。因为“在人类历史中即在人类社会的形成过程中生成的自然界，是人的现实的自然界；因此，通过工业——尽管以异化的形式——形成的自然界，是真正的、人本学的自然界”[4]。自然界与人类是不可分离、相互依存的。人化自然界的过程和人的自然化是一个统一过程。经典作家把对历史的认识看作将人与自然统一在一起，也就是，自然史实际上就是自然的人与自然界的有机统一史，“历史本身是自然史的即自然界成为人这一过程的现实部分。”[5]

三是人与自然是相互作用的，但人类不能控制和支配自然界。人与动物都有各自的属性和发展规律，正是这种自我特性构成了自然界中相互依赖的生态系统。“动物只能按照它所属的那个种的尺度来建造，而人懂得按照任何一个种的尺度进行生产，并且懂得处处把内在尺度运用于对象，因此，他按照美的规律来构造。”[6]同时，马克思恩格斯并不否认人类对自然界的能动作用，不否定人类可以改造和改变自然界，人类对自然界的能动作用

---

①《马克思恩格斯全集》第3卷，人民出版社，2002年，第272页。
② 同上。
③《马克思恩格斯选集》第3卷，人民出版社，1995年，第374页
④《马克思恩格斯全集》第3卷，人民出版社，2002年，第307页。
⑤ 同上，第308页。
⑥《马克思恩格斯全集》第23卷，人民出版社，1972年，第111页。

是有限度的，人类需要遵守自然法则和生态规律，“不要过分陶醉于我们人类对自然界的胜利。对于每一次这样的胜利，自然界都对我们进行报复。每一次胜利，起初确实取得了我们预期的结果，但是往后和再往后却发生了完全不同的、出乎预料的影响，常常把最初的结果又消除了”①。

马克思主义关于人与自然和谐统一的关系理念为中国实施生态治理提供了根本理论指导，指引中国生态治理要立足在人与自然关系的生态整体、自然本真和人依赖自然、尊重自然的基本理念上，坚持应对生态危机和环境问题的立足点，紧紧围绕生态问题这一核心。

（二）人与自身和谐统一的关系理念为中国生态治理提供社会新人

马克思主义生态思想强调，人与自然的和谐统一关系的关键因素是人，也就是人自身的和谐。人是自然界的一部分，人与自身关系也就成为人与自然关系的必要构成部分。“所谓人的肉体生活和精神生活同自然界相联系，不外是说自然界同自身相联系，因为人是自然界的一部分。”②人的自身肉体离不开自然界，人的智力发展需要道德伦理观念的支撑，人与动物的本质区别在于，人是有感情、有思想、有价值观的高级生物物种。人的自身肉体发展是自然生态系统的一部分，而且“只有当现实的个人同时也是抽象的公民，并且作为个人，在自己的经验生活、自己的个人劳动、自己的个人关系中间，成为类存在物的时候，只有当人认识到自己的‘原有力量’并把这种力量组织成为社会力量因而不再把社会力量当作政治力量跟自己分开的时候，只有到了那个时候，人类解放才能完成”③。

人与自身的和谐统一关系，实质是实现了人的自身解放，是人的肉体与精神获得双重解放，换言之，作为生命个体的人在自然和社会两个方面同时获得解放，即作为具有自然生命意义的个体充分实现了全面、自由和

① 《马克思恩格斯选集》第3卷，人民出版社，1995年，第517页。
② 《马克思恩格斯全集》第3卷，人民出版社，2002年，第272页。
③ 《马克思恩格斯全集》第1卷，人民出版社，1995年，第443页。

可持续发展,实现了作为生命个体的人的自然人与社会人的统一。首先,人是社会发展的主体,不仅是社会发展的动力,也是社会发展的目标。“人的发展是社会历史进步的尺度,每个人的全面而自由的发展是整个人类全面而自由发展的基础。”[①]其次,人是自然人,人的自身和谐是以自然生态系统平衡为前提,而且是其必要构成部分。在和谐的自然生态系统中,关键因素是人,人的自身必须和谐。如果人的自身不和谐,自然生态和谐也是不完整的,甚至会制约自然生态和谐的构建。按照经典作家的解读,只有作为生命意义的个体生命体才能在自己生存的外部环境——自然界打下自己活动的烙印,这种烙印不仅表现在自然界的动植物位置、数量和关系的变化,还对他们的居住栖息地的面貌、气候以及生态结构系统等都带来极大的改变,或者使他们繁衍,或者使他们灭迹。因此,作为生命个体的人的这种特殊存在必须实现自身的和谐,也就是肉体与精神的双重和谐。只有这样,这种人的自身和谐关系思想才能为中国提供推进生态治理的社会新人,也就是中国的生态治理需要自身和谐的社会新人,这样才能更有力地推动生态文明建设,建设美丽中国,为人民谋幸福。

(三)共产主义社会为中国生态治理提出了崇高目标

在马克思主义生态思想中,共产主义社会是实现了的、高度理想化的和谐社会。共产主义社会中人与自身、社会、自然的关系都处于和谐状态。在共产主义社会里,不论是人的自身发展、社会进步,还是自然界的生态环境都将是人类社会进步的崇高目标。这种目标是现代工业社会中缺失的,是人类需要通过生态文明建设才能实现的美好向往。而现今的全球生态环境的恶化则反向验证了共产主义社会的美好。中国提出生态文明建设这一宏伟蓝图,并着手对生态环境问题实施积极治理,正是在共产主义社会的目标指引下启动的。自从中国走上社会主义道路开始,共产主义社会就成为中国发展的崇高目标,从不动摇、永不放弃。因为,共

---

① 靳利华:《生态文明视域下的制度路径研究》,社会科学文献出版社,2014年,第38页。

产主义社会是人和自然在其本性和关系的双重层面的解放，也就是人的世界和关系回归到人的自身，人和自然的关系实现全面而彻底的统一。一方面，从人的自身发展角度，共产主义社会的人已经得到全面的发展，人的自身得到解放，“共产主义是人和自然之间，人和人之间矛盾的真正解决”[①]。共产主义社会里，作为生命体的人类不仅实现了人的身体与精神的和谐，人与人的和谐，还有人与自然的和谐。这是一种全面而充分的解放，人从思想、身体和精神等方面获得平衡。作为整体的人类形成社会也与自然界形成新的交换关系，在人类与自然界之间构成健康正向的依赖和影响关系，从而实现“社会化的人联合起来的生产者，将合理地调节他们和自然界之间的物质变换，靠消耗最小的力量，在最无愧于和最适合于他们的人类本性的条件下来进行这种物质变换”[②]。另一方面，从人与自然的关系角度，共产主义社会是人类与自然界融合为一个新型的联合体。在共产主义社会，人类的社会空间与自然世界实现了生态平衡，人与自然万物构成一个和谐的生态系统，人类社会发展成为内涵自然界的人类社会。“自然界才是人自己的人的存在的基础，才是人的现实的生活要素。”[③]共产主义社会中人类的劳动将真正地调节人与自然之间的物质交换关系，实现人的劳动的自身价值。中国的生态治理就是为了调节人在自然面前的异化劳动，实现劳动的价值，实现自然与社会的系统平衡，最终实现人类最高的理想社会——共产主义社会，这是共产党人的最高理想，也是人类的最美好的社会。

二、习近平生态文明思想为生态治理提供了行动指南

秦书声提出中国共产党关于生态文明思想形成的历史进程经历了萌芽探索、基本形成、深化发展和丰富完善的四个阶段。[④]习近平总书记作

①《马克思恩格斯全集》第42卷，人民出版社，1976年，第120页。

②《马克思恩格斯全集》第25卷，人民出版社，1997年，第960页。

③《马克思恩格斯全集》第3卷，人民出版社，2002年，第301页。

④ 秦书声：《中国共产党关于生态文明思想形成的历史进程》，中国社会科学出版社，2019年，第2页。

为新时代中国共产党的领导人，继承、创新、丰富、完善了中国共产党的生态思想。2018年5月18日，全国生态环境保护大会确立了习近平生态文明思想，该思想创新了马克思主义生态思想，是中国生态治理具体实施的指导理论，为中国生态治理的实施提供了具体的行为指南，对推动中国生态文明建设具有重要的理论意义。

（一）“生态关系观”为实施生态治理提供明确的行动方向

习近平总书记对人与自然关系的认识立足于国家发展大局，这里的人和自然不是一般意义上的抽象的人和天然的自然，这里的人是国家发展中的迈向小康社会中的“人”，这里的自然是和当下人们关系密切相关的“自然”。国家发展的目标是建设美丽中国，国家的美丽建设需要依赖自然生态环境，需要在人类社会与自然环境之间形成一种新型生态关系。“人与自然是相互依存、相互联系的整体，对自然界不能只讲索取不讲投入、只讲利用不讲建设。”[①]习近平深刻认识到自然界不是一个单纯的人类需求的“供给站”，它还需要人类对“供给站”进行维护和实施必要的补充，否则人类将不可能持续从中得到自身生存和发展所需要的资源，自身的生存环境和条件也将发生不利于人类的改变。同时，人与人之间的关系不是单纯的资本主义工业社会形成的利益、阶级、权力的对立和零和关系。从人的自身发展看，人与人之间还应该包含着相互需求、相互理解、相互信任的情感、依赖关系，人类的共有道义将得到体现。当然，人类社会与自然生态之间形成不同的关系集，并且相互影响。这些观念能够对人们在生态环境问题治理上的行为起到一定的指引作用。

（二）“生态民生观”为实施生态治理提供明确的行为目标

习近平充分认识到，随着社会经济的发展，老百姓的需求内容发生了

---

① 中共中央宣传部：《习近平总书记系列重要讲话读本》，学习出版社、人民出版社，2014年，第121页。

重大改变，对此，他明确提出了具有重要意义的生态民生观。一是生态民生已经成为国内民众的新需求。他指出："老百姓过去'盼温饱'，现在'盼环保'；过去'求生存'，现在'求生态'。"[①]这种变化反映了国内民众对生态民生的需要是不容忽视的，它增强了我国环境问题治理的生态意识。二是指出何谓生态民生。"良好生态环境是最公平的公共产品，是最普惠的民生福祉。"[②]他提出要实现"碧水、蓝天、净土"，为百姓提供高质量的生态环境。这就是普通民众的具体生态民生，是国内民众的最基本的生态环境产品。它完全是为普通民众的生态需要服务，是人民生态利益的基本体现。作为人民利益的代表，全心全意为人民服务的中国共产党必须始终把人民利益放在首位，并为此不懈奋斗。这种以人民的生态利益为目标的追求体现了习近平总书记把人民的生态需求放在第一位，把为人民提供良好的生态产品作为工作的重心。这种生态民生观为实施生态治理提供了行动的目标。

（三）"生态实践观"为生态治理提供科学的行为路线

习近平生态文明思想中包含着丰富的具体治理理念，为生态治理的具体实施提供了直接的实践指引。首先，亲身实践具有生态寓意的生态政策和措施。在自己的实际工作中，他始终践行着生态治理行为，用自己的实际行动践行着自己的生态理念。不论是在知青下乡的梁家河时期，还是担任正定县、福建省尤其是国家领导职务以来，习近平始终坚持不懈地贯彻着生态实践，将自己的生态思想与实践工作融合在一起，对国家生态治理提供了具体可操作的有益借鉴。其次，生态实践观念的逐渐成熟。从生态红线的坚守、生态责任的层层落实与终身追究、国土生态空间格局的开发、生态制度的设立到生态文明建设的推动，无不体现出生态实践的

---

① 中共中央宣传部：《习近平总书记系列重要讲话读本》（2016年版），学习出版社、人民出版社，2016年，第233页。

② 中共中央宣传部：《习近平总书记系列重要讲话读本》，学习出版社、人民出版社，2014年，第123页。

价值观念。这些理念在生态治理的具体实施中得到实际的贯彻,为生态治理的具体操作提供了科学的、明确的、具体的行为路线,并指引生态文明建设的正向发展。

(四)"生态命运观"为生态治理提供国际合作方向

习近平认识到当今世界的生态危机已经威胁到人类的生存与发展,地球上的任何国家和地区,不论经济发达程度如何,都不可避免地受到全球生态环境变化的影响,人类的命运已经紧密地连接在一起,为此,他提出"人类命运共同体"这一理念。一个国家的生态治理与全球的生态治理紧密连接在一起,一个国家民众的生态利益与全人类的生态利益也密切相关。"人类生活在同一个地球村,各国相互联系、相互依存、相互合作、相互促进的程度空前加深,国际社会日益成为一个你中有我、我中有你的命运共同体。"[①]全球人类命运是一个整体,一个国家的生态治理与全球的生态治理是不可分割的。这一"生态命运观"为中国生态治理提供了合作的国际共识,有利于促进中国生态治理向国际合作的方向发展。

三、中国传统生态文化为生态治理提供了文化基础

法国作家维克多·雨果说:"在人与动物之间、在鲜花与各种造物之间本来就存在着一种道德关联样式。但是,到目前为止,人们很少为此感到忧虑,不过人们终将明白人类何以需要为自身的道德系统补充内涵。……而人类与日俱增的文明与进步也都在强化人类自身的生存。但是,人类必须将文明指向自然。在这一维度上,任何事物都有其生命价值。"[②]中国传统的生态文化在几千年的传承延续中得到发展,是一部原生态的"天人一体"观,它与西方的"人类中心观"有着不同的生态寓意,是

① 中共中央宣传部:《习近平总书记系列重要讲话读本》(2016年版),学习出版社,人民出版社,2016年,第265页。

② [澳]查尔斯·伯奇、[美]约翰·柯布:《生命的解放》,邹诗鹏、麻晓晴译,中国科学技术出版社,2015年,第141页。

对西方现代科技至上、物质膨胀的一剂清醒药方。中国传统生态文化中包含着人与自然之间的道德观念，有着丰富的生态治理理念，对人类认识自然和改造自然起到了积极作用，为生态治理的实施提供了丰富而重要的文化基础。

(一)传统生态文化中"自然是万物的本源"的思想

中国传统生态文化的基础来源于早期人们对于"天、地、人关系"的思考，在诸多的典籍中有记载，体现了人类生态思想的本源。《周易·序卦》中提到，"有天地然后万物生焉""有天地然后有万物，有万物然后有男女"[①]。这句话表达了人们早期对自然与万物关系的认识，认为自然界是世间万物的本源，同样也是人存在和发展的本源，从中揭示了事物运行的规律，阐述了自然界是世间万物本源的思想。《道德经》中的"人法地，地法天，天法道，道法自然"[②]体现了天、地、人之间的内在联系和不可分割性，从中追溯了人的根源在于自然，人、地、天、道、自然是一个环环相扣的统一体。在这里，自然是万物的根本来源，是道运行的基本依据，是人存在的基本来源，离开自然，就不会有人的存在，也不会有道的规律。中国传统生态文化的这种"自然是万物的本源"思想贯穿着古代生态文化的演进与发展，沉淀在一代又一代中国人的思想意识中，为中国当代的生态治理提供了浓厚的文化基础。

(二)传统生态文化中"天行有常"的思想

"天行有常"是中国生态文化的本质思想，出自《荀子天论》中的"天行有常，不为尧存，不为桀亡"。这里的"天"是指自然界，意思是自然界的运行有自己的特定规律，不会因为尧的英明而存在，也不会因为桀的昏庸而灭亡，因此，人们的行为要遵循自然规律。同样，《周易·乾卦》中提到："夫

---

① 李聚刚：《孔孟生态伦理思想探析》，《廊坊师范学院学报(社会科学版)》，2013年第6期，第15页。

② 陈鼓应：《老子注译及评介》，中华书局，1984年，第5页。

大人者，与天地合其德，与日月合其明，与四时合其序，与鬼神合其凶。先天而天弗违，后天而奉天时。”[①]这段话揭示出，人的行为要遵循天地、日月、四时和鬼神等自然规律，按照自然界的运行规律进行生产和生活，不能违背自然规律。中国古人通过对自然界的长期观察和实践的思考，认识到自然界的运行有特定规律，人类行为活动不能违背自然规律，只能适应这种规律，否则将会酝酿灾祸，并遭到自然界的惩罚。我国传统生态文化中包含的“天行有常”思想，阐明了人们对自然界中事物发展的规律和本质的认识，为生态治理提供了重要的思想积淀。

（三）传统生态文化中“天地人合”的思想

“天地人合”是中国传统生态文化中的核心思想，是中国古人获得的一种生存之道，充满了生态智慧。它是古人在长期的实践活动中获得的关于人与天、地相处的关系状态。具体包含三层含义：一是人是世间四大之一。《老子》中的“道大，天大，地大，人亦大。域中有四大，而人居其一焉”[②]指的就是道、天、地、人都属于域中四大，人只是其中的一个。四大中的人与其他的三大是同等的，并非超越或包含。二是天人是一个整体。人在天地之间，与天地融合在一起，形成一个不可分割的统一整体。中国古代不发达的社会生产力使得人们形成对土地、对自然界的严重依赖。人的存在紧密地与上天、土地连接在一起。比如，《周易》中的“天人合德”思想，庄子说：“夫明白于天地为德者，此之为大本大宗，与天和者也；所以均调天下，与人和者也。与人和者，谓之人乐；与天和者，谓之天乐。”[③]这里将人与天连接在一起，形成一个不可分割的整体。三是天地人合为一体。在我国的典籍中，天、地、人是万物之本，共同存在于一个宇宙整体中。如，《春秋繁露·立元神》中的“天、地、人，万物之本也。天生之，地养

---

①陈鼓应：《庄子今注今译》，商务印书馆，1983年，第404页。

②周冶：《道法自然 道教与生态》，四川人民出版社，2012年，第183页。

③郭象注、成玄英：《庄子注疏》，中华书局，2011年，第247—267页。

之,人成之。三者相为手足,合以成体,不可一无也”[①]。天、地、人是万物的根本,是紧密连接在一起的,合在一起共同构成世界的本源。由此可见,“天地人合”的思想深刻阐释了生态文化的核心理念,主张人不仅是自然的一部分,还强调人与自然是平等的,人和自然是一个完整的整体,共生共存、和谐一体。“天地人合”的思想为生态治理提供了最核心的思想精华,有助于人在实施生态治理中保持与天地的和谐与共。

四、中国共产党为实施生态治理提供了领导力量

中国有句俗语:鸟无头不飞,人无头不走。中国生态文明建设事业的发展中离不开强大的领导力量。新中国成立以来的历史与经验表明,中国共产党是中国社会主义事业的坚定力量和国家建设的坚强领导者,是中国推进生态文明建设的有力保障。在实施生态治理的过程中,中国共产党发挥着重要的领导作用,从战略布局、政策制定、体制构建、制度完善和法令的出台等各个方面,无不彰显出中国共产党英明的领导和超强的力量。习近平总书记指出:“党政军民学,东西南北中,党是领导一切的,是最高的政治领导力量。”[②]中国共产党成为国家实施生态治理的坚强领导力量。

(一)中国共产党为生态治理指明了正确的方向

“中国共产党是为中国人民谋幸福的政党,也是为人类进步事业而奋斗的政党。”[③]中国共产党是“代表中国最广大人民的根本利益”[④]的政党,是以实现共产主义最高理想和最终目标为己任的政党。中国共产党一心一意为中国革命、中国建设、中国人民、中国发展和中国富强而披荆斩棘、不懈奋斗。“我们党来自人民 、扎根人民、造福人民,全心全意为人民服务

① 董仲舒:《春秋繁露义证》,中华书局,2002年,第372页。

② 中共中央宣传部编:《习近平新时代中国特色社会主义思想学习纲要》,学习出版社、人民出版社,2019年,第68页。

③ 中共中央党史和文献研究院编:《习近平关于“不忘初心、牢记使命”论述摘编》,党建读物出版社、中央文献出版社,2019年,第13页。

④《中国共产党章程》,人民出版社,2017年,第1页。

是党的根本宗旨，必须以最广大人民根本利益为我们一切工作的根本出发点和落脚点。"[①]中国共产党来自人民，以人民为中心，服务人民。习近平总书记的"我将无我，不负人民"深刻地表明中国共产党为人民服务的崇高信念。生态治理就是要为民众提供优质的生态产品，为人民提供"蓝天、净土和绿水"。中国共产党站在人民的角度，全心全意为人民谋幸福，将生态治理作为党的政治使命。中国共产党的领导下，生态治理将在为人民服务的道路上毫不动摇、勇往直前。

（二）中国共产党为生态治理提供了一支生力军

中国共产党是一支富有生命力的队伍，拥有规模庞大的党员群体，他们分布在国家的各行各业，是各个领域的排头兵、突击手、先锋队。共产党员是一个特殊的生命个体，他们的奉献精神、忘我精神、钻研精神、担当精神为生态治理的实施发挥着独特的先锋模范作用。从多元协同治理的角度看，共产党员是一个特殊的参与者，他有着普通民众所不具备的严格的政治素质、超强的责任意识、鲜明的集体意识，这些铸就了新时代共产党员的优秀品质，使他们在生态治理的工作中积极、主动、勇敢、有为。"共产党员是一种特别的人，他们完全不谋私利，而只为民族与人民谋求福利"[②]，在生态治理的群体中是一道独特的风景线，为生态治理提供了强有力的力量，成为生态治理进程中一支充满生机的主力军。

（三）中国共产党为生态治理提供了强有力的领导核心

"中国共产党是全中国人民的领导核心。没有这样一个核心，社会主义事业就不能胜利。"[③]"中国共产党的领导是中国特色社会主义最本质的特征，是中国特色社会主义制度的最大优势。"[④]这为中国社会主义生

① 中共中央党史和文献研究院编：《习近平关于"不忘初心、牢记使命"论述摘编》，党建读物出版社、中央文献出版社，2019年，第16页。

② 同上，第160页。

③《毛泽东选集》第5卷，人民出版社，1977年，第430页。

④《中国共产党章程》，人民出版社，2017年，第22页。

态治理提供了强有力的领导核心。“在党和国家领导体制中，‘以党领政’与‘条块管理’制度构成了中国特色国家治理和公共治理模式，正是这种制度安排，才使得我们能够集中力量办大事。中国共产党集执政、领导于一体，是我国政党制度以及政治运作的特色。”①中国共产党领导人民进行社会主义生态文明建设，领导人民推进生态治理，在国家的生态治理实践中确保了领导的坚强有力，确保了发展方向的不偏颇、前进道路的不动摇，保证了生态治理能够沿着正确的方向发展下去。中国生态治理的实践证明了中国政党制度的优越性，在应对生态环境治理的外部性和非排他性所导致的负面作用上有力地降低了“公地悲剧”的消极影响。中国共产党通过党章党规和各项条例能够在一定程度上减少“搭便车”的行为，形成集体合力，为生态治理多元主体共同参加提供了领导核心。

五、社会主义制度为实施生态治理提供了制度保障

生态问题发端于人类开发自然资源总量超出了自然界的负荷底线和因配置不公仍需要进一步开发自然资源之间的矛盾。生态问题客观上使得人类成为命运共同体，但其解决需要修正世界相关的经济政治原则。而社会主义制度的建立正好提供了这种原则。“一切事实都证明：我们的人民民主专政的制度，较之资本主义国家的政治制度具有极大的优越性。”②新中国成立以来，在社会经济发展过程中产生的生态问题和世界各国相比同样是严峻的，“生态问题就是政治问题”③，但是，社会制度的优越性如果得到充分发挥，生态问题的解决也就水到渠成。生态治理的实施明确提出社会主义制度保障的必要性，正像江泽民所强调的，“社会主义社会是全面发展、全面进步的社会。”④

---

① 司会敏、张荣华：《“河长制”：河流生态治理的体制创新》，《长沙大学学报》，2018年第1期，第16页。

②《毛泽东选集》第5卷，人民出版社，1977年，第50页。

③ 周博文、张再生：《生态问题就是政治问题》，《人民日报》，2017年03月19日05版，http://news.ifeng.com/a/20170319/50795855_0.shtml，2019年8月2日浏览。

④ 江泽民：《江泽民文选》第三卷，人民出版社，2006年，第276页。

（一）社会主义制度蕴含着生态理念

相对于资本主义制度来说，社会主义从理论上看，排除了资本逻辑，在具有生态寓意的社会主义制度下要实现“人—自然—社会”之间的生态平衡。这是因为“社会化的人，联合起来的生产者，将合理地调节他们和自然之间的物质交换，把它置于他们的共同控制之下，而不让它作为一种盲目的力量来统治自己；靠消耗最小的力量，在最无愧于和最适合于他们的人类本性的条件下来进行这种物质交换”①。在社会主义社会中，人们的社会地位是平等的，都是社会化的人，没有资本主义制度下的人的异化和劳动异化，人们对待自然的态度和行为发生根本性的改变，不再将自然作为人的对象，尤其是为人服务的对象；而是把自然看作和自己同等价值的生命体，人和自然之间只是实现物质交换和能量交换，人和所有生命体在整个自然生态系统中将实现生命的真正解放。社会主义制度的这种本性为生态治理提供了基本的制度保障，确保生态治理能够在生态系统平衡的原理下实施。

（二）中国特色社会主义制度内含着生态文明制度

中国特色社会主义包含着丰富的生态文明思想，它既坚持以人为本的理念，又坚持社会主义基本原则。“中国特色社会主义可以打破把物质财富作为社会生产基本目的的物本发展逻辑，是一种以人的全面发展为社会生产核心价值的制度。社会主义生态文明以满足人的根本利益为出发点，与资本主义生态文明以满足资本利益为出发点具有本质区别，能够最终遵循生态文明建设的逻辑。”②中国特色社会主义制度中的生态文明理念，充分体现了社会制度文明的新发展，是制度发展的必然要求。换句话说，中国特色社会主义制度就是社会主义制度和生态文明的有机结合，

① 马克思：《资本论》第三卷，人民出版社，2004年，第928—929页。

② 赵凌云、夏梁：《论中国特色生态文明建设的三大特征》，《学习与实践》，2013年第3期，第51页。

是超越资本主义制度和工业文明的新文明制度。

（三）中国特色社会主义建设为生态治理提供制度框架

中国特色社会主义建设的实践中提出“五位一体”战略框架，生态文明建设成为其中的重要组成部分。“党的十八大以来，生态文明顶层设计和制度体系建设不断推进，生态文明制度的‘四梁八柱’基本建立，为推进美丽中国建设提供了重要制度保障。”①社会主义制度为生态文明建设提供了直接的制度保障，它坚持了社会主义制度的本性，超越了资本主义的人性异化、自然异化和劳动异化，实现了人性、劳动、自然的本真属性，从而确保人—自然—社会之间保持生态系统平衡。中国在实施生态治理的实践中，合理地调节人类社会和自然之间的物质交换，消除资本主义带来的自然异化，从制度上提供保持自然规律和生态平衡的根本保障，让自然能够充当自己的主人，从而摆脱人类的控制与主导，实现人类本性的自由发展。中国特色社会主义生态治理将在人类与自然界之间实现协调发展，将实现人道主义和自然主义的融合，将为人和自然之间、人和人之间矛盾的真正解决提供必要的制度支撑，确保生态治理在全社会长期的规范机制下得到有效的推动。

第二节　中国生态文明建设中推进生态治理的实践路径

中国生态治理的实施坚定有力，其成效有目共睹。应对全球气候变化，中国提出到具体年限，单位国内生产总值二氧化碳排放强度要大幅度下降；治理环境污染，中国提出要像“对贫困宣战”那样“对污染宣战”；为

① 中共中央宣传部：《习近平新时代中国特色社会主义思想学习纲要（2023年版）》，学习出版社、人民出版社，2023年，第230页。

了可持续发展，中国努力调整经济结构、淘汰落后产能、发展绿色环保经济，改变社会经济发展方向；为了抵御沙漠化侵袭，中国在沙漠的边缘筑起“绿色长城”；为了保护野生动物和珍贵物种，中国政府向被大象破坏农作物的农民提供补偿，为珍贵物种营造有益的生态环境。生态思想家托马斯·贝里（Thomas Berry）强调：“每一个历史阶段人类都有伟大的工作要做，而我们时代的伟大工作即是呼唤生态纪的到来，在生态纪中，人类将生活在一个与广泛的生命共同体相互促进的关系之中。”[①]在全球人类命运一体的时代，生态文明建设已经成为全球的共同使命。中国在推进生态文明建设的道路上是最坚强的实践者。中国实施生态治理是围绕本国、区域和全球三个层次开展的。本国是中国自身的生态治理，是中国推行生态治理的前提基础；区域是生态治理的直接关系层面，是中国与跨国跨界的毗邻、近邻多国之间的区域合作治理；全球是中国生态治理的国际责任，是中国在全球生态层面的国际合作。中国实施生态治理的国际合作具体包括三个内容，即与邻国的双边和多边生态治理合作，区域生态治理合作和全球生态治理合作。在现代社会的发展中，面对人类社会的共同生存威胁，作为一个大国，不仅要应对自身的问题，更要担负大国应有的历史使命和国际责任。事实表明，中国率先走上生态文明建设的道路，并积极推动国际生态治理合作事业的发展，在全球治理的大业中发挥着一个大国应有的国际责任。“中国已成为全球生态文明建设的重要参与者、贡献者、引领者。”[②]

一、中国特色社会主义生态治理的历史进程

中国的生态问题是一个历史问题，也是一个经济问题，更是一个政治问题。新中国成立以来，历代国家领导集体在不同阶段都提出了保护环

① Thomas Berry. *The Great Work:Our Way into the Future*. Trans.by Cao Jing. SDX Joint Publishing House，2005，p.6.

② 中共中央宣传部：《习近平新时代中国特色社会主义思想学习纲要（2023年版）》，学习出版社、人民出版社，2023年，第232页。

境和关注生态的政策与主张，也实施了处理污染、改善环境的措施，推动生态治理不断发展，向着生态文明的方向迈进。

（一）生态治理的发展演进

从新中国成立至今，在中国共产党的领导下，中国政府不断探索并实施治理生态环境的策略、制定治理的政策方针。中国生态治理经历了七十多年的历程，走上了具有中国特色的社会主义生态治理道路。

1.改革开放前的生态治理（1949—1978）

环境问题几乎是任何一个国家在工业化和现代化过程中遇到的普遍问题。不论经济发展的程度与水平如何，不论社会制度如何，只要没有协调好社会经济发展和自然环境保护之间的关系，只要没有把生态理念完全与社会经济发展规律有机地融合在一起，生态环境问题就有可能发生，或重或轻。由于历史上的战争、西方强国的侵略和掠夺，中国的生态环境问题很严峻。因此，新中国成立后开始高度重视国内的生态环境治理。20世纪五六十年代，中国的生态环境治理主要是对洪水泛滥的淮河、黄河等水域进行治理，同时，对危害民众生命和身体健康的“四害”[①]进行治理。20世纪70年代，中国政府开始从法律、环保机构、环保政策、环保标准、环境会议等各个方面加强对国内生态环境的治理。《关于官厅水库污染情况和解决意见的报告》是中国政府运用法律手段实施生态治理的重要开端。1973年8月，中国政府召开第一届全国环境保护会议。1974年10月，中国政府成立第一个环保机构。1978年，中国宪法第一次对环境保护做出了明确、具体的规定，比如国家保护环境和自然资源，防治污染和其他公害。同时，中国政府制定了一些具体的生态环境治理的标准，涉及食品、工业“三废”、生活饮用水等。

中国改革开放前的自然环境受到来自多方面的压力：一方面，历史上

① “四害”是指苍蝇、蚊子、老鼠、蟑螂。1958年2月12日，中共中央、国务院发出《关于除四害讲卫生的指示》。

已经被破坏了的自然环境不能继续为新中国人民提供基本的资源和健康的居住环境,需要国家积极修复受损的自然环境,并对自然资源进行科学的、节约的使用。另一方面,自然灾害影响甚至制约了国内的经济发展和民众基本生活条件,需要中国政府采取有效的生态治理举措。20世纪50年代,中国的生态问题主要体现在水患、鼠患、生活环境恶劣、水土流失等方面。中国的水域生态问题主要集中在淮河、黄河和长江等河流,这里出现决堤、洪水泛滥等水灾对沿河百姓的生命财产造成严重的破坏。不仅如此,水灾过后的疫情也严重地威胁到百姓的生命健康。因此,对这些河流水域的治理成了生态治理的主要内容。对此,《征询对农业十七条的意见》中对农业生态环境提出了具体的治理措施:"同流域规划相结合,大量地兴修小型水利,保证七年内基本上消灭普通的水灾。"[①]从1950年12月开始,经过80天的奋战,治淮工程终于完成,建成了长达168千米的苏北灌溉总渠,取得了治淮工程的初步成效。此外,荆江分洪工程、"引黄济卫"灌溉工程、北京官厅水库等重大水利工程顺利建成,水域的生态治理初步完成。1953年开始,全国各地普遍开展了以农田灌溉为主要内容的小型水利建设,同时,对水域的环境治理开始从单一治理发展到综合开发利用,逐步实行"旱、洪、涝兼治,蓄、引、提结合"的综合治理措施,以小型为主,大、中、小结合,建设了多种多样的农田水利设施。20世纪50到70年代,全国进行植树造林,实施消灭荒山、绿化祖国的环境治理运动。改革开放前,中国的生态环境治理主要集中在与民众生产生活相关的层面,解决的是最迫切的环境问题。基于当时中国面临着严峻的国际形势,国内环境的生态治理也受到影响,因此,不能得到长期的关注与重视,导致环境的生态治理只能停留在初级阶段。到20世纪六七十年代,由于国内政治局势的影响和大生产运动的展开,环境的生态治理受到制约甚至停止,一些人为的破坏因素反而增加,环境的生态治理并不乐观。

---

①《毛泽东选集》第5卷,人民出版社,1977年,第262页。

2.生态治理的发展阶段(1979—2012)

党的十一届三中全会的召开开启了中国改革开放的新征程,同时针对国内自然环境的恶劣现状开始实施生态治理,进行生态补偿与生态优化,修复和治理生态环境。主要表现在三个方面:一是把治理环境当作一项政治任务,并制定措施。1982年党的十二大开始将保护环境的理念与国家的经济发展结合在一起,提出"提高经济效益、节约资源与减低消耗"的新要求。1983年12月,中国政府宣布环境保护成为国家的一项基本国策。党的十三大报告提出必须转变生产理念,将环境保护、生态平衡和人口控制等纳入国家经济社会发展的重要指标。同年,国务院通过三个重要决定,确定了中国环境保护的"三个基本政策"①。党的十五大报告明确提出,可持续发展战略将成为中国经济社会的未来发展方向。二是重点加强对森林生态环境的治理。1978年11月,国务院决定实施"三北"防护林建设工程,开创了我国生态森林建设的先河。1990年5月,国家林业部在长江中上游开始全面开展防护林建设工程。三是构建环境法制监管体系,规范化、制度化实施生态治理,加强对环境生态治理整体上的统一治理。1979年2月颁布的《中华人民共和国森林法》是新中国成立后的第一部关于森林保护的法律。20世纪80年代,国家通过诸多法律加强对环境的生态治理,先后在18个省(区、市)的1035个县开始进行长江流域的生态林建设。1989年正式通过具体的水土、环境、海洋环境等保护法律,以及大气和水的污染防治法,并且把对森林、草原和水等关系到人民基本环境要素的保护治理也上升到法律层面。同时,建立了相关的具体制度,包括污染方面的,如排污收费制度、污染限期治理制度、污染集中控制制度和排污许可证制度;此外,还有环境方面的相关制度,如城市环境综合整治定量考核制度、环境影响评价制度、环境保护目标责任制以及具有综

① 即环境问题"预防为主、防治结合"的政策,"谁污染、谁治理"的政策,强化环境管理的政策。

合性的“三同时”制度[①]等。总的来说,改革开放的前10年,我国环境生态治理的重心在环境生态治理的制度建设,通过制度的制定与实施,把环境的生态治理纳入有计划的框架中,实现治理与预防相结合。

20世纪90年代,面临发展生产与资源环境之间的严重矛盾,中国环境生态治理的主要任务集中在协调发展与环境之间的关系。对此,国家从三个方面采取了生态治理措施。一是通过制度措施修复生态环境。国家开展退耕还林工程,在全国范围实施森林环境生态治理。从21世纪开始,国家通过一系列的退耕还林政策,对全国的森林生态系统进行全方位的治理,先后通过《关于进一步做好退耕还林还草试点工作的若干意见》(国发〔2000〕24号)、《关于进一步完善退耕还林政策措施若干意见》(国发〔2002〕10号)、《退耕还林条例》《关于完善退耕还林政策的通知》(2007年8月)、《退耕还林工程规划》(2001—2010年),退耕还林1467万公顷。“退耕还林工程从1999年试点启动至2008年底,全国累计实施退耕还林任务4.03亿亩。”[②]这个工程的实施在一定程度上改善了国家的森林生态系统,对水土流失、防治风沙、动植物生存环境等问题有了一定程度的改善。二是将环境治理与保护上升为国家的主要任务。中国政府认识到社会全面和可持续发展的战略地位以及生态环境的重要性。党的十四大开始把环境治理作为改革与建设的重要任务,重点在于控制人口增长和保护环境,对国内的自然资源进行合理利用。党的十四届五中全会更加强调生态环境在社会经济可持续发展战略中的重要性,制定了长期的国家经济社会发展的生态治理措施。三是加强环境资源有效利用和管理,突出生态环境问题,促进人与自然关系的和谐。从2000年开始,中国政府提出在全国实施最严格的资源管理制度,并强调“保护与开发”不可分离;

① “三同时”制度,是指对环境有影响的一切基本建设项目、技术改造项目和区域开发建设项目,其防止污染和生态破坏的设施必须与主体工程同时设计、同时施工、同时投产使用的法律规定。

②《森林覆盖率从8.6%到18.21%:共和国的森林在成长》,http://www.gov.cn/gzdt/2009-09/24/content_1425092.htm,2019年9月3日浏览。

在经济发展中必须节约资源，并制定了具体的环境治理规章和办法，尤其是对国家的林业发展和森林生态进行治理。森林生态治理成为国家的重点生态治理项目，从营造林工程制度、林木苗木的培育技术标准到人造林的质量评价等做出了具体的规定。党的十六大将国家的生态环境治理上升为实现小康社会的主要手段。在此阶段，中国的环境生态治理从认识到措施全方面都有了提高，把生态问题摆在了经济社会发展的突出位置。

进入21世纪，中国社会的经济发展与环境资源之间出现了新的矛盾和问题，国家需要积极应对环境生态治理。主要采取了以下治理措施：一是提出科学发展观作为生态治理的基本指导理论。党的十六届三中全会提出了要实现“以人为本”的新发展观、“五个统筹”[①]和“三个统筹”[②]，这些成为环境生态治理的科学理论指导。二是通过构建新型社会关系和经济发展方式，实现对环境资源的减压。党的十六届四中全会提出构建新社会的目标，要体现人与自然和谐相处的生态理念。党的十六届六中全会提出重点解决与人民健康和持续发展相关的环境问题，生态环境成为社会健康的重要因素，从源头上控制污染，强化企业和全社会节约资源保护环境的责任。三是实施生态文明建设，将环境生态治理提升到国家战略高度。环境的生态治理需要国家进行战略层面的规划，从宏观上做出整体战略部署，根本上解决资源环境健康与社会经济持续发展之间的矛盾。党的十七大明确提出，“建设生态文明，基本形成节约能源资源和保护生态环境的产业结构、增长方式、消费模式，循环经济形成较大规模，可再生能源比重显著上升”[③]。党的十七届四中全会将生态文明建设提升到国家“五位一体”的战略高度，为今后国家的经济社会发展提供了新的目标，促进环境生态治理的大发展。

---

① 五个统筹是指“统筹城乡发展、统筹区域发展、统筹经济社会发展、统筹人与自然和谐发展、统筹国内发展和对外开放”。

② 三个统筹是指统筹中央和地方，统筹个人利益和集体利益、局部利益和整体利益、当前利益和长远利益，统筹国内和国际两个大局。

③ http://www.360doc.com/content/15/1228/11/8486799_523651890.shtml,2019年3月13日浏览。

3.生态治理的推进阶段(2013年以来)

党的十八大为中国环境的生态治理制订了宏观战略,党的十九大加速推进中国环境生态治理的实施,党的二十大以来突出强调生态环境的治理从重点推进发展到系统整治,以中国式现代化推动中国环境生态治理进入高质量的历史性阶段。这一时期的特点主要体现在七个方面:一是展开顶层设计,实施战略部署。中国政府从国家战略高度出发,对生态文明建设提出了具体的实施路径,明确了环境生态治理的具体路线图,推进中国环境生态治理的新发展。二是设立示范园区样本,发挥生态治理带动效应。根据自然环境的整体性、系统性、外溢性,国家对环境的生态治理应遵循自然环境的规律性和生态属性来设立长江经济带、京津冀协同治理区、自然环境保护区、野生动植物保护区、生态县、生态城等具体生态治理空间布局,为美丽中国建设提供样本和范例。三是以生态理念制定环境生态治理机制。从生态环境的自身属性出发,制定科学的管理责任机制,设立河长制、湖长制等治理机制,加强对治理区域的整体和系统监管。"2017年底,沿江11省市完成生态保护红线的划定工作,全面建立生态保护红线制度。"[①]四是建立严格的监督制度,设立生态底线和生态红线,加大生态治理监管的力度。2013年,中国出台了"绿篱行动",要求对所有进口"废弃塑料瓶"必须清洗干净、处理成碎片,未经处理的"废弃塑料瓶"禁止入境。2017年底之前,中国紧急禁止4类共24种固体废物入境。2019年6月,中共中央办公厅、国务院办公厅印发了《中央生态环境保护督察工作规定》强调,"要推动完善中央和省两级生态环保督察体系,充分发挥中央和地方两个层面的积极性,形成工作合力"[②]。五是实施区域联合生态治理战略。2014年是中国区域联合生态治理的关键年。在这一年,"长江经济带"正式成为国家战略

---

①《长江经济带:共抓大保护》,《中华环境》,2018年第1期,第15页。

② 中共中央党史和文献研究院,中央学习贯彻习近平新时代中国特色社会主义思想主题教育领导小组办公室编:《习近平新时代中国特色社会主义思想专题摘编》,党建读物出版社、中央文献出版社,2023年,第398页。

的重要组成部分，之后，“长江经济带”“一带一路”“京津冀”共同成为我国经济发展战略空间布局的战略区域，成为我国新时期经济发展新格局的“三大支撑带战略”。随后，“长江经济带”的区域战略地位再次得到提升，在国家经济发展区域发展格局和空间中担负着新的重大历史使命。同时，“长江经济带”的生态保护使命也不断增强。《长江经济带发展规划纲要》(2016年9月)第一个将生态优先、绿色发展以及生态文明作为本区域发展战略的首要原则。《长江经济带生态环境保护规划》(2017年7月)“从水资源利用、水生态保护、环境污染治理、流域风险防控等方面提出更加细化、量化的目标任务，要努力把‘长江经济带’建成中国经济版图上的绿腰带、金腰带”[①]。2022年6月习近平总书记在四川宜宾三江口考察时说：“保护好长江流域生态环境，是推动长江经济带高质量发展的前提，也是守护好中华文明摇篮的必然要求。”[②]六是加强法律机构的建设，组建生态环境部，加强全国生态环境治理的统一管理。2018年1月，中国正式启动新法规，禁止进口“洋垃圾”[③]，2018年1月1日起施行《中华人民共和国环境保护税法实施条例》。2018年3月13日，取消环境部，组建生态环境部，这一机构的调整表明，国家在环境问题的解决上将生态理念纳入国家的整体规划和管控之中。七是制定路线图和时间表，明确生态治理的具体任务指标。2018年5月，中国政府确立了建设美丽中国的“时间表”和“路线图”。一个时间表即2035年美丽中国目标基本实现，具体的路线图就是六个原则和十三个具体指标，重点解决损害群众健康的突出的环境问题。这个“原则+指标”的环境生态治理的路线图具有重要的现实意义和实践价值。“十三五”时期，改善环境质量成为生态治理的核心目标。

---

① 刘国伟：《〈长江保护法〉呼之欲出，滚滚长江水何时碧波重现?》，《环境与生活》，2019年第3期，第15页。

② 陆娅楠、李心萍、李凯旋：《推动长江经济带高质量发展》，《人民日报》，2022年6月12日。

③ “洋垃圾”指的是国家明文规定禁止进口的危险废物、生活垃圾和不可再利用的固体废物。

(二)中国生态治理的主要范畴

经过几十年的艰辛治理和不断努力,“中国的生态治理成效显著,在森林修复、植树造林等方面的进步尤其令人赞叹。通过开展大规模绿化工程,中国的森林覆盖面积在过去几十年里增加了近1倍,森林覆盖率提高了约10%。最近10多年,中国年均人工造林面积达1亿亩左右,人工林面积位居全球第一”①。中国的森林植被从全国的生态治理效果来看,“以森林、草地、农田、荒漠为主的四个生态系统占到全国陆地生态系统面积的82.2%。经过10年的发展,森林生态系统面积由19.86%提高到20.17%。72.3%的森林生态系统质量得到提高,17.6%的森林质量下降;草地面积下降了0.56%。50.3%的草地生态系统质量得到提高,34.7%的草地质量下降;湿地方面变化尤为明显。湖泊水库面积增加了3663.6平方公里,沼泽面积减少了4801平方公里;农田面积减少了4.82万平方公里,减少了2.6%”②。2021年据国家统计局相关数据调查,人民对生态环境的满意度超过90%。“十年来,全国74个重点城市PM2.5平均浓度下降了56%,重污染天数减少了87%;2021年,全国地级及以上城市重污染天数比2015年减少了51%。我国是第一个治理PM2.5的发展中国家,被誉为全球治理大气污染速度最快的国家。”③这些数据表明了中国的生态环境得到一定程度的改善和提高。整体上看,中国生态系统分布与格局、质量、服务得到了一定改善,中国生态建设与恢复的政策与工程取得显著成效。

尽管如此,中国在协调保护与发展的关系、建设生态文明方面仍面临巨大的挑战,需要开展更有效的生态系统治理,增强生态系统提供产品与

---

① 伊万—瓦西里·阿布鲁丹:《中国的生态治理成效显著》,人民网,http://www.cssn.cn/hqxx/gjgch/201911/t20191120_5045253.shtml,2022年2月4日浏览。

②《人民政协报全球生态系统治理要树立命运共同体理念》,http://cppcc.people.com.cn/n/2015/1029/c34948-27751317.html,2019年3月12日浏览。

③《生态环境部:十年来全国74个重点城市PM2.5平均浓度下降56%》,经济参考网,https://finance.eastmoney.com/a/202209162510905115.html,2023年2月18日浏览。

服务的生态治理能力。中国生态治理依然任重而道远。中国依然是发展中国家,人口数量庞大,自然资源和生态环境天然不足,发展不平衡问题还没有彻底解决;再加上城市工业化阶段的粗放式发展主要依赖大量能源和资源导致的对能源需求的与日俱增,带来资源枯竭和一系列环境问题。受到技术、经济和安全等因素的制约,煤炭消费依然占据能源消费的重要比重,现代化生产对自然资源的消耗依赖依然严重。目前,中国环境的生态问题主要包括以下五个方面:一是大气污染。主要来自汽车尾气、生活排放、工业排放、扬尘等。二是水资源匮乏和水体污染。中国水资源总量在世界上所占比重不小,但是人均占有量不到世界平均水平,特别是北方地区面临着水资源的严重缺乏。工业化经济发展对水体的污染依然严重。三是土地沙化问题严重。现在我国北方地区分布的戈壁、荒漠化土地有二百多万平方公里,已占国土面积的四分之一左右。土地沙化是我国西北地区当前最为严重的生态环境问题,给国民经济和社会发展造成较大影响。沙尘暴、沙化土地问题使得生态环境的保护和改善越来越迫切。四是固体废弃物污染。工业垃圾、生活垃圾、废弃的生活用品和工业品等得不到有效的合理处理,给环境带来严重的污染。五是其他的生态环境问题。包括城市噪声污染、农村生态环境问题、网络生态安全问题等。中国从2019年开始发布中国生态治理发展报告,整体研究国家生态治理的发展情况。实际上,我国生态环境问题依然不容轻视,需要持续加强和加大各个领域的生态治理。

(三)中国生态治理的主要领域

1.自然环境的生态质量

中国的自然环境有着天然的不足。从人类生产生活所需的资源方面看,中国的自然资源并不丰富,用于满足生产、生活所需的土地、森林、草地、水源等资源是有限的。近二百年,战争破坏、外国列强掠夺等恶性行为加剧了自然环境的生态失衡。目前中国的自然环境生态质量依然堪忧,具体体现在以下方面。

一是水土流失比较严重。中国是世界上水土流失严重的国家之一。中国的土地资源因为水土流失、水力侵蚀和风力侵蚀等原因而极度匮乏。二是土地荒漠化、沙化还没有效遏制。中国是世界上荒漠和沙化面积大、分布广、危害重的国家之一。三是森林和草原退化依然存在。中国的森林和草原依然还有退化，木材供需矛盾还没有根本解决。"《第七次全国森林资源清查（2004—2008）结果》表明，全国乔木林生态功能指数0.54，生态功能良好的仅占11.31%。造林良种使用率51%，与林业发达国家的80%相比，仍然有很大的差距。原始森林每年减少5000平方公里。"①中国森林资源和草原生态所遭受的乱砍滥伐、毁林开荒、森林火灾、病虫害等问题依然严重。四是水资源依然短缺。我国以占全球6%的淡水资源养育了世界近20%的人口。②中国的淡水资源储量并不丰富，人均拥有量更是低于世界平均水平。淡水资源是国家建设、社会发展、人类生存的必需资源，水资源也是生态系统的重要构成部分。五是生物多样性减少的趋势还没停止。生物多样性是自然生态系统良好的重要表现。生物多样性的减少直接影响到自然界的物质交换、能量交换，影响物种生命的繁衍和生态系统功能的正常运转。

2.农地的生态资源

农业是国家的重要产业，农业的发展是国家的根基。国家的农业生态环境出现了一些生态低质问题。一是耕地资源依然短缺。土地是国家生产活动的根基。"据统计，2007年末全国耕地数为1.22公顷，占国土面积的13%，占世界总量的8.4%，人均耕地占有量不足0.1公顷，远远低于世界平均水平的40%，接近联合国规定的人均耕地危险水平0.053%公顷，从1996年至2007年的11年间，耕地减少近0.08亿公顷，平均每年减

①《第七次全国森林资源清查结果（2004—2008）》，国家林业局网站，http://www.chinadaily.com.cn/dfpd/shizheng/2011-09/07/content_13636271.htm，2018年8月23日浏览。

②《我国以占全球6%的淡水资源养育世界近20%人口》，http://www.news.cn/2022-09/13/c_1128999100.htm，2023年6月22日浏览。

少75.73万公顷，已接近耕地的1.2亿公顷的红线。”[①]耕地的严重不足将导致现存耕地承载不了国民的基本生存需求。同时，耕地使用过程中的不科学做法严重破坏了土地的生态平衡，造成土地贫瘠和土地生产功能的下降。二是农村的生态环境污染问题不容忽视。在现代化建设过程中，一些农村的土地污染、空气污染、生活垃圾和水质污染等造成农村生态环境的恶劣。农村环境污染治理主体的缺失、不作为、作为不力、监督机制的缺乏以及农民生态意识的淡薄，导致一些农村的生态环境质量得不到有效的改善。

3.城市的生态环境

中国城市的现代化建设中，出现了比较严重的空气污染和生态环境破坏问题。尽管进行了积极治理，但一些城市的生态环境质量还是没有达到标准，主要表现在三个方面。一是空气污染情况存在，空气环境质量比较差。城市空气的污染主要来自汽车尾气、煤炭燃烧等废气的排放。由于汽车的大量使用，汽车尾气的排放污染了空气环境；煤炭使用中排放的气体也加剧了空气污染。二是密集的建筑物、大量聚集的人口产生的大量生活垃圾以及无效处理带来环境的二次污染。三是城市建设规划中绿地植被的不足，工厂企业生产带来的污水、废气、废弃物甚至有毒有害物质的处理不当带来的二次污染。四是噪声污染。城市建设施工过程中产生的大分贝声音，一些企业举办的大规模活动等产生的噪声污染。此外，一些传统习俗带来的污染也不容忽视，如婚礼、葬礼举办中的不文明行为，放鞭炮、撒纸钱、祭奠故人的烧纸行为，开业或节日放鞭炮等。城市在现代化建设中，重视人文设施的建设，忽视自然环境的保护，城市现代化建设理念中的生态环境保护意识比较淡薄，人为的污染比较严重。因此，城市生态环境质量急需改善，要将城市建设与自然环境保护有机地整合在一起，构建适合人类居住的生态城市。

---

① 陶格斯：《中国环境问题的历史变化》，《环境科学与管理》，2009年第8期，第190页。

（四）中国生态治理存在的不足

1.民众的生态因素不足

生态治理的实施主要依赖实施主体的行为。个体民众作为基本的实施主体，其意识和行为直接关系到生态治理的成效。由于民众的生态因素不足，制约了民众的生态治理行为。民众的生态因素不足主要体现在生态意识缺乏、生态行为有限、生态素质不高等方面。民众不能主动进行生态活动，社会媒体、社会舆论不能形成有力的生态行为导向，不能对民众的生态行为进行引导。城市工业化阶段，经济的粗放式发展影响着人们对自然生态环境的认识和态度，不能形成一个全面系统的生态素质培育模式，不能将生态素质培育看作人的基本素质的重要构成部分，在教育体系和教育内容的设置中，生态素质培育有待加强。只有通过系统的生态素质培育，人的生态素质才能转化为生态意识，从而改变人的生态行为，提高人的生态因素。

2.生态治理存在区域差异与不平衡

中国的生态治理在广大区域上存在明显的差异和不平衡。生态治理需要一定的资金支持和地方政府的积极作为。在中国，由于东部与西部在地理环境、自然资源、经济发展等方面的差异，生态问题表现程度也不相同。东部更多的是经济发展中产生的空气污染、水体污染、噪声污染等经济发展模式带来的问题，需要转变经济发展模式；西北部更多的是原生的自然环境生态的匮乏、土地沙化和水资源匮乏，同时也有经济发展不当带来的生态问题，需要立足自然生态环境健康基础上发展经济。再有，对一些特殊区域的自然生态多样性和珍稀物种要进行特殊的保护，加强对自然生态物种平衡的综合治理。

3.生态政策执行存在不到位

实施生态治理的过程中，一些地方政府和工作人员为了完成中央政府要求的治理目标和保护当地生态环境的任务，不能严格按照中央制定的生态政策进行操作，不能本着生态理念治理当地的污染问题，不能遵循生态规律,实行简单的行为措施,短时间处理污染问题,往往适得其反,造成污染不能彻底治理,甚至是反复或卷土重来。尤其是在空气污染、水体污染、噪声污染、土地沙化、土壤污染等治理方面,表现得比较明显。这些污染的治理需要从生态原理出发,将生态理念运用到环境治理的具体措施中,确保被污染领域能够恢复生态系统的健康和生态功能的正常化。

4.法制监管力度仍需加强

尽管国家制定了严格的法律和法规,也设立了严格的全国督察制度和巡回检查组,但是,生态治理需要地方政府、企业、民间组织和个人将生态理念融入自己的行为中,都要在污染防治、环境保护中发挥作用。生态治理是一项长期而复杂的工程,由于生态治理效果的外部性和生态环境产品的公共属性,导致生态治理中出现“搭便车”的行为。生态治理涉及的领域广泛、治理成本较高、治理效果较慢,因而,出现一些地方政府、企业甚至个人的反生态行为。对此,国家更应进一步加大法制的监管力度,运用外部强有力的法律监管和组织机制推动地方生态治理的正向发展。

5.短期治理效果与长期价值存在一些脱节

生态治理的过程中,一些地方政府和企业往往从自己的短期利益出发,对污染防治、环境保护措施的意义认识不足。他们并不考虑生态系统服务功能的恢复是否符合科学、是否充分,只单纯考虑本企业、本领域的利益是否受损,希望在最短的时间里恢复自己的利益。这种只注重短期效果的生态治理并不符合生态系统服务功能的原理,不能真正地实现生态系统的平衡,也不能真正地实现生态功能的健康运行。因此,地方生态治理存在的短期效应不符合生态系统的长期价值,二者在实践操作中存在生态价值脱节的情况。

6.顶层设计与基层操作出现一些两张皮

中央制定了生态文明建设的战略规划,进行了顶层设计和全国布局,为地方的生态治理提供了基本的行为指南,确保全国生态治理实施的整体统一。但是,地方政府可以因地制宜地实施本地区的生态治理,地方政府的生态治理在具体的实施过程中存在很大的差异和不平衡。地方政府在对中央政府的战略部署和政策方针的理解和执行中,往往存在不同的态度,出现不一致的行为。一些地方政府为了维护本地方的经济利益而忽视地方环境生态的保护和污染治理,与中央的顶层设计出现偏离。

总体上来说,目前中国的生态治理处于历史的关键期,携带着社会主义不发达阶段生态环境保护不均衡、不集聚的区域特色。生态治理是一项关系到国强民富的长期系统工程,它需要增强不同阶层成员之间的密切联系,以内外联动的协作发展战略为抓手,将绿色开放的理念渗透到生态治理现代化的全过程。新时代中国特色社会主义生态治理的发展要集中于生态理念、生态科技、生态制度、生态评估层面,进行系统梳理,培育生态治理的全球市场,深耕彼此优势沃土,创建全球生态治理的命运共同体。“深化‘本地污染和区域协作相互促进、多策并举、多地联动’的协同治理共识,才能切实有效地丰富生态治理的内涵,实现生态治理的现代转向。”[①]中国的生态治理中,治理的主体更多地局限于主体自身所在的区域和生态利益,被束缚了手脚,不能灵活多样地实施跨地方、跨领域的引才引智联合工程,某种程度上延缓了国家生态治理的全面进程。应该理清开放与治理之间的逻辑关系,深刻地揭示制约生态治理实施中的基本矛盾,用系统、开放的理念加速生态治理工作的新发展。开放与合作发展是国内生态治理与国外生态治理科学统一于中国特色社会主义生态治理道路的必要抉择,也是中国携手推进全球生态治理现代化的发展路径。

二、中国推动国内生态治理的策略措施

中国推进生态治理的具体实施中,自身生态治理是首要的。这是一个国家最基本的任务和责任。为了实现中国梦和中华民族伟大复兴,中国人民在中国共产党的领导下有计划、有步骤地推进生态文明建设,在全

① 中共中央文献研究室:《习近平关于全面深化改革论摘编》,中央文献出版社,2014年,第11页。

国范围内积极实施生态治理，解决生态环境与经济发展中存在的矛盾与问题。经过长期的坚持不懈的努力，中国的生态环境得到一定的修复，总体生态环境得到一定的改善。“当前，我国已围绕青藏高原生态屏障区、黄河重点生态区、长江重点生态区、东北森林带、北方防沙带、南方丘陵山地带、海岸带等‘三区四带’，统筹部署了51个山水林田湖草沙一体化保护和修复工程，累计完成治理面积8000万亩。”[①]在生态治理的过程中，全国呈现出良好的发展态势，形成了诸多的生态治理模式，积累了一些卓有成效的生态治理经验。从对生态治理宏观战略的制定、生态治理机制的设立到地方生态治理模式的探索以及生态治理经验的积累等，都展现了中国政府实施生态治理的决心和恒心。中国生态治理从中央到民间、从官方到百姓、从学理到实践，在全国形成了生态治理的新风尚，这些对国内生态环境问题的解决、经济的持续发展和人文社会环境的改善等产生了积极的推动作用。

（一）政府布局与战略定位

党的十八大制定了生态文明建设为主导的五大框架战略布局，为生态治理的实践定位提供了充分的保障。党的十九大报告中指出，实施区域协调发展战略，为区域生态治理合作提供指导。“以疏解北京非首都功能为‘牛鼻子’推动京津冀协同发展，高起点规划、高标准建设雄安新区。以共抓大保护、不搞大开发为导向推动长江经济带发展。”“构建市场导向的绿色技术创新体系，发展绿色金融，壮大节能环保产业、清洁生产产业、清洁能源产业。推进能源生产和消费革命，构建清洁低碳、安全高效的能源体系。推进资源全面节约和循环利用，实施国家节水行动，降低能耗、物耗，实现生产系统和生活系统循环链接。倡导简约适度、绿色低碳的生活方式，反对奢侈浪费和不合理消费，开展创建节约型机关、绿色家庭、绿

① 张缘圆:《人民网评：坚定不移地进行生态文明建设》,http://opinion.people.com.cn/n1/2023/0720/c223228-40039972.html,2023年7月23日浏览。

色学校、绿色社区和绿色出行等行动。”①党的二十大再次指明了生态文明建设的重要意义。共产党从战略高度为国家的区域生态治理制定了具体的实践策略。此外,中国政府从全国范围对生态环境问题实行战略定位,彰显了中央政府对生态治理的宏观指导和全局掌控。中国的生态治理是从全国范围对国家的经济结构、能源结构进行合理调整,对国土依据生态平衡原理进行布局与谋划,对国家的产业从环保、清洁、节约和循环等方面进行重新定位,推动国家的生产和生活,实现绿色环保的新方式和生态的健康发展。

我们决不能依靠牺牲生态环境和人民的健康来换取经济增长,一定要走出一条具有生态意义的新路。2018年5月18~19日,在全国生态环境保护大会讲话中,习近平总书记指出:“要把解决突出生态环境问题作为民生优先领域。坚决打赢蓝天保卫战是重中之重,要以空气质量明显改善为刚性要求,强化联防联控,基本消除重污染天气,还老百姓蓝天白云、繁星闪烁。要深入实施水污染防治行动计划,保障饮用水安全,基本消灭城市黑臭水体,还给老百姓清水绿岸、鱼翔浅底的景象。要全面落实土壤污染防治行动计划,突出重点区域、行业和污染物,强化土壤污染管控和修复,有效防范风险,让老百姓吃得放心、住得安心。要持续开展农村人居环境整治行动,打造美丽乡村,为老百姓留住鸟语花香田园风光。”②中国生态治理的实施在中央政府的主导下,制定了宏观的战略布局,全面、长期、整体地规划了中国特色社会主义生态治理的实施框架。

(二)规章制度与法律体系

一方面,加大对生态治理相关领域和具体措施的法律法规的制定。

①《决胜全面建成小康社会 夺取新时代中国特色社会主义伟大胜利——在中国共产党第十九次全国代表大会上的报告》,http://news.sina.com.cn/o/2017-10-18/doc-ifymyyxw3516456.shtml,2019年3月13日浏览。

②《习近平出席全国生态环境保护大会并发表重要讲话》,http://www.gov.cn/xinwen/2018-05/19/content_5292116.htm,2019年3月14日浏览。

中国在实施生态治理的过程中，注重对相关规章制度和法律章程的完善和修订，建立最严密的环境执法体制，让环境法律的"牙齿"更锋利。《大气污染防治行动计划》《水污染防治行动计划》和《土壤污染防治行动计划》等具体规章相继出台，增强了中国政府对大气、水和土壤等直接关系人民生命健康的环境要素污染的防治行动。被称为"史上最严"的新环保法从2015年开始实施，它有力地打击了环境违法犯罪。"公益诉讼""按日计罚""查封扣押"等法治手段成为打击环境违法者的利器。据统计，2016年全国实施查封扣押案件9622件，移送行政拘留案件3968起，移送涉嫌环境污染犯罪案件1963件。此外，《中华人民共和国大气污染防治法》修订通过并施行；修订《中华人民共和国水污染防治法》和制定《中华人民共和国土壤污染防治法》的工作稳步推进。我国生态环境法治体系逐渐健全。从2018年1月1日起，全国《生态环境损害赔偿制度改革方案》试行生态环境损害赔偿制度。《重点流域水污染防治规划(2016—2020)》中确定580个优先控制单元，实施分级分类精细化管理。环保部发布新版《进口废物管理目录》中规定4类24种"固废"被列入禁止进口目录。同时，《禁止洋垃圾入境推进固体废物进口管理制度改革实施方案》明确要求全面禁止洋垃圾入境，完善进口废物进口管理制度，加强进口废物回收利用管理。2018年1月起，全面禁止从国外进口24种洋垃圾，完善了进口固体废物管理制度。《生活垃圾分类制度实施方案》先行在46个城市实施生活垃圾强行分类。《关于划定并严守生态保护红线的若干意见》则明确了我国生态保护红线的划定与制度的建立，再次强化我国生态保护的底线。2018年3月11日，第十三届全国人民代表大会第一次会议表决通过中华人民共和国修正案，生态文明写入宪法。2022年8月31日，生态环境部等12部门联合制定的《黄河生态保护治理攻坚战行动方案》，明确制定了到2025年黄河流域生态环境达到的具体目标。

另一方面，建立和完善生态环境治理的监管和考核制度。2015年7月，《环境保护督察方案(试行)》通过，明确建立环保督察机制，提出环境保护"党政同责""一岗双责"。目前，中央环保督察已经完成对23个省

(区、市)的督察,问责人数超过8000。中国政府设立了专门的中央环保督察,并且已经覆盖全国。2017年4月,京津冀大气污染传输通道"2+26城市"开展为期一年的共计25轮次的驻点强化督查。2018年5月30日,第一批中央环境保护督察"回头看"全面启动,到7月7日全面完成督察进驻工作。《党政领导干部生态环境损害责任追究办法(试行)》的出台,强调显性责任即时惩戒,隐性责任终身追究,让各级领导干部耳畔警钟长鸣。中央在推进环境保护督察的时候,既"督企"也"督政",让环保压力有效传导。中国政府实行严格的评价考核和责任追究制度,让领导干部扛起环保责任。2016年12月正式施行的《生态文明建设目标评价考核办法》对各省区市的党政领导干部实行新的考评制度,将年度评价和五年考核机制综合起来,并作为奖惩任免的重要依据。2015年12月,《生态环境损害赔偿制度改革试点方案》发布,初步构建"环境有价、损害担责,主动磋商、司法保障、信息共享、公众监督"的生态环境损害赔偿工作体系,落实了生态环境损害赔偿制度,让损害生态环境者承担赔偿责任。党的二十大报告提出:"建立生态产品价值实现机制,完善生态保护补偿制度。"①

同时,中国政府制定了诸多相关的法规章程,如《关于加快推进生态文明建设的意见》(2015年)、《生态文明体制改革总体方案》(2015年)、《绿色发展指标体系》(2023年)、《生态文明建设考核目标体系》(2023年)等,对国家自然资源的产权制度、有偿使用、生态补偿、总量管理等方面作出了具体规定,明确了国土空间的开发与规划,强调了对生态环境治理的评价、考核、责任、底线和监管,实现党政职能的整合,即"一岗双责",从法律法规上加强对国家生态治理的整体推进。

(三)河长制和试验区

创建河流生态治理河长制和区域生态治理试验区。"河长制"是2003年由浙江省长兴县首创的,是一项从地方实践创新上升到国家生态文明

① 寇江泽:《完善生态保护补偿制度(人民时评)》,《人民日报》,2023年7月24日,第5版。

建设体制改革的一项重要举措。“河长制”是指由省、市、区、镇、村等各级党政主要负责人担任“河长”，负责组织领导所管辖区域相应河湖的污染治理、区域管理和保护工作的一种制度。“河长制”的实施产生了积极影响，被许多地方借鉴。“河长制”的实施得到中央政府和国家领导的高度认可。2016年10月11日，中共中央审议通过的《关于全面推行河长制的意见》要求：“建立健全以党政领导负责制为核心的体系，形成一级抓一级、层层抓落实的工作格局。”[①]党和国家领导人十分重视“河长制”的建立与推行，在中央政府的支持下，“河长制”成为国家河流生态治理的重要机制。

“河长制”在全国各地河流区域生态治理实践中的显著特色就是由党政领导担任“河长”。这种特色体现了河流区域生态治理有着明确的领导核心和责任主体，河流区域生态治理要求地方各级党政领导负责，担负区域的统一管控，从整体上实现对整个河流区域的系统治理，做到职责有分工、目标要统一，力量要整合、治理不分家。“河长制”实施了从行政管理到生态治理的二合一，改进了行政人员的工作形式和管理方式，形成新型的管理责任一体化。“河长制”是河流生态治理实践中由地方创新的一种由领导负责、各级协同治理的合作机制。尽管具有明显的行政色彩，但是，“河长制”的设立创立了新型的河流区域生态治理模式，从河流生态治理效果上看，是一个生态治理有效机制。水域环境经过生态治理，我国水质得到极大改善，“2022年，国家地表水优良水质断面比例达到87.9%”[②]。

通过设立生态文明试验区，把区域生态治理的成功经验向全国推行。2016年6月，《关于设立统一规范的国家生态文明试验区的意见》通过，福建省、江西省、贵州省等纷纷设立试验区，并有序推进试验区的建设。2017年福建生态文明试验区建设将重点落实17项改革成果。试验区的设立将地方生态治理的成功经验向全国推广，有助于全国生态治理的正

① 中共中央办公厅，国务院办公厅：《关于全面推行河长制的意见》，《人民日报》，2016年12月12日。

② 孟庆瑜、刘婷婷：《推动重要江河湖库生态保护治理》，《人民日报》，http://opinion.people.com.cn/n1/2023/0601/c1003-40003625.html，2023年7月24日浏览。

向发展。

(四)区域边界协同治理

行政区划的人为划定与自然环境的生态治理往往并不一致。为了自然生态环境的有效治理,地方政府的行政部门要打破行政界线,在区域边界的自然生态环境治理中实施协同治理。在中国的省市之间、省内的不同县镇之间开始加强行政界线连接处的生态环境治理。一种情形是不同省市生态环境治理的跨界协调合作。比如,“苏浙沪”在长江三角地区的生态问题上采取了跨界合作,“2008年苏浙沪两省一市共同签署《长江三角洲地区环境保护工作合作协议(2008—2010年)》以解决生态环境问题”[①]。在跨省界的生态治理合作中,北京与周边的河北省、天津市组建的“京津冀”区域协调中心,加强了对行政区域边界的自然生态环境治理。“2017年,北京市和河北省共同实施的首个合作共建水生态项目——‘密云水库上游生态清洁小流域项目’已经落地实施,首批50平方公里的建设任务已经完成,实现了继大气污染联防联控之后京津冀在生态领域协同发展又一重要突破。”[②]另一种情形是省内的跨地区合作。在省内的不同行政区划边界地区的自然环境,同样也需要协同合作治理。浙江省部分地区在统一河流的污染治理与经济发展上进行统一河流区域的合作治理。山东省在不同地区的行政连接处实施合作治理。山东省的莱芜、济宁、泰安、菏泽、临沂、枣庄6等市环保部门于2014年10月开始围绕行政区域边界地区联动执法合作开展了经验交流。行政部门对边界相连地区的污染环境进行合作治理,协调治理的工作思路,进行联合执法,建立共享信息平台。“6市行政边界地区环境执法工作将按照联防联动、联管联治的工作思路,建立健全6市环境信息交流平台,实行信息共享、执法公开,不断总结经验,创新执法模式,推进行政边界地区环境污染纠纷处置

① 张永勋等:《生态合作的概念、内涵和合作机制框架构建》,《自然资源学报》,2015年第7期,第15页。

② 贺勇:《京冀“生态联治”打破壁垒》,《人民日报》,2017年1月5日。

和应急联动机制的制度创新和管理创新。把'土小'企业作为联合执法的打击重点,坚持露头就打、持续用力,常压与高压结合、巡查与突击并用,不断加大边界环境执法联动工作力度,努力形成整治'土小'企业的强大合力,为淮河流域和南水北调工程沿线环境质量的逐步改善奠定坚实基础。"[①]习近平总书记深刻阐释生态文明建设中需要处理好的一个重要关系就是"重点攻坚和协同治理的关系"。在这一思想的指导下,"2022年重庆和四川两地协同立法、共抓大保护,化解了跨界河流治理不同步、解决不及时、侧重不统一等症结,让嘉陵江重现鸢飞鱼跃、一江清水向东流的生态美景"[②]。2023年6月,安徽、浙江两省签署的《共同建设新安江—千岛湖生态保护补偿样板区协议》实现了省际跨流域的生态补偿,开启跨省生态治理补偿新机制。不同省市区县在生态环境治理中打破行政界限,遵循生态系统一体,真正运用生态思维,实施生态治理,推动生态环境的健康、美丽与和谐。"共建共享、协同联动,助力三江源生态保护建设和藏羚羊种群数量恢复,凸显协同治理对于重点区域领域生态环境保护的重要意义。"[③]

(五)统一领导与各负其责

中国拥有世界上复杂的自然生态环境,生态恶化、环境污染形势比较严峻。中国在生态文明建设进程中,实施有效生态治理是一项刻不容缓的任务。为了能够在全国范围内做到令行禁止,全国一盘棋,中央政府统一领导,协同实施生态治理必不可少;同时,中国的自然环境状况又是千差万别,需要因地制宜,发挥地方政府的自主治理作用,因此,中央与地方既要合理分工,职责明确,又要让各种治理主体参与到自然环境生态治理

---

①《实现生态环境共治,山东六市建立边界执法联动机制》,中国环保在线,http://www.hb-zhan.com/news/detail/92545.html,2019年3月13日浏览。

② 本报评论部:《正确处理重点攻坚和协同治理的关系——新征程上推进生态文明建设需要处理好的重大关系②》,《人民日报》,2023年08月10日第5版。

③ 同上。

的进程中。

首先,中央进行全面的领导与调控。全国层面的生态治理离不开一个强有力的领导中心,需要进行全局规划和战略布局。生态环境的公共性、非排他性将导致“公地悲剧”的发生,在全国生态环境的治理过程中,如果各自为政,将会造成生态治理的局部有效、整体困境局面的发生。因此,全国环境的生态治理需要一个全局的总体规划和协调机构。中国生态治理取得的进步,在很大程度上归功于中央的统一领导和自上而下的统一部署和全面规划。2018年4月16日成立的国家生态环境部全面启动七大专项行动,集中力量打好防治污染攻坚战。中央制定全国战略布局,明确国家生态环境治理的主要问题领域和治理目标,对全国生态环境系统进行领导、调控和宏观指导,对地方政府进行协调、整合。中国生态治理实施自上而下的全国统一部署,由中央做总体规划和部署,地方各级政府负责具体执行和实施,从人民的生态需要出发,运用行政管理、制度机制和法律规范,将社会、企业组织和个人等各种利益活动主体向生态方向引导,并对其生态行为进行规约,以确保国家经济社会的生态环境健康发展。

其次,地方政府主动担负治理责任。地方政府是具体实施生态治理的责任主体。在大城市的空气污染治理措施上,“中国正在全国推广废弃物循环利用与电动汽车项目。北京、上海等地方正在迅速形成针对电子废弃物与电池的循环利用体系。在深圳的政府部门则积极推动电动出租车换代,努力借此让市民呼吸更清新的空气”①。江苏省在中央的督察巡回期间,主动对省内的生态环境实施全面的整顿和严厉的治理,对省区内的环境质量提出严格的质量监管要求,将“只能更好、不能变差”作为各级政府担负职责的底线,并出台了《江苏省生态环境保护制度综合改革方案》等文件。江苏省在本省区的生态环境治理中,“作为首轮巡视的8个省份之一,2451件环境举报问题已办结,责令整改企业2712家,立案处罚

① [挪威]埃里克·索尔海姆:《岁首回望 翘首以盼 中国对全球环境治理的巨大推动作用,无可替代》,《地球》,2017年第3期,第8页。

1384件，处罚金额9750万元，拘留108人，约谈618人，问责449人”[①]。这是江苏地方政府在中央环境保护督察中交出的“答卷”和责任担当的体现。中国政府除了大城市、省级政府外，市级政府也积极执行中央政府提出的生态治理要求。绍兴市对本区域的河流治理采取“河长制”的方式，从2013年制度的出台到2015年河道水质的改善，再到2017年全市河流水质标准的大幅度提高，表明绍兴市的河流区域生态质量得到了实质性的改善。“截至2017年底，已有北京、天津、江苏、浙江、安徽、福建、江西、海南等8个省（直辖市）出台文件，在全省（直辖市）范围内推行河长制，山西、辽宁等16个省（自治区、直辖市）的部分市县或流域水系实行了河长制。”[②]中国地方针对本地区的具体生态环境问题，采取了各具特色的治理措施，并发动民众积极参与进来，从而取得积极成效。“为维护环境，青海玉树杂多县推动‘垃圾换文具’，施行至今效果显著；贵州施秉县也启动‘垃圾银行’，捡垃圾可兑换食盐、牙刷等日常用品，更可累计积分使用。”[③]

再次，社会组织、企业以及个人等民间社会力量要发挥各自的作用。中国生态治理十分注重民间社会力量的参与。在国内，通过诸多途径推动民众参与国内的生态治理。“中华环保世纪行”活动是由14个部门共同组织的环境资源宣传活动。从1993年开始启动，它对国家的生态环保法律知识进行广泛宣传，促进民众对国家生态环保制度的了解和生态环境治理的参与，成为国家公开宣传环境信息的重要渠道和公众参与生态环境治理的重要途径。“2005年的圆明园湖底防渗工程，成为公众参与决策的标志性事件。”[④]“在当前我国社会分层和利益多元的情境下，公众参与在生态文明领域日渐成为表达社会诉求、制约政府权力的重要手段，已是

① 柴哲彬、孙阳、付长超、初梓瑞：《习近平的绿色发展理念：完善“顶层设计”加固“四梁八柱”》，《中国环境监察》，2017年第6期，第25页。

② 同上。

③ 张程：《大陆多地推“垃圾换日用品”，环保理念入人心》，http://www.cankaoxiaoxi.com/china/20170714/2188072.shtml，2020年3月5日浏览。

④ 周宏春：《改革开放40年来的生态文明建设》，《中国发展观察》，2019年第1期，第15页。

生态治理体系中不可或缺的组成部分和推动力量。”[①]《中华人民共和国环境保护法》成为中国公民、法人以及其他组织获得环境方面信息的重要法律保障。《环境保护公众参与办法》中详细规定了环保部门对环保信息公布、意见征询、宣传教育等的义务,并对国内民众有听取意见、接受监督的责任。2018年6月5日,举办“美丽中国,我是行动者”的主题活动,倡导全社会共同行动起来,争做新时代美丽中国建设的倡导者和行动者。对此,习近平总书记指出:“构建政府为主导、企业为主体、社会组织和公众共同参与的环境治理体系。”[②]2015年6月26日,“生态治理与美丽中国论坛”发布了《面向未来的中国生态治理机制创新与能力建设政策建议书》。每一个主体都发挥各自的应有作用。李克强总理指出:“我们不仅要进行社会动员,而且要完善治理污染的法规体系,加大执法力度,让违法者付出高昂的成本,同时还要激励企业通过创新来实现节能环保。但我们必须走一条新路,就是要在发展中保护、在保护中发展。关键是要淘汰落后产业,发展新兴的节能环保产业,争取让新兴的节能环保产业能够跑过淘汰落后产业的速度,也希望在座的各位企业家能够参与中国节能环保产业的发展,这是中国未来一个巨大的市场。”[③]

(六)地方生态治理的因地制宜

中国地方政府在本地区的生态治理中,遵循中央政府生态治理的精神、方针和原则,因地制宜地开展本地区的生态治理,取得了突出的成效。

一是制定本省区内某领域生态治理的保护条例。例如,2003年,黑龙江省发布实施《黑龙江省湿地保护条例》,对破坏湿地的违法行为依法打击,黑龙江省成为我国最先进行地方立法保护湿地的省份。其他省市

① 杨煜、李亚兰:《基于协商民主的生态治理公众参与研究》,《科学社会主义》,2017年第4期,第108页。

② 习近平:《决胜全面建成小康社会 夺取新时代中国特色社会主义伟大胜利》,人民出版社,2017年,第51页。

③ 李克强:《向水污染大气污染和土壤污染宣战》,http://science.cankaoxiaoxi.com/2014/1103/551671_2.shtml,2019年3月15日浏览。

也根据本地区的生态环境特点和问题制定了具体的实时方针和政策。

二是制定本省区内的自然环境生态治理目标。2016年初，黑龙江省政府部门在《黑龙江省水污染防治工作方案》中提出，到2020年，将恢复湿地面积100万亩。全省还将在“十三五”期间重点推进三江流域湿地保护与生态恢复等工程，对被非法侵占的自然湿地限期予以恢复。此外，青海、西藏、云南、贵州等地对本区域内的自然生态环境保护也采取了有效的措施。

三是根据本地方的生态问题实施具体的治理措施。甘肃、内蒙古、新疆某些地方的土地沙化问题极为严重，地方政府和民众积极从事沙漠的生态治理，并取得了良好的成效，自然生态环境得到了一定程度的改善。驰名中外的塞罕坝就是一个沙化生态治理成功的案例。位于三江平原腹地的富锦国家湿地公园曾经是一片耕地，黑龙江政府破除重重阻力，推进“退耕还湿”，使这里成为国家级自然保护区，农民变身为湿地公园的工作人员，这里的社会和生态效应都得到良好的显现。黑龙江国有重点林区的大量采伐，对当地的生态环境带来一定影响。2014年，黑龙江省正式宣布国有林区全面停止天然林商业性采伐，以涵养森林资源。黑龙江省为了保护东北虎的生存环境，专门制定了“《保护东北虎优先保护区域规划》，优先确定完达山东部、老爷岭南部、老爷岭北部和张广才岭南部四个区域为野生东北虎保护行动的重点区域”①。

（七）学术团体的政策建议

中国学术团体越来越关注生态环境问题的治理，研究成果也越来越倾向生态环境保护和生态治理。中国学术团体发挥作用的形式很多，主要有以下类型：一是建立智库。根据研究的主体和任务组建专门的智库。智库是一个综合性的学术研究团体，将环保、生态、可持续发展等议题和具体的领域结合起来，形成专门性的具有生态理念的学术研究团体。“智

① 王彦：《东北虎保护区面积达181万公顷》，《黑龙江日报》，2015年4月6日。

库”已经成为中国学术团体的重要组织形式，它在国家的生态治理中发挥着越来越重要的建言献策的功能，民间学术团体对国家生态治理的知识贡献和智力服务越来越重要。中国已经组建了诸多的学术智库，比如“环境与发展智库”“中国油气智库联盟”“中国特色小镇智库联盟”“环境智库”“环保智库”“中国社会科学院生态文明研究智库”“中国青年博士联盟”“民生智库”等。

二是通过组建专门性学术组织活动，召开专门性学术会议，举办主题会议，共享生态环保的学术交流活动。各类协会等学术团体将国内甚至世界同行业领域的专家、学者连接在一个共享组织体系中，通过召开学术会议，进行信息、技术、观念等的交流与共享，形成专业理念共识，向社会传递生态环保意识正能量。比如，中国环境与发展国际合作委员会（简称国合会）、中国科学技术协会、新疆生态环保产业协会、北京生态环保公益协会、珠海市环保与生态协会、中国生态学学会、中国生态文化协会、苏州生态协会等，这些协会或学会有着共同的生态环保理念，对国家生态治理提供专业性建议，发表研究报告等成果，具有一定的前瞻性、战略性和预警性，从而助推了生态治理的稳健发展。国合会作为一个国际性高级咨询机构为中国环境治理与经济发展提供了有效的政策建议，每一届的召开，国家领导人都会出席，体现了国家对生态治理的重视，对知识的尊重。

三、中国推进国际生态治理合作的实践经验

众所周知，国家有界限，生态无边界。国家的政治属性限制了国家间的合作，但是生态环境的系统性、整体性、关联性、相互影响要求国家要打破政治界限，进行跨界、跨区域生态治理合作。中国是一个生态治理大国，不仅国土面积辽阔、自然生态环境复杂，还是一个具有国际责任的大国，在本国的生态治理过程中，积极与周边邻国、区域内国家以及国际社会进行沟通、协调和合作，全方位推动并参与全球生态治理合作。中国在生态环境的治理上，比较早地认识到生态治理合作的必要性和重要性，积极采取措施推动与周边邻国之间的生态治理合作。邻国边界毗邻区域的

生态治理需要国家的中央政府制定合作的政策、方针和机制，同时需要各国地方政府认真落实执行。20世纪70年代，中国恢复在联合国的合法席位，推动中国加快融入国际社会的步伐，中国逐渐走出一条以“合作与共赢”为目标的和平发展道路。中国生态环境治理也形成了内外联动、邻国合作、国际参与的新型布局。

（一）中国与周边国家毗邻区域的生态治理合作

中国是世界上拥有漫长陆地疆界的国家，也是拥有辽阔海域的临海国。中国拥有14个陆地邻国和6个海上邻国，是世界上拥有邻国数量最多的国家，与邻国在地理上的接壤使得中国在陆地边境和海域生态环境的保护和生态危机处理等问题上必然要与邻国进行合作。为此，中国积极推动在中俄、中蒙、中越、中缅等区域生态治理中的合作，并取得一定成效。

1. 中蒙边境毗邻区域的生态治理合作

中国与蒙古国有着漫长的陆地接壤，两国之间的生态环境有着紧密的联系，主要体现在森林、草原、野生动物、沙漠治理等陆地生态系统的保护方面。中蒙边境线为4700多公里，其中草原接壤的边境线就有2000多公里。多年来，蒙古国境内频繁发生的草原火灾对中方内蒙古和新疆边境地区的草原资源与农牧民生命财产安全构成严重威胁。中蒙边界多以森林、草地为主，由于两国各自的经营方式、社会活动、资源需求、地形构造和对林地草原的管控不同，因此，加强协调与合作对边界两侧区域草地森林的生态健康有着重要的意义。中蒙边界草原森林的生态安全是首要的，防火则是最重要的任务。历年中蒙边界的火灾成为两国生态安全的最大威胁。为此，中蒙两国加强了防火合作和联合防治，采取了诸多措施。

一是两国建立定期会晤机制。为了能够长期有效地联合治理和防范边界两侧的火灾威胁，两国从中央到地方进行联合治理。从国家层面，由相关的部门联合协商，制定定期的会晤机制，通过国家的指导，加强边界两侧防火和生态信息的交流与共享。双方通过边境地区森林草原防火联防会晤进行政策的沟通与行为协调，尤其是针对防火与扑火的技术与经验进行交流。

二是两国地方具体落实合作的措施。中蒙边界两侧都由各自国内的具体地方负责管理，各地指定具体部门和机构，并在边界两侧分别设立防火隔离带，实施火灾信息通报和跨境防火支援等活动。同时，中蒙地方对边界区域的生态治理资源实现共享。2012年8月9日，中蒙界湖贝尔湖渔业资源增殖放流活动在贝尔湖的银海岸景区举行，旨在通过此次活动，促进中蒙双方共同科学利用和合理开发贝尔湖渔业资源，让贝尔湖的生态资源成为两国人民永久的财富和两国人民友谊的桥梁。

三是深化生态环境治理合作。2022年2月，中蒙两国发布了《中华人民共和国政府和蒙古国政府联合声明》，强调两国将“加强生态环境、防沙治沙合作，共同应对全球气候变化，共创清洁美丽的生态环境，共建人与自然生命共同体”①。同时，两国还签署了《中华人民共和国政府和蒙古国政府关于边境地区森林草原火灾联防协定》《中华人民共和国生态环境部与蒙古国自然环境与旅游部生态环境合作谅解备忘录》。2022年8月，两国元首讨论并同意扩大两国在应对气候变化、荒漠化、沙尘暴等领域的合作，共同实施“十亿棵树”国家计划框架内的项目等。②2022年11月，两国签署了荒漠化治理双边合作文件，再次深化了两国在荒漠化生态治理上的合作，这将有利于两国共同应对气候变化和增进跨境荒漠化防治合作。

2.中俄边界跨境的区域生态治理合作

“生态环境领域合作是中俄新时代全面战略协作伙伴关系的重要组成部分。”③中俄两国有着漫长的陆地边界和重要的相连水系，两国在自

①《中华人民共和国政府和蒙古国政府联合声明(全文)》，http://news.sohu.com/a/520952470_115239，2023年8月2日浏览。

②《王毅访蒙、中蒙签署多项协议》，http://news.sohu.com/a/575346161_121123773，2023年8月11日浏览。

③《共建地球生命共同体 中俄携手助力全球可持续发展(2)》，https://news.china.com/zw/news/13000776/20211016/40171386_1.html，2023年8月8日浏览。

然生态环境治理合作中有着重要的领域,具体表现在四个方面。

第一,双方建立了森林草原防火安全治理合作机制。中俄边境线为4300多千米,俄罗斯境内一旦发生草原森林火灾,将直接威胁到中方境内内蒙古和新疆边境地区的森林草原资源与民众生命财产安全。中俄两国定期举行边境地区森林草原防火联防会晤,由中国农业部草原防火办和俄罗斯联邦林务局直接协商双方在草原火灾信息通报、防火技术战术、跨境支援扑火以及互开边境接壤草原防火隔离带等具体事宜。双方在火灾联防联控的信息、技术和方针等方面进行交流,并探讨具体的操作方案。

第二,两国加强交界处野生动物生态环境的合作保护。黑龙江、乌苏里江是中俄两国的大界江,沿途有松花江等多条支流注入,成为中俄两国重要的国际界河,并形成具有重要生态价值的黑龙江河流区域。该区域的生态类型多样、生物多样性丰富、生态区位极其重要。加强这一区域的生态环境保护,对中俄两国乃至全球的生物多样性保护和生态系统平衡具有重要意义。驼鹿、东北虎、东方白鹳、原麝、丹顶鹤、白枕鹤、中华秋沙鸭、东北红豆杉、红松、人参等众多珍稀野生动植物在世界上声名远扬,彰显了这一区域生态之独特。2014年,俄罗斯发现东北虎“库贾”“乌斯京”分别从黑龙江过境中国,“溜达”多日后在中俄两国有关部门的共同努力下返回俄罗斯境内。珍宝岛湿地国家级自然保护区与俄罗斯仅一江之隔,乌苏里江区域的中俄边境黑熊频频过境,穿梭于中俄境内。中俄界湖兴凯湖每年春季迎来百鸟翔集,这已经成为兴凯湖的独特景观。兴凯湖流域的候鸟来自东南沿海、长江中下游、渤海湾等地,每年这里是它们重要的停歇点,成为它们继续飞往小兴安岭、俄罗斯西伯利亚东部地带重要的“中转站”。东北虎“越境”、东北豹定居、黑熊频出没、大规模候鸟迁徙等成为黑龙江中俄边境珍稀野生动物一年四季热闹非凡的生态写照,这些活跃的迹象表明,中国版图东北角的区域生态正出现转好。针对中俄边境野生动物的生态环境,中国的吉林省、黑龙江省等与俄罗斯地方政府建立了长期、规范的合作交流机制,进行对野生动物保护的合作治理。黑龙江流域是一个完整的生态系统，自然保护区在生物多样性保护中具有关键作用，且跨国迁徙候鸟等生物多样性保护也并非一个国家能够单方面完成。因此，黑龙江流域的生物多样性保护需要中俄双方目标一致、行动一致，共同推进边境区域生态治理合作。实践表明，中俄生态治理合作使得该区域的生态环境呈现出良性的发展态势，珍稀野生动物出没逐渐成为常态。

第三，中俄双方签署合作协议，生态治理合作机制化。2008年，中俄双方经过协商在莫斯科签署了《中俄总理定期会晤委员会环境保护合作分委会第三次会议纪要》，此项纪要决定了双方“共同制订黑龙江流域跨界自然保护区网络建设战略”。根据纪要的要求，中俄双方组织专家对黑龙江流域边境地区生态环境和生物多样性保护状况等方面进行了考察和实地调研，以此为基础，编制了“中俄黑龙江流域跨界自然保护区网络建设战略”。中俄双方成立了“中俄总理定期会晤委员会环境保护合作分委会跨界自然保护区与生物多样性保护工作组”，每年在中俄两国轮流召开年度会议，推进双方在跨界自然保护区和生物多样性保护方面的交流合作。此外，中俄两国共同加入若干国际环境保护公约，其中包括《生物多样性公约》，这推动了跨界自然保护区网络合作的发展。中俄两国政府相关部门先后签署了《中俄环境保护合作协定》《中俄关于兴凯湖自然保护区协定》《中华人民共和国东北地区与俄罗斯远东及东西伯利亚地区合作规划纲要（2009—2018年）》等政府协定。中俄制订的《中俄联合保护跨境珍稀野生动物行动计划》（2012年）专门加强对东北虎、东北豹的生态环境合作保护。“中国东北虎豹国家公园与俄罗斯‘豹之乡’国家公园于2019年正式建立了虎豹跨国界保护的战略合作伙伴关系，签署了一项为期三年的合作行动计划，涉及14项行动计划和9项长期活动，包括虎豹跨境活动专项研究、红外相机协作监测方法研讨、科学研究数据共享、儿童及青年代表团交流活动等。”①

---

①《通讯：中俄携手加强东北虎保护》，https://k.sina.com.cn/article_1699432410_654b47da020011u5b.html，2023年8月3日浏览。

第四，中俄共建跨界自然保护区。不论是陆地还是河流，中俄有漫长的相邻边界，共有的自然生态环境系统将两国的自然环境保护连接在一起。中俄各自在黑龙江流域建设的自然保护区体系作为跨界自然保护区网络建设的基础。中俄共同在与边界相连的地区建设了“六对跨界自然保护区”①。2008年中国黑龙江洪河国家级自然保护区与俄罗斯兴安斯基国家自然保护区签署了为期五年的合作协议，对本区域内的稀有鸟类，如东方白鹳等鹤类的生活状态进行实时监测，并交换数据信息，加强对该地生态环境状态的掌握和监管。双方在合作中采取了多种交流方式和合作途径，比如，建立统一的信息交流平台、庆祝生态节日、环保联合行动等，共同开展对珍稀鸟类生态环境的保护和研究。

中俄两国有关部门在兴凯湖共同开展春季鸟类迁徙监测和宣传，共同开展打击猎杀、毒杀鸟类等专项行动。针对中俄边境野生动物迁徙频繁的现状，中国三江国家级自然保护区与俄罗斯大黑契尔保护区共同加强对水禽和兽类的监测，开展冬季留守动物群体痕迹调查，在鸟类、兽类等资源研究方面取得了显著的合作成果。许多对珍稀野生动物保护的共识正是在一次次合作交流中达成的。比如，对国家一级保护动物——东方白鹳的保护，中俄双方相关保护区在考察期间达成东方白鹳监测协议，双方商定进一步掌握其种群结构、数量、区系特征等科学信息资料，为进一步采取合理措施、保护濒危珍稀鸟类提供了有力依据。中俄跨界自然保护区开展的合作项目、交流技术、保护区互访、交换监测数据和共同举办宣教活动等，共同促进了中俄黑龙江流域边境地区生物多样性的保护。在“中俄黑龙江流域跨界自然保护区网络建设战略”中，中俄双方提出了具体的目标：到2020年，结构和布局合理的跨界自然保护区网络基本建成，跨界自然保护区管护能力明显提升，国际地位显著提高，科技支撑能力明显增强，务实高效的交流与合作机制基本建立，黑龙江流域的中俄边

① 六对自然保护区分别是兴凯湖—汉卡斯基、达赉湖—达乌尔斯基、三江—大赫黑契尔、八岔岛—巴斯达克、洪河—兴安斯基、三江—博隆斯基。

境地区生态环境和自然资源得到有效保护。“维克多·弗拉基米罗维奇等俄罗斯专家认为，随着中国东北虎豹国家公园建设，中俄边境地区生态环境变得优越，这让中俄在边境地区建立跨国境的东北虎保护区成为可能。”①目前，中俄两国的自然环境保护区在诸多方面开展合作，不论是机制、活动还是研究等都在不断深入。

3. 中日韩海域区域的生态治理合作

中日韩在东海、黄海、渤海等海域有着大面积的交界海域，海洋的流动性使疆界的政治意义变得尤为微妙。某种意义上说，在大海面前，政治界限被弱化了，但是海洋的生态环境却将不同国家紧密地连接在一起。随着海洋生态问题的增多，海洋生态环境的不断恶化，人类对海洋生态保护的重要性越来越突出。中日韩在海洋区域的生态治理合作不仅是必要的也是可能的。中日韩三国2007年9月共同启动了黄海生态区保护扶持项目。中日韩于2015年4月13日，共同承诺进一步加强水问题方面的合作治理，并同意共享治理方面的知识。中日韩在第七届世界水论坛部长级会议的联合声明中指出：“我们决定共享在上述水政策创新计划中获得的知识和经验，以改善三国的水安全。此外，我们欢迎三方合作，以分享我们的成就和成功并将其传播到其他国家，尤其是发展中国家……我们承认每个国家都应推动水政策创新和改革，以加强水资源在可持续发展中的核心角色，加强相关政府机构和利益攸关者之间的合力，提升水基础设施的弹性，并吸引更多资金投向水部门。”②中日韩海洋区域生态环境合作治理不仅有利于海洋生态环境的良性持续运转，并且对海洋资源的合理利用、海洋经济的持续发展、海洋水域的生态安全等将带来有利的影响。从1999年开始，中日韩的环境部长会议上探讨和解决共同面临的区域环境问题，促进交流与合作。2019年第八次中日韩领导人会议提出推进“中日韩+X”合作的倡议，推动中日韩在海洋区域生态治理的合作。但

①《保护野生东北虎，中俄签署三年计划》，《参考消息》，2020年07月30日。

②《韩媒：中日韩拟联手改善“水安全”重视科技手段》，http://www.cankaoxiaoxi.com/science/20150414/740868.shtml，2020年12月12浏览 。

是，由于存在权力与利益之争、合作机制的缺乏、外部因素影响等，中日韩在海洋区域的生态环境治理合作进展比较缓慢。

4.中越边境环境生态治理合作

中国和越南是两个社会主义国家，两国在边界环境的生态治理合作中积极作为。在中越的边界处，两国中央政府高度重视，加强对边界区域生态环境的共同治理。比较突出的是边界水域和边界雷区的合作治理。首先是中越边界水域污染的合作治理。中越边境1090号界碑附近有一处水域面积约6000平方米，因低洼导致污水积聚的区域变成了臭水沟，该区域的臭水沟位于两国边界线两侧，在中越境内各占一半，任何一方都无法进行有效治理，唯一治理的方法就是联合与合作。"2013年以来，凭祥市经过多次与越南谅山省文朗县开展沟通协调，双方达成环境整治共识，由中国凭祥市政府和越南文朗县人民委员会共同投资500万元人民币，联合实施水塘整治改造工程，对水塘进行清淤、绿化、美化、亮化等，从而优化中越经贸旅游环境，树立中越沿边开放合作国门新形象。"①水污染生态治理改造工程于2014年6月竣工，经过双方的联合整治，臭水沟变成干净湖泊，被称为"友好湖"，成为中越边界生态环境合作治理的典范。中越双方联手整治边界生态环境的成功举措，为邻国边界生态环境的合作治理提供了一个成功的范例。其次，中越边境云南段千里雷场变成生态绿洲。曾创造了世界扫雷奇迹的中国云南边防部队，又创造了快速恢复雷场生态的奇迹。越边境云南段千里雷场曾被称为"生态荒漠"，经过中国的积极推动，该区域的生态恢复，龙州作为中越边境的旅游地具有独特风光。第三是越南与中国加强对边境生态环境治理的监督合作。2019年10月25日，广西检察机关与越南边境四省检察机关召开"边境生态环境资源和食品安全协同保护"座谈会，商讨合作计划和协同保护。

①《广西凭祥：边境臭水沟变身中越"友好湖"》，http://jjckb.xinhuanet.com/2016-11/14/c_135826795.htm，2019年4月26日浏览。

5.中国老挝毗邻区域的生态治理合作

中国西双版纳州与老挝边境生态保护合作源于20世纪90年代,在中国勐腊县辖区与老挝北部3省的6个县开展森林防火合作,建立了中老边境森林防火联防联控长效机制。中国与老挝边界的生态环境治理取得比较突出的进展,体现在两个方面。

一是双方共建生物多样性保护区,并且面积不断扩大。中老2009年签署了《中老边境联合保护区域项目合作协定》,共建了首个生物多样性联合保护区,面积为5.4万公顷,由中国的西双版纳尚勇保护区和老挝的南塔南木哈保护区组成。双方对该区域的自然资源保护、人与象的冲突以及双方联合巡护等展开合作研究,并取得一定成效。2011年“西双版纳勐腊县和老挝丰沙里建立了第二片联合保护区域,保护区域扩展到10.9万公顷”①。此后,中国西双版纳磨憨与老挝南塔省磨丁建立的跨境经济合作区成为中老第三个生物多样性保护区。至此,双方联合共建的生态自然保护区已经形成一个彼此连接的广大区域,它将“西双版纳与老挝北部南塔、乌都姆赛和丰沙里三省的3片‘中老跨边境联合保护区域’连成一片,形成一个总面积19.37万公顷(290.55万亩)无空隙的联合保护区域,构架起了‘中老边境绿色生态安全屏障’和‘中老边境生物多样性走廊带’建设的新格局”②。

二是中老联合保护区实施生态治理合作。中老通过不断扩建联合保护区,对区域内的生物多样性进行联合研究和保护,对边境的生态安全进行联合治理。2011年10月27日,西双版纳州与老挝正式启动边境生态保护长廊和国际生物廊道建设,双方探究出一条生态治理合作的新途径。双方通过签署《中老边境联合保护区域框架协议》,规范合作内容,加强国际生态安全建设。2018年中老科研人员联合启动首次对中老边境生物多样性联合保护区域的本底资源考察,在老挝一侧展开科考调查活动,对

①《云南与老挝建立跨边境生态保护区》,来源:中国日报云南记者站。

②同上。

进一步保护边境生物多样性有重要的推动意义。2019年10月，中老工作人员联合开展跨境生物多样性联合保护宣传活动，“通过宣传活动，进一步增强边境居民保护野生动植物资源的意识，让中老跨境联合保护区‘物种齐保护、生态共享’的理念更加深入人心”[①]。

中老之间通过联合共建的方式，对边界区域的生态环境实施了有效合作治理，并取得了良好的生态效果。中老边界区域的生态合作治理是在两国政府的支持下，由地方部门负责签署联合保护区域协议并联合实施，不断扩大联合保护区域，通过共同研究和合作治理，有效地保护了边境跨界区域自然生命体和它们的生态栖息地，构筑了边境绿色长廊，这对该地区的生态系统健康发展有着重要的促进意义。

总之，中国积极与周边邻国加强临界区域生态环境治理的双边与多边合作。在区域环境治理合作中不断推动中国与更多邻国的合作研究，为中国营造了良好的周边生态环境。中国检科院卫检所主持的由边境区域直属检疫局共同参与的国家国际合作专项“接壤国家边境蜱媒病生态学及流行病学合作研究”已经启动，并得到科技部、军科院及国家质检总局科技司的高度重视。中国检科院从2010年开始筹划该项目，参与单位包括黑龙江局、内蒙古局、广西局、吉林局、西藏局、广东省农科院、军科院以及俄罗斯、蒙古国、朝鲜、尼泊尔和越南等所有我国毗邻国家的相关单位，项目将对边境区域蜱传疾病的病原构成及其媒介和宿主进行深入广泛的系统研究，意义十分重大。据《中国国门时报》报道，美国和部分西方国家已经投入大量的人力和财力在非洲和东南亚国家建立自己的实验室，展开生态学的研究。在此战略机遇期内开展我国周边国家的病媒生态研究非常重要，将技术性与涉外性有机结合，进一步推动与周边国家的战略合作伙伴关系。2014年1月中国政府援建尼泊尔自然保护基金会研究中心向尼方援建项目，这是两国在环保领域的第一个合作项目，旨在助

① 吴桐：《共同宣传中老跨境生物多样性联合保护》，http://www.bndaily.com/c/2019-11-01/106775.shtml，2023年8月4日浏览。

力尼泊尔加强自然生态保护。2017年2月13日，“中国云南省—老挝南塔省环境保护交流合作技术援助项目”正式启动，这是中国与邻国省级部门在环境技术交流合作方面迈出的标志性一步。

(二)中国积极推进亚太区域生态治理的多边合作

中国作为世界上最大的发展中国家，在亚太区域的合作由来已久，对本区域生态环境的合作治理具有重要的带动作用。在现代化发展进程中，中国将人与自然的和谐共存作为国家发展的理论基础，在本国经济社会发展的战略规划中积极倡导和践行区域生态环境健康发展与合作治理。

东南亚是中国的近邻，与中国有着漫长的历史渊源。中国为了推动与东南亚地区的生态治理合作，从资金上提供大力支持，“2011年我国设立了‘中国——东盟海上合作基金’，向南海周边国家在海洋环境保护等领域提供资金支持，旨在通过相互合作，加强南海的生态环境保护”[①]。之后，“2012年我国启动实施了《南海及周边海洋国际合作框架计划》(2011~2015)，设立专项基金开展与南海等周边国家的低敏感领域合作，相继签署了中泰、中印尼、中马等海洋生态环境保护等领域的合作文件，在本地区积极发挥负责任大国的作用”[②]。此外，通过“加强中国—东盟环境合作，持续举办中国—东盟环境合作论坛，启动中国—东盟生态友好城市发展伙伴关系，推动中国—东盟环境合作提质升级”[③]。中国与东盟的生态环境治理合作成为中国与周边区域开展生态治理多边合作的成功典范。

中国提出的“一带一路”倡议对加强与亚太地区国家生态治理合作具有重要的战略意义。“一带一路”倡议强调的经济发展战略并非单纯的发

① 郑苗壮、刘岩、李明杰：《南海生态环境保护与国际合作问题研究》，《生态经济》，2014年第6期，第1页。

② 同上。

③ 郑军：《“十四五”生态环境保护国际合作思路与实施路径探讨》，《中国环境管理》，2020年第4期，第69页。

展经济,而是以推动“生态文明建设”为宗旨,实现“人与自然”和谐共存的绿色发展、全面发展、持续发展、协调发展和创新发展。经济发展与环境和谐共存共荣,危害环境的发展不是持久的发展,保护环境的发展才能长久。“一带一路”倡议不论是海上丝路还是陆上丝路,都是基于推动区域生态环境的和谐健康和经济社会的共同发展。环保部发布的《“一带一路”生态环保合作规划》将中国生态文明和绿色发展理念融入“一带一路”倡议的实践建设中,打造区域生态环境合作治理的新平台。中国将生态文明领域合作作为共建“一带一路”重点内容,持续造福“一带一路”沿线各国人民。

“一带一路”倡议的经济发展依赖于良好的生态环境。“一带一路”倡议不仅仅是经济上的互利共赢,更是区域生态的共建共享。2017年5月4日至5日,中国将近1/6的国土面积遭受多年未遇的特大沙尘天气的肆虐,是蒙古国南部和我国内蒙古中西部的沙漠在风暴的作用下带来的。“沙尘暴源头之一的蒙古国已经成为世界荒漠化最严重的国家之一,超过75%的国土面积面临着沙漠的威胁。像蒙古国这样,‘一带一路’沿线受到土地荒漠化威胁的国家还有60多个。”①如果土地沙化问题得不到积极有效治理,生态环境得不到有效改善,“一带一路”沿线国家的经济建设就不可能得到发展。良好的生态环境是经济发展的基础和保障。我国提出的“一带一路”倡议兼顾经济发展与生态环境保护。因此,中国与“一带一路”沿线国家在发展经济的同时,也加强了生态环境治理上的协调合作。

中国在“一带一路”沿线建设上,积极推动沿线沙漠区域的生态治理,创新经济发展模式。经过多年治理,北京沙尘天气已经从2000年的年均13次以上,减少到年均2~3次,这样的成绩源于中国多年来不懈的治沙努力。“近30年来,当地政府与治沙企业‘亿利资源集团’依靠科技创新,坚持把沙漠治理、产业发展与扶贫开发同步推进,绿化沙漠6000多平方公里,使库布齐的沙尘天气减少了95%,降水量增加6倍,同时有效减少

① 高志民:《“一带一路”唱响“绿色”国际歌》,《人民政协报》,2017年5月11日。

了北京的沙尘天气。”[①]中国境内库布齐的沙漠生态治理不仅对“一带一路”沿线的国家生态环境发挥了正向的外部性作用，并且为全球生态环境治理提供了重要的借鉴和参考。中国库布齐沙漠的生态治理成效十分显著，已经得到联合国和国际社会的高度认可和评价，并被列为防治荒漠化及应对气候变化的成功范例。

中国利用自己的治沙经验为“一带一路”沿线国家提供沙漠沙化生态治理帮助。美国《国家地理》摄影师乔治·斯坦梅茨拍摄的库布齐沙漠图片在海外社交媒体获得大量海外网友点赞，中国的治沙成果受到了世界的关注与称赞。“一带一路”沿线国家生态脆弱，沙漠治理的任务任重而道远。中国主动为“一带一路”沿线国家提供治沙经验，分享治沙技术，提出中国治沙新方案，并从技术、资金和人才等方面给予援助和支持。“中国经验”逐渐推广到“一带一路”沿线国家，增强国家间生态治理合作，对区域内的生态治理做出积极贡献。

中国举办“一带一路”生态环保国际高层对话会，依托中国—东盟博览会、中国—阿拉伯国家博览会、欧亚经济论坛等机制，举办“一带一路”生态环保主题交流活动。“一带一路”沿线的区域生态需要国家间合作治理，中国作为“一带一路”的倡议国、发起国，将主动承担生态责任，贡献中国经验、中国方案、中国智慧。共享蓝天碧水和美好生活是各国人民的共同梦想，“一带一路”把沿线国家和人民的命运连接在一起，形成命运共同体。“一带一路”沿线区域的生态治理，需要更多的库布齐、更多国家的参与和合作。中国要在推动“一带一路”建设过程中，为区域的生态治理合作做出更多贡献。中国大力推进“一带一路”建设，传播中国生态文明理念，加强与沿线国家生态环境保护的国际合作，推动区域生态治理的多边合作。

（三）中国大力推动全球生态治理合作

瑞士联邦理工大学空间规划系高级规划师迭戈·萨尔梅龙接受新华

---

① 高志民：《“一带一路”唱响“绿色”国际歌》，《人民政协报》，2017年5月11日。

社记者电话采访时说："中国政府对所担负的环境治理任务有明确认识，中国将在环境全球治理中发挥更大作用。"[①]中国为推动全球生态治理展现出负责任的大国的形象，积极献言献策，率先行动。"开展全球生态治理既涉及各国发展权益，也涉及人类社会持久发展的利益。"[②]中国继续大力支持中国环境与发展国际合作委员会（简称国合会）发展，希望国合会在中国与世界的沟通与交流中担负起思想共享、经验分享、技术交流等功能，拉近中国与世界在环境保护和发展领域的距离，推动中国与国际社会共同建设全球生态治理体系，推动人类社会生态文明建设的全球发展。"保护生态环境、应对气候变化，维护能源资源安全，是全球面临的共同挑战。中国将继续承担应尽的国际义务，同世界各国深入开展生态文明领域的交流与合作，推动成果分享，携手共建生态良好的地球美好家园。"[③]2021年4月，习近平总书记在领导人气候峰会的讲话中强调，中国将努力推动构建公平合理、合作共赢的全球环境治理体系。

1.签署并批准全球生态治理合作的公约与协议，承担国际义务

中国作为国际社会的一员，积极参加国际条约，遵守国际协定，担负国际义务。新中国成立后，尽管遭到国际社会中一些国家的阻挠与破坏，但始终勇于承担国际责任和义务，积极参与国际事务。随着全球生态环境问题的日益严重，国际社会不断加强国际生态治理合作，增强成员国的国际义务。从目前中国参与的国际条约和相关协定来看，三十多个国际环境保护公约几乎包括了生态治理的诸多方面。一是化学品的安全使用及国际贸易。比如，《作业场所安全使用化学品公约》（1992年8月27日批准）、《化学制品在工作中的使用安全建议书》（1994年10月27日批

①《专访："中国将在环境全球治理中发挥更大作用"——访瑞士联邦理工大学空间规划系高级规划师萨尔梅龙》，http://www.xinhuanet.com//world/2017-01/22/c_1120364197.htm，2019年3月21日浏览。

② 张云飞、周鑫：《中国生态文明时代》，中国人民大学出版社，2020年，第181页。

③《习近平致生态文明贵阳国际论坛2013年会的贺信》，《人民日报》，2013年7月13日。

准)、《关于化学品国际贸易资料交换的伦敦准则》《核材料实物保护公约》(1989年1月2日批准)、《核安全公约》(1996年3月1日批准)等;二是关于国际公海的生态保护方面。比如,《联合国海洋法公约》《防止倾倒废物及其他物质污染海洋公约》《1969年国际干预公海油污事故公约》《1973年干预公海非油类物质的污染议定书》等。三是保护海洋生物和稀有物种方面。包括《国际捕鲸管制公约》《中白令海峡鳕资源养护与管理公约》《养护大西洋金枪鱼国际公约》《生物多样性公约》《濒危野生动植物国际贸易公约》《亚洲——太平洋水产养殖中心网协议》等。四是气候变化方面。如《保护臭氧层维也纳公约》《联合国气候变化框架公约》《巴黎气候协定》等。此外还有其他关于干旱、核材料等方面的协定。中国参加了关于削减氢氟碳化物的修正案——《蒙特利尔议定书》《控制危险废物越境转移及其处置巴塞尔公约》等。中国参加诸多国际公约,积极担负国际义务,不仅是协定达成的重要推动力量,也是坚定的履约国。

2.积极参加全球生态环境保护行动

中国通过参加国际条约和国际协定,严格履行国际义务,积极投身到全球生态保护行动中。中国是全球生态环境治理的积极行动者,中国禁止了对国际象牙的交易活动,中国禁止捕杀鲸鱼,中国国际航空公司终止对鲨鱼鱼翅的运输贸易。中国对国际濒危物种进行保护性宣传,在中国地铁、公交站等公共场所进行公益的全球生态保护宣传,如象牙的国际保护的宣传用电子屏幕鲜明展现出来,提醒民众生态保护的全球意义。在历年的世界环境日,中国大力推动国内民众关注全球生态环境的现状,倡导全民参与保护环境。“中国绿发会国际部工作人员参与了IUCN《通过生态网络和生态走廊保护连通性的指南》报告的相关工作;2020年底,中国绿发会联合提起的世界自然保护大会全球提案(原WCC第88号动议)《2020年后全球生物多样性框架中的连通性保护和国际合作(Ecological connectivity conservation in the post-2020 global biodiversity framework: from local to international levels)已获通过,正式成为世界自然保护联盟(IUCN)世界自然保护大会(WCC)的第73号决议(WCC-2020-Res-073-EN)。”①

3.积极参加国际生态治理合作项目

中国参加全球生态环境治理活动不是被动的,而是积极主动的。中国在诸多生态环境领域主动采取措施,通过双边、多边等不同方式的国际生态治理合作项目,推动全球生态环境的良性发展。在沙漠生态治理上,中国和韩国合作治理中国库布齐沙漠,设立中韩友好绿色长城和生态园项目。2014年6月18日,中国东方园林与美国知名环保集团TETRA TECH公司开展关于中国“生态流域治理规划、城市雨洪设计和水利建模工程”②等领域的生态治理合作。中国和蒙古国在边境的沙漠和草原等领域展开生态治理合作。中蒙俄三国在边界的森林草原采取合作治理,中国启动“一带一路”生态治理民间合作项目。2018年1月,中法武汉生态示范城项目启动,这是两国生态合作的新试点。

4.推动国际生态治理合作

中国政府积极推动与世界多国的生态环境治理合作,加强双边合作关系的发展。2015年6月,由英国建筑科学研究院(BRE)提供支持的中国第一个以生态文明为主题的创新园——“中国贵安生态文明创新园”(以下简称创新园)正式开园,与此同时,园区内第一栋示范建筑——“清控人居科技示范楼”(以下简称示范楼)也正式竣工落成。该园作为中英合作治理的示范,有力地推动了双方在绿色建筑技术和产品方面的合作。中德环保部门2016年6月14日签署的《关于加强中德环境伙伴关系合作的联合意向声明》中指出,双方将在现有务实合作基础上,加强环境伙伴关系,扩大深化在大气和水污染防治、土壤保护、生物多样性、环境标志、

---

①《第75届联合国大会通过里程碑式“自然无疆界”决议！跨界合作是生物多样性保护、恢复和可持续利用的关键》,https://ishare.ifeng.com/c/s/v0026QpOpEWSQ5SuyDN0pK1ZVKmy-SIL8gzcUGG03RkaPQ--0__,2023年8月9日浏览。

②《东方园林与美国知名环保集团开展合作》,http://www.cs.com.cn/ssgs/gsxw/201406/t20140618_4421605.html,2018年4月2日浏览。

环境经济工具、立法、标准等领域的项目合作。[①]德国莱布尼茨农业景观研究中心农林用地使用与管理项目负责人汉内斯·柯尼希曾经目睹"中国三北防护林"这一世界上规模最大的生态工程的现状,对此,他提出:"根据德国以往的经验,林草种类的多样化、林草成长到一定阶段对水源消耗的监测、如何让这些林草能够更好为人们所利用等生态管理问题,是中国下一步需要面对和研究的,也是德中两国可以加强交流合作的领域。"[②]中国积极与非洲国家加强新能源的开发与利用合作,"从阿尔及利亚到塞内加尔,从埃塞俄比亚、肯尼亚到赞比亚、南非,中国的风电、太阳能设备几乎遍布整个非洲。一些中小型新能源发电及储能项目'点亮非洲',帮助很多地区实现了从传统能源向可再生能源利用的跨越式发展"。"近年来,中国太阳能光伏产品已出口到200多个国家和地区,风电整机制造占全球总产量超过40%。"[③]

5.提出全球生态治理的基本原则

从国际社会行为体主要构成单元的角度出发,国家是全球生态治理的最基本和最重要的行为体。中国作为世界生态治理的大国,对全球生态治理提出了国家层面应遵循的基本原则。一是共商共享共建。全球生态治理体系应是由全球各国共建共享的,不可能由哪一个国家独自掌握。每一个国家不论大小,都应在全球生态治理中享有同等的权益和平等地位,都应该为全球生态治理贡献自己的力量。二是平等协商。世界上的任何一个国家都是一个独立的主体,不论国家面积的大小,实力的强弱,都是国际社会中平等的一员,在全球生态治理的共同目标面前,每一个国家都有平等的参与权、发言权,都有权利表达自己的观点与主张,也都应得到应有的尊重和支持。在全球生态治理问题的商讨中,各个国家应相

---

① 环境保护部:《中德环保部门签署〈关于加强中德环境伙伴关系合作的联合意向声明〉》,环境保护部网站,https://www.gov.cn/xinwen/2016-06/14/content_5082058.htm,2023年8月7日浏览。

②《综述:全球生态治理的成功典范——海外专家高度评价中国三北工程》,http://news.hebei.com.cn/system/2018/12/06/019303173.shtml,2019年2月1日浏览。

③《国际社会积极评价中国生态文明建设成就》,https://finance.sina.com.cn/jjxw/2021-09-01/doc-iktzscyx1650241.shtml,2023年8月7日浏览。

互理解、相互沟通，共同商定全球生态治理的对策和方案。三是责任承担与区别对待。根据国家的经济发展、生态环境的现状与历史和全球生态环境的变化，中国提出每一个国家都应当担负一定的国际责任。同时根据各国的具体国情差异，不同国家在责任担负中也应区别对待。正如习近平总书记所说："什么样的国际秩序和全球治理体系对世界好、对世界各国人民好，要由各国人民商量，不能由一家说了算，不能由少数人说了算。"[①]全球事务应该由全球民众共同参与协商，共同解决。

6.积极召开全球规模的生态治理学术会议，推动全球生态治理理念共享

全球生态治理不仅是政府行为，也需要全球民众的参与和行动。为此，中国政府和民间组织积极推动国际交流和沟通。中国政府支持、民间组织举办或中国政府举办的国际生态学术论坛、国际生态学术交流活动、国际生态治理经验交流活动等越来越有力地推动了国际社会在全球生态治理方面理念与思想的交流、沟通与共享。中国生态环境部实施的"中国—南南合作绿色使者计划"用于帮助发展中国家提高自身的环保能力建设。贵阳每年一次举办的生态文明国际论坛、甘肃武威举办的"一带一路"生态治理民间合作国际论坛、"一带一路"绿色发展国际联盟等，为世界各国政府和民间组织搭建了生态治理和绿色发展思想、政策、实践经验的分享平台，并加强国际层面的交流与对话，推动国际社会的合作研究，从而将生态治理与绿色发展和各国的商界、企业联系起来，实现政商合作、民间与政府互通的合作治理模式和新发展模式。同时，也将中国的全球生态治理的理念、思想、经验与世界分享。中国贵阳生态文明论坛就是这样一个平台，将全世界的学者、专家及领导人汇聚一起，共同探讨面临的问题，共同分享思想理念和实践成果。2015年10月25日，首届世界生态系统治理论坛在北京举行，出席此次论坛的有政府代表、专家学者、国

①《习近平见潘基文透露什么信息》，http://www.xinhuanet.com//politics/2016-07/10/c_1119194213.htm，2019年3月23日浏览。

内外非政府组织代表，他们一起探讨了生态系统在可持续发展中的作用和对气候变化的影响，分享了生态治理经验，共议了全球性生态治理论题。我国三江源国家公园与智利、厄瓜多尔等国家公园建立了生态保护建设定期学术交流机制，每年组织相关专家重点围绕生态保护修复、保护森林和草地生态系统、保护和恢复湿地生态系统、改善和治理荒漠生态系统、维护生物多样性、野生动植物和自然保护区管理等进行学术交流，交流知识、经验、成果，共同分析讨论解决问题的办法。

四、中国特色社会主义生态治理的基本特征

（一）强调领导与中心的一致性

中国生态治理是在中国共产党的领导下，在中央政府的统一战略部署下，地方政府依据战略目标，结合本地区的生态问题和污染领域，制定具体的治理措施和治理机制。根据多中心治理理论，在实施生态治理过程中，政府、社会、企业以及个人各自担负其应有的责任，发挥各自的作用。在中央与地方、地方内部、地方之间要政策一致，共同致力于一个目标，即生态问题的解决和生态环境的保护。

（二）突出自然与社会的统一性

中国实施的生态治理并非单纯地修复自然环境或对污染环境实施生态技术处理，而是将环境生态修复与社会发展问题结合在一起，从人与自然的双向关系上进行生态学原理的治理，把环境治理与脱贫致富有机结合在一起。中国实施生态治理就是要将贫困问题看作生态环境问题的根源，在对自然环境问题的治理中，改变传统的发展理念与治理模式，修复自然生态环境的同时改变脱贫的方式。习近平总书记提出的“绿水青山就是金山银山”表明，人民群众脱贫致富就是要依赖自己生存的自然环境，治理自然环境问题的同时，走上脱离贫困的可持续发展道路，将实现自然环境的生态均衡与人民群众的富裕幸福相结合。在生态治理的全过

程中，将生态系统原理融入社会发展的一般规律之中，真正做到人是自然的一部分，人的发展成为自然界生态系统的有机组成部分。

（三）体现行为体之间的协调合作性

中国的生态治理依据生态整体的特性，在本国生态治理的实施中，十分注重治理主体之间的政策协调与行动配合。这不仅体现在国内不同行政区划之间的协调与合作，还体现在中国作为一个国际行为体和周边邻国、区域内的国家甚至是全球范围内的国家在生态治理上的协调与合作；中国的合作不仅是与国家合作，还与国际组织等非国家行为体进行合作。在生态治理的具体领域和实施中，不同的行为体在生态治理的整体活动中积极协调、沟通合作，有效完成生态治理的各项任务。

（四）具有灵活性与多样性的行为机制

基于中国广阔的地理环境，全国各地的生态环境状况参差不齐、各种生态系统的性质各不相同，中国生态治理在全国范围内，不可能使用一种机制或体制，因此，因地制宜建立了多元的治理机制。比如，在河流区域的生态治理方面遵循水环境生态系统，制定了“河长制”；在京津冀的空气污染治理上，采取区域协调合作治理机制，建立空气污染治理的联动机制；在跨国边境的生态环境治理上，采取合作协商的国际合作机制，如湄公河流域的国际合作、中俄边境生态环境治理合作。中国生态治理的具体机制根据治理的领域、具体问题和生态特性而进行设置，没有固定的模式，强调灵活应对。

（五）坚持人民性和永续性

中国的生态治理立足在人民为中心的基础上。人民是生态治理的主体，也是生态治理的直接服务对象。为人民谋幸福是国家发展的基本目标，生态治理就是要为人民创造美丽环境，使其适合人民居住，满足人民的生态需要。“蓝天、绿水、净土”是人民的基本需要，也是生态治理的基本要求。人民是生态治理的中心,一切的治理都是围绕人民生态利益而展开。因此,我们"坚持不忘初心、继续前进,就要坚信党的根基在人民、党的力量在人民,坚持一切为了人民、一切依靠人民,充分发挥广大人民群众的积极性、主动性、创造性,不断把为人民造福事业推向前进"①。生态治理不是短期的行为,而是一项长期的始终以人民为中心的永久工程,永远服务于人民。

第三节 中国生态文明建设中生态治理的国际借鉴与世界意义

在全球生态系统出现退化的趋势下,中国生态治理经过几十年的不断推进,全国生态环境及其生态系统呈现良好的改善状态。"数据显示,目前中国人工林保存面积已达约7000万公顷,居世界首位;森林植被总碳储量达到84亿吨;全国湿地总面积5360多万公顷;建立各种类型自然保护区2669个,总面积约14979万公顷,约占全国陆地面积的14.94%,国家重点保护野生动植物数量稳中有升。"②中国生态治理的效应不仅反映在本国生态系统功能的恢复上,而且对周边相关区域的生态系统也有正面的推动作用。这表明了中国生态文明建设的积极成果。日本湖泊污染治理专家稻森悠平、日本地球环境战略研究机构北京事务所所长小柳秀明、比利时财经杂志《走进比利时》总编辑弗朗索瓦·曼森、柬埔寨新快新闻网记者唐·占勒提拉、蒙古国科学院国际关系研究所中国室主任旭日夫、埃及国家科研中心环境研究所研究员叶哈雅、德国能源观察集团主席汉斯-约瑟夫·费尔、俄罗斯科学院远东研究所首席研究员弗拉基米尔·彼得罗

① 中共中央党史和文献研究院编:《习近平关于"不忘初心、牢记使命"论述摘编》,党建读物出版社、中央文献出版社,2019年,第8页。

②《人民政协报全球生态系统治理要树立命运共同体理念》,http://cppcc.people.com.cn/n/2015/1029/c34948-27751317.html,2019年3月22日浏览。

夫斯基等国际人士积极评价中国生态文明建设的成就。[①]美国著名生态学者小约翰·柯布对中国的生态文明建设给予高度的认可，他指出："尽管中国是世界上人口最多的国家，但她仍展现出向生态文明转变的领导者姿态。"[②]美国学者罗伊·莫里森也高度评价中国的生态文明建设，他说："对于任何一个国家、一个政府、一个社会来说，这都是巨大的挑战，都需要超凡的智慧。它既考验一个政府的执政能力，也考验一种社会体制能否适应这样的挑战，同时还考验一个民族、一种文化能否在挑战面前团结一心、坚韧不拔、乐观向上。"[③]中国学者贾卫列指出，"英国人把人类带进了工业文明，美国人把世界引入了信息文明，我们中国人应当有信心将地球推向生态文明"[④]。众多海外专家学者认为，"三北工程建设是中国生态文明建设的一个重要标志性工程，取得了巨大的生态、经济、社会效益，是全球生态治理的成功典范"[⑤]。总之，中国在生态环境治理过程中，开启了一种新的治理模式。"从建立起源头严防、过程严管、后果严惩的基础性制度框架，到开展中央生态环境保护督察、解决突出生态环境问题，从提出并实施国家公园体制建设和生态保护红线划定等重要举措，到完善迁地保护体系、系统实施濒危物种拯救工程……一系列的有力措施，大大提升了生物多样性治理能力，为全球环境治理提供了中国经验。"[⑥]尽管如此，也有一些学者专家认为，当前中国生态治理存在行政规制手段突出、经济手段不足的缺陷。中国生态文明建设中实施生态治理的经验和作为，无论是对中国自身还是对社会主义国家、发展中国家乃至全球都具

---

①《中国绿色发展为全球生态治理作出重要贡献——国际人士积极评价中国生态文明建设成就》，http://china.nmgnews.com.cn/system/2020/06/03/012922082.shtml，2023年2月20日浏览。

② 薛颖：《新华国际时评：世界看好中国生态文明建设》，新华网，http://www.voc.com.cn/article/201505/201505121935026042.html，2018年8月30日浏览。

③ 同上。

④ 解保军：《生态文明的新高度——努力建设美丽中国》，《奋斗》，2013年第2期，第25页。

⑤《综述：全球生态治理的成功典范——海外专家高度评价中国三北工程》，http://news.hebei.com.cn/system/2018/12/06/019303173.shtml，2019年3月22日浏览。

⑥ 俞国锋：《为全球环境治理贡献力量（新论）》，《人民日报》，http://opinion.people.com.cn/n1/2021/1122/c1003-32287931.html，2023年3月22日浏览。

有不可忽视的影响。中国生态文明建设中生态治理实践及理念带来的影响、意义是值得探讨的。

一、中国特色社会主义国家生态治理历程对社会主义国家的借鉴与启示

中国作为世界上最大的社会主义国家,用自身的实际行动再一次向世人证明,社会主义中国在生态治理中有着与资本主义国家不同的治理路径和模式,能够在自然与人的关系中构建一种和谐的关系路径,能够将人的需要与自然环境的生态有机地结合在一起。中国提出的生态文明建设是一条中国特色的人与自然和谐的发展新路。中国实施的生态治理在推动生态文明建设发展的过程中充分发挥了社会主义制度的优越性,为现存社会主义国家提供了可供借鉴的经验。

(一)社会主义国家应坚定马克思主义指导的社会主义道路

社会主义中国在社会经济发展中经历了曲折和艰辛。中国特色社会主义生态治理的历史经验表明,始终坚持马克思主义指导的社会主义制度,是中国在生态治理中取得进步的重要保障。马克思主义指导确保了社会主义国家发展方向的正确性,始终坚持人与自然的辩证统一关系。离开马克思主义思想,社会主义国家的发展将会迷失方向,走上错路和歪路。"道路决定命运"[1],中国特色社会主义生态治理的道路就是社会主义道路,不是别的什么主义的道路。"马克思主义是我们立党立国、兴党兴国的根本指导思想。"[2]因此,社会主义国家在生态治理中必须坚持马克思主义思想的理论指导地位。

---

① 中共中央宣传部编:《习近平新时代中国特色社会主义思想学习纲要》,学习出版社、人民出版社,2019年,第21页。

② 中共中央党史和文献研究室、中央学习贯彻习近平新时代中国特色社会主义思想主题教育领导小组办公室:《习近平新时代中国特色社会主义思想专题摘编》,党建读物出版社、中央文献出版社,2023年,第19页。

(二)社会主义制度要求自然生态健康发展

社会主义制度要求人与自然的关系要和谐,这种和谐关系需要社会主义国家制定科学的发展政策,合理的国家战略规划、经济法规、污染防治方针和治理机制等保障和实现人与自然关系的和谐。社会主义制度不会自动形成对自然环境的生态保护,它需要社会主义国家运用生态学理念,根据生态规律和生态平衡原理,将社会性的发展和自然性的规律结合在一起,实现人的生态生存和自然社会存在的统一。"尊重自然、顺应自然、保护自然,是全面建设社会主义现代化国家的内在要求。"①因此,这就要求社会主义国家在社会经济发展中,在社会主义制度的保障下,制定合理政策,重视生态环境保护,重视自然生态的健康发展,从而体现出社会主义制度的优越性。

(三)社会主义国家要求经济和环境的协调发展

社会主义国家在发展中不能追求单一的经济增长,不能通过牺牲环境来发展经济。中国特色社会主义生态治理的过程与经验表明,经济增长是以自然环境的良好生态为基础的。中国在发展经济中加强对生态环境的治理,积极治理污染环境,为经济的持续发展提供一个健康的自然环境。"实现经济发展与生态文明建设有机统一,才能走好生产发展、生活富裕、生态良好的文明发展道路。"②因此,社会主义国家要在发展社会经济的过程中重视保护环境,制定有利于自然环境生态健康的经济发展政策和方针,将经济增长与环境保护统一起来。

---

① 中共中央党史和文献研究室、中央学习贯彻习近平新时代中国特色社会主义思想主题教育领导小组办公室:《习近平新时代中国特色社会主义思想专题摘编》,党建读物出版社、中央文献出版社,2023年,第378页。

② 张柯兵:《实现经济发展与生态文明建设有机统一》,《人民日报》,http://opinion.people.com.cn/n1/2022/0505/c1003-32414052.html,2023年8月9日浏览。

(四)社会主义国家的发展应以人民为核心

社会主义国家是人民当家做主的国家,社会经济发展是为了满足全体人民的需要,为了提高全体人民的生活水平。社会主义国家的人民不是追求物质财富的单一增长,而是追求生活环境和生活质量的提高。"以人民为中心的发展思想,不是一个抽象的、玄奥的概念,不能只停留在口头上、止步于思想环节,而要体现在经济社会发展的各个环节。"[①]中国特色社会主义生态治理的经验表明,人民的利益和需求是社会主义国家发展的核心目标。社会主义国家不仅要为人民提供必需的物质生活保障,还要为民众提供舒适的生活环境和生存空间;不仅要满足人民的物质需求,还要满足人民的精神需求。人民性是社会主义国家发展的根本属性,体现了社会主义国家发展的核心是一切为了人民。

二、中国生态文明建设中的生态治理经验对发展中国家的启发与借鉴

我国首部《生态文明绿皮书:中国特色生态文明建设报告(2022)》2022年5月由南京林业大学及社会科学文献出版社共同发布。关于中国生态文明建设中生态治理的态度与意义,报告指出,"中国政府高度重视生态文明建设,同时也高度重视同联合国环境署的合作,支持联合国环境署在全球环境治理中发挥更大作用,为国际社会,特别是其他发展中国家提供中国方案,共同推进绿色发展"[②]。

(一)自然环境的生态健康是社会经济发展的基础和前提

中国特色生态治理的过程和经验充分表明,如果没有健康的自然生

① 中共中央党史和文献研究室、中央学习贯彻习近平新时代中国特色社会主义思想主题教育领导小组办公室:《习近平新时代中国特色社会主义思想专题摘编》,党建读物出版社、中央文献出版社,2023年,第115页。

② https://www.cet.com.cn/wzsy/ycxw/3186526.shtml,中国经济新闻网,2023年2月20日浏览。

态环境，社会发展也就失去了发展的前提与基础。自然环境为社会发展提供了必要的生存空间和生存所需要的基础资源与物质，离开自然环境，人类社会将不会存在。但是，人类在自然环境中生存发展时，采取了不正确的行为，给自然环境带来严重的影响和破坏，导致自然环境的生态系统功能被破坏，不能健康运行。自然环境的生态健康就像一个人的身体健康一样，没有健康的身体，生命也将不能得到维持。因此，维持自然环境生态的健康与生态系统的平衡是社会经济发展的前提与基础。如果失去了它，社会经济的发展将难以立足，更难以维持。我们“宁要绿水青山，不要金山银山，而且绿水青山就是金山银山”①。中国生态治理的实践表明，绿水青山就是我们生存的必要生态环境，失去生态环境，也就无法生活下去。

（二）社会经济发展要以生态环境承载为基础和底线

中国在长期生态治理实践中认识到，以GDP为主导的资本主义发展模式存在严重的弊端，提出应以生态环境的健康为考量的GNP发展要求。社会经济的发展不能一味地追求经济增长，要把经济增长与自然环境生态的健康等同起来，牺牲自然环境健康的经济增长不可持续，也不能真正地实现社会经济发展。发展中国家的自然环境千差万别，大多数发展中国家的自然生态环境因为历史上遭到殖民侵略的掠夺和破坏，导致该国独立后的自然生态环境状况比较恶劣。如果不制定合理的发展方式，将会对自然生态环境造成更加严重的伤害。中国生态治理的实践表明，社会经济发展离不开自然环境，并受到自然环境的制约与影响；同时，社会经济发展对自然环境产生的影响将反作用于人类社会。自然环境的生态承载力是有限的，生态系统功能的发挥也是有条件的，如果社会经济发展超越了自然环境的生态承载力，破坏了生态系统发挥功能的条件，那么，不仅社会经济得不到发展，自然生态环境也将更加不堪重负，生态系

①《习近平总书记系列重要讲话》(2016年版)，学习出版社、人民出版社，2016年，第230页。

统功能失衡,后果将是两败俱伤。

(三)生态治理要有正确的指导思想

目前,生态环境治理已经成为全球共识。几乎每一个国家都面临着同样的任务。发展中国家的生态治理任务更加艰巨。中国生态治理取得的进步表明,正确的指导思想是必不可少的。思想是行动的指南,正确的思想是行动的推动器。中国生态治理坚持了马克思主义生态思想,为生态治理提供了正确的理论指导,使本国生态治理能够在正确的道路上发展下去。发展中国家应该将世界上先进的生态治理思想和本国的生态治理环境结合起来,制定符合本国实际情况的生态治理政策和方针,推进本国生态环境的健康发展和社会经济的可持续发展。

(四)生态治理需要宏观与微观,战略与政策的合理协调

生态治理是一项长期的工程。中国生态治理是在生态文明建设宏观目标的框架下实施的。生态文明建设是国家发展的未来方向和战略指引,生态治理在这一指引下确保了方向的正确性。同时,生态治理也被纳入国家建设的各个领域,将其与国家的具体建设连接在一起,在国家的具体实践政策中得到体现。因此,生态治理既有宏观的指导框架,又有具体的建设实践;既有战略指引,又有具体政策。发展中国家的生态治理要想得到长期的有效实施,也需要将宏观指导和微观政策结合在一起,并进行合理协调。

三、中国生态治理对全球生态治理的实践价值与理论贡献

(一)中国生态治理对全球生态治理的实践价值

全球生态治理是以国家为主要行为体,国家生态治理的实施直接影响到全球生态治理的进展。全球生态治理包含了参与行为体、参与机制、参与方式、具体方针和执行结果等主要内容。中国生态治理是全球生态

治理的重要组成部分，在生态文明建设战略布局的积极推进下，不仅对本国的生态环境治理，而且对世界的生态环境治理都起到重要的推动作用。全球生态治理是人类社会在全球范围内实施的一项具有长期性、复杂性和综合性的工程，需要不同的行为体联合起来，不断地改进对生态环境变化的科学认识，掌握生态系统的平衡规律，构建有益于人类生存与发展的、健康的全球生态环境。中国生态文明建设中生态治理政策和措施的具体执行，运用在我国的黄河流域、长江流域、青藏高原、东北林区、北方防沙以及沿海防潮等生态环境治理方面，并且已经初见成效。以沙漠化的防治来说，“至2023年‘三北’”防护林体系工程已实施45年，历经几代人的共同奋斗，‘三北’工程建设累计造林4.8亿亩，治理沙化土地5亿亩，治理退化草原12.8亿亩，重点区域实现了从‘沙进人退’到‘绿进沙退’的历史性转变，取得了举世瞩目的成就”①。2022年11月在埃及举办的《联合国气候变化框架公约》第二十七次缔约方大会上，国际人士公开表示，“中国生态文明与美丽中国实践，为全球生态福祉做出了重要贡献”②。

1. 中国的生态治理模式对全球生态治理方向具有正向引领作用

中国的生态治理是在生态文明建设的战略框架下实施的，体现出具有典型中国内涵特色的生态治理模式，对全球生态治理发挥着明确的正向引领作用。中国生态文明建设中的生态治理已见成效，并逐渐得到国际社会认同。荷兰的弗朗索瓦（2018）认为，中国在生态文明建设方面积极作为，将惠及世界。印度的拉尔（2018）认为，中国的生态文明建设很重视顶层设计。中国在生态文明建设的战略框架下建立的生态治理示范区、绿色发展理念、区域合作机制等，强调生态理念、生态系统服务功能、自然生态与经济发展的协调共存，为全球生态治理提供了明确的发展方

① 张缘圆：《人民网评：坚定不移地进行生态文明建设》，https://www.ishaanxi.com/c/2023/0721/2900370.shtml，2023年8月9日浏览。

②《国际人士积极评价中国生态文明建设 美丽中国实践获赞》，https://www.360kuai.com/pc/907b43102b58cb509?cota=3&kuai_so=1&sign=360_57c3bbd1&refer_scene=so_1，2023年8月6日浏览。

向。在全球生态治理处在十字路口的背景下，中国生态治理模式提供的示范经验将对全球生态治理的发展起到一定的方向引领作用。

2.中国的生态环境与经济协调发展为全球人类消除贫困提供新发展方式

中国生态文明建设中实施的生态治理，坚持经济发展和环境保护的协同机制，将发展经济、摆脱贫困与自然环境保护连接在一起，把保护环境看作发展经济的前提和途径。两山论、五大发展理念、绿色发展理念等超越了西方的工业现代化发展模式，为经济社会发展与环境保护的和谐共存，创新了发展模式，形成中国式现代化。“中国式现代化的初步成功和取得的显著成就，新时代以来‘东升西降’‘中治西乱’的鲜明对比，为广大发展中国家独立自主迈向现代化、探索现代化道路的多样性提供了全新的选择。”[①]中国生态文明建设中生态治理的实践证明了自然环境的生态健康在人类消除贫困进程中的首要性，扭转了人们对发展理念和发展方式的固有认识，对人类消除贫困提供了一种可持续的永续发展模式，为人类社会的进步做出了中国贡献。

3.中国生态治理实践体现了大国担当与率先垂范

中国作为一个发展中的大国，在全球生态环境治理问题上，积极参与、贡献智慧、落实协定、以身作则，为全球生态治理担负了应有的国际责任。中国在全球气候变化治理问题上，积极签署和落实《巴黎协定》，并主动承诺减排。同时，中国在推动全球生态环境治理问题上，主动承办全球生态治理的国际论坛，建立国际学术交流机制，推动政府间和民间国际生态治理组织的建立，主动与邻国、周边、区域国家在诸多领域生态治理方面开展合作，在国际生态治理合作中担当助推手、引领者，展现了一个负责任的大国形象，体现了勇于担当的人类命运一体精神。美国小约翰·柯布（2017）指出，中国可以成为全球生态文明建设领域的领头者。俄罗斯

① 中共中央宣传部：《习近平生态文明思想学习纲要（2023年版）》，学习出版社、人民出版社，2023年，第62页。

弗拉基米尔·彼得罗夫斯基(2018)表示,中国是全球生态文明建设的重要贡献者和引领者。

4. 中国生态治理成果推动全球生态治理的良性发展

中国政府在生态文明建设中采取推进生态治理的多项举措,将生态文明理念纳入国家的战略规划,提出生态文明建设成为国家重要发展战略的一部分。在全国生态治理中实行统一战略规划和整体布局,围绕生态底线实现"点—线—面"的生态治理工程。全国生态治理实践围绕绿水青山中心点、贯穿自然生态健康主线,实现人与自然的全面和谐,具体实施中包括退耕还林、天然林保护、三北防护林、防沙治沙、野生动植物保护、自然保护区建设等,逐步扭转自然生态资源减少和退化的趋势,在本国的生态环境治理方面取得了明显成效。三江源生态保护、黄河生态保护、塞罕坝的生态治理经验、三北防护林的生态防御成就、地方生态治理经验的探索等,使中国的生态环境治理呈现出良性的发展态势,推动中国国内生态环境的良性发展,对全球生态治理有着重要的启示与参考价值。

5. 中国生态治理合作实践推动全球生态治理合作机制的构建

中国在实施国内生态治理的过程中,通过不同方式、不同机制、不同层次,积极与周边邻国、区域内国家和世界多国进行合作,为全球生态治理贡献中国智慧,提供中国方案,积极推动全球生态治理的全方位合作。中国在各种生态治理的国际合作中,建立多种合作机制,为全球生态治理的国际合作提供了有益的借鉴和参考,有利于推动全球生态治理合作的新发展。

6. 中国生态治理的具体方略为全球生态治理提供了中国智慧

目前,中国在河湖生态环境治理、水域环境质量提升、荒漠化生态治理、风沙的防治、生物多样性保护等方面都已经取得了突出的成绩,总结出诸多有效的治理措施和行动方案,为全球的生态环境提供了中国智慧。中国在防沙治沙的长期实践中,制订的治沙方略"24 字方针"[①]和"打造平

---

① 治沙"24字方针"是指保护优先、绿色发展,因地制宜、分类施策、系统治理、整体增强。

台、推广技术、构建体系”方式，为全球防沙治沙提供了宝贵的治理经验。

（二）中国生态治理对全球生态治理的理论贡献

中国在生态文明建设战略布局下积极实施生态治理，坚持了马克思主义生态思想指导原则，还借鉴了西方马克思主义生态思想、发达资本主义国家生态现代化理论和世界上一切先进的生态治理理念，最终形成具有中国特色的社会主义生态治理理论。“新时代推进生态文明建设的生态治理理念，超越了国界和意识形态的分野，促进了各国文化传统、思想理念和行为方式的融合，是全球生态治理的中国智慧和中国方案，是新时代中国特色社会主义大国外交的理论延伸，也是构建国际关系民主化、人类命运一体化的必然路径。”[①]该理论融合了中国古代优秀的生态思想和当代先进的生态理念，对世界生态治理理论具有重要的创新价值。

1.践行和丰富了马克思主义生态思想的深层内涵

（1）生态治理的实施一定程度上践行了马克思主义生态思想

生态治理的核心是实现人与自然关系的和谐统一，生态环境问题的产生是自然环境遭到人为的破坏，从而导致的生态失衡。因此，生态治理的首要任务是解决生态环境问题，修复被破坏了的自然环境，合理利用自然资源，治理生态失衡问题，重新恢复人与自然的生态平衡。

中国对生态环境问题的综合治理表现在三个环节。第一个环节，立即停止对自然环境的破坏。自然资源环境已经遭到长期的无节制的任意破坏，我们必须清醒，马上划定明确的生态红线，严格控制人们对自然界破坏的活动和有害行为。因为人类的社会行为活动自始至终都与自然界密切相关。实际上，自然生态环境已经到了难以继续承载人类破坏的境地，因此，人们必须立刻停止对它的任何伤害。只有停止伤害才能降低人类对自然界的破坏，才能有效治理脆弱的自然生态环境，否则再多的补偿

---

① 黄秋生、朱中华：《新时代推进生态文明建设的应然向度：从人民美好生活到全球生态治理》，《湖南社会科学》，2018年第3期，第61页。

也将毫无益处。第二个环节，进行生态修复和补偿。人们必须以对自己负责的态度和精神对待已经受损的自然环境，必须进行生态性的修复和补偿。现今受损的自然生态环境也只有人类才能主动地、有意识地对它作出修补，否则自然生态环境将向着更加恶劣的方向发展。最后的环节，从制度的整体性上进行生态环境的治理。要想生态环境问题得到长久的积极治理，必须建立一套健全的制度体系，合理运用制度的强制性、选择性和引导性等，科学治理生态环境问题。总之，治理生态环境问题“不仅依靠国家的法律、政府的政策，还需要依靠社会的道德教化和民众的共同参与”[①]。生态环境问题的治理是一项全社会和全体公众参与的持久战，目标就是实现人与自然的和谐共处。

（2）“中国梦”的提出进一步深化了马克思主义生态思想内涵

生态文明建设中，生态环境问题的治理不仅依赖于国家法律法规和政府政策的制定和实施，更需要人们生态素质的提高，生态价值观、道德理念的形成以及生态行为的养成。这些要归因于人的自身和谐，也就是人的自由而全面的发展。中国政府生态文明建设中提出实现“中国梦”，就是通过实现人的自由全面发展来推动人与人关系的和谐统一。“中国梦”是以一个整体、合力的抽象样态展现在世人面前，它将众多个体的具体梦想凝聚在一起，为人的自由全面发展提供了重要的保障，促进人的自身和谐的实现。首先，“中国梦”的精神引领将促进人的生态素质的形成。“中国梦”为生态治理提供了具体化的理想路径，生态文明中的一些重要因素，如法治、爱国、公平、正义、幸福、和谐等上升为社会民众个体行为的引领。“中国梦”的精神引领将塑造良好的社会生态环境，有利于民众个体生态素质的养成。其次，“中国梦”的精神将激励民众在生态治理实践中发展自己。生态治理是实现“中国梦”的具体措施，是把人的自由全面发展放置于“国家—民族—民众”的逻辑框架中，个人将在生态治理中展现

---

① 靳利华：《中国生态文明建设对马克思主义生态治理思想的贡献》，《新丝路（下旬）》，2016年第12期，第231页。

“中国梦”精神的真谛。“中国梦”的伟大精神力量必将最大限度地调动人民的创造性和积极性，激励人民向着美好生活奋斗。习近平总书记指出：“生活在我们伟大祖国和伟大时代的中国人民，共同享有人生出彩的机会、共同享有梦想成真的机会，共同享有同祖国和时代一起成长与进步的机会。”[①]中国梦就是要实现国家富强、民族振兴、人民幸福，中国梦归根到底是人民的梦，它为人的自由全面发展提供了进步发展的精神动力和不懈追求的思想引领。

(3)“小康社会”的目标设定为马克思主义生态治理提供了具体目标

我国生态文明建设中提出的全面建成小康社会，进一步明确了人类社会文明的伟大蓝图。社会主义生态文明建设的社会发展目标，不仅要协调人与自然的二元对立关系，还要改革现存的人与人之间的紧张冲突关系，最终实现人、自然和社会三重关系和谐。党的十八大明确提出的“为全面建成小康社会而奋斗”就是对生态文明社会发展目标的设定。一方面，“小康社会”的目标要求实现人与自然环境的和谐相处，生态环境问题必须得到解决。“小康社会”目标下，国家将本领域内的空间格局按照自然生态平衡和生态健康理念进行充分布局，并构建一套健全的生态文明建设制度，为建立人与自然和谐相处的良好生态系统提供制度保障。另一方面，“小康社会”目标下，个人的生态权益和生态素质都将得到提升。社会主义实行的人民代表大会制度，为人民的权利实施提供了根本的制度保障。社会主义社会的协商民主制度为人民提供多样、具体的表达和自我管理制度，保障人民的基本公共事务和公益事业得到充分的实现。小康社会里，民众的生态道德素质明显得到提高，不论是物质文化生活水平、精神文化生活，还是社会健康水平等都得到优化提升。最后，“小康社会”是一个美丽社会。中国政府不断满足民众的基本生活需求，不论是医疗、卫生还是教育、住房。同时，政府采用诸多的政策与法规加大对各种

① 参见范子军：《习近平提“人民共同享有人生出彩的机会”鼓舞人心》，人民网，http://opinion.people.com.cn/n/2013/0317/c1003-20816380.html，2021年12月12日浏览。

违法犯罪和腐败的惩处，净化社会生态政治环境，为美丽社会提供政治保障。美丽社会还体现在缩小城乡差别、提高农民收入和保障农民分享现代化成果等具体政策上。可见，“小康社会”是一个“学有所教、劳有所得、病有所医、老有所养、住有所居”①的美丽新社会。

总之，马克思主义生态治理理念是马克思主义生态思想的具体体现。践行马克思主义生态治理理念是对资本主义的超越，是对工业文明的反思。中国生态治理是对马克思主义生态理论的践行和创新，它在人类与自然界之间架起一座沟通的桥梁。这座桥梁不仅是中国社会主义事业实践发展的内在要求，也是人类社会生存与发展的正确选择。

2.深化了具有中国特色的社会主义生态治理思想

生态文明建设框架下推进生态治理理念的发展，不仅对中国创新生态治理理念，而且对丰富全球生态治理理念都是有积极意义的。中国特色社会主义生态治理思想体现在国内和国际两个层面。

国内层面上，中国特色社会主义生态治理理念体现的是新发展理念与生态环境保护融合的统一。一方面，提出以“创新、协调、发展、绿色、开放、共享”为核心的新发展理念。另一方面，中国的生态治理必须以生态环境保护为前提，决不能牺牲环境来取得经济效益，决不能浪费自然资源获取个人享受。中国的生态治理理念是社会经济发展与自然生态的相互依赖的整合。富有中国特色的社会主义生态思想为新时代中国特色社会主义的生态治理提供了理论指导。“在坚持马克思主义生态文明思想的基础上，习近平提出的一系列生态治理新理念开辟了马克思主义生态文明思想发展的新境界，为当代中国的生态治理提供了强大的理论支撑和精神动力，是我们走向社会主义生态文明新时代的科学指南。”②

国际层面上，中国特色社会主义生态治理理念体现了人类命运共同体思想，表现出国际担当精神。这是因为，“中国坚持以发展中的大国身

① 靳利华：《中国生态文明建设对马克思主义生态治理思想的贡献》，《新丝路（下旬）》，2016年第12期，第231页。

② 张云飞、李娜：《习近平生态治理新理念的科学意蕴》，《湖湘论坛》，2016年第4期，第9页。

份积极参与全球生态治理。一方面以大国身份积极承担生态环境治理的合理的国际责任,另一方面结合自身利益和广大发展中国家的利益争取全球环境治理中的发言权和话语权,积极推动全球环境治理的'共商共建共享',平衡全球环境治理中的权利与义务"①。为此,中国提出了全球生态治理的基本原则和基本理念,包括人类命运共同体基本理念、共同而差异的责任原则、平等独立原则、协商一致原则以及破解信任赤字的公平合理原则。全球生态治理的理念是中国社会主义生态理念不可缺少的组成部分。

3.超越了西方生态治理的思想与理念

(1)生态治理应坚持惠及民生的核心理念

中国特色社会主义生态治理一定要体现"为民"的宗旨。"保护生态环境就是保护生产力,改善生态环境就是发展生产力。良好生态环境是最公平的公共产品,是最普惠的民生福祉。"②生态治理的目标就是要为民众创建一个健康、舒适的生存空间,自然生态环境就是民众生存需要的最基本的外部环境,因此,生态治理就是要对危害民众的各种污染,影响民众生活质量的不良环境进行生态治理,为民众创造一个"蓝天、绿水、净土"的自然环境。

(2)生态治理将生态脱贫和生活脱贫结合在一起

中国特色社会主义生态治理不是单纯的对环境污染、生态脆弱、生态贫困的地区进行生态治理,而是将地区的自然环境治理问题和当地民众的脱贫问题结合在一起。具体就是,在生活脱贫中实现生态脱贫,在生态脱贫的同时实现生活脱贫。习近平的"绿水青山就是金山银山"的思想,就是既要"绿",又要"富",在绿色中实现发展,在生态治理中让民众获得生活质量的改善和提高。中国的生态治理中包含着丰富的绿色发展、生态发展和持续发展的理念,是对发展观的新推进。

---

①文贤庆:《全球生态治理》,《绿色中国》,2017年第7期,第16页。

②《习近平谈绿色:保护生态环境就是保护生产力》,《人民日报》,http://www.chinanews.com/gn/2016/03-03/7782010.shtml,2019年3月1日浏览。

(3)生态治理应坚持部分与整体相结合的原则

中国生态治理理念充分发展了局部与全局的辩证统一思想。一方面,体现在地方与中央以及地方的不同行政级别之间。中央政府始终坚持整体规划、统一部署、全局一致为前提;地方政府负责实施,因地制宜、灵活应对。这样既能确保国家生态治理政策的统一部署,又能在地方的生态治理中灵活应用。另一方面,体现为国家在全球层面生态治理中的世界责任和国际担当。从整个地球的生态环境治理来看,中国生态环境治理是世界的一部分,中国生态治理要与世界生态治理同向发展,世界生态治理的氛围与成效也影响着中国生态治理的实施。

(4)生态治理要体现出经济效益、生态效益、社会效益的有机统一

中国生态治理将对自然生态的保护和人民对幸福的追求紧密地结合在一起,在追求经济发展、经济质量和经济效益的同时,要保护自然环境的生态健康,还要满足普通民众的精神需求。社会主义的生态治理要按照经济的可持续发展目标,形成生态化的生产方式;要按照生态平衡的原则,形成生态环境的健康发展;要按照社会公平正义的基本原则,实现和谐、健康的社会关系,最终实现经济发展、生态健康和社会进步的美好生存发展目标。

结 论

生态文明将是人类不可逾越的新文明阶段,生态文明建设将是人类面临的一个新任务。基于国家行为体的特性,国际社会中不同国家在推进生态文明建设过程中的生态治理行为将会出现不同的选择,从而在国际生态治理中产生竞争、冲突、战争、和平、合作等不同的互动样式,其中最基本的形式就是冲突与合作。国家行为体在国际社会中始终是以追求本国的特殊利益为主要目标的,国家之间在国际社会中的行为是相互影响的,一个国家的行为将或多或少影响到其他国家的行为,同时也会受到其他国家行为的影响,因此,国家之间行为的相互影响及相互作用就形成了国际社会的基本形式。在生态文明建设过程中,世界各国的生态治理行为选择在国际关系中形成冲突与合作的基本形式,这也成为国际社会中不可忽视的新现象与新问题,值得学术界进行深入探讨和研究。

(一)国际生态治理冲突可能性将不可避免

冲突作为国际生态治理的基本互动形式之一,是国际关系领域的新内容。冲突的发生主要是由于利益目标的差异。国家作为国际社会的主要行为体,国家间冲突是国际冲突的主要体现。当然,也不能忽视国家与非国家行为体、非国家行为体之间的冲突。因此,在国际社会中出现了国家、非国家等不同的利益主体。随着全球生态危机的蔓延,各种利益主体的复杂化,国际生态治理冲突的发生是不可避免的。主要体现在以下三个方面。

首先,国际生态治理存在整体与个体、全局与部分的利益权衡与选择问题。在全球生态治理的参与中,不同行为体基于自身的利益需要,做出不同选择。有的行为体会因为本身的生态利益选择与国际社会生态要求相一致的政策或行为,有的行为体则会从自身生态利益考虑选择与国际社会生态要求相悖的政策或行为。这些不同的政策或行为给国际生态治理带来很多的不稳定因素,加剧了国际生态治理的难度,引起矛盾或冲突。

其次,国际生态治理存在历史与现实的平衡问题。国际生态治理开始的时间比较晚,距今也不过几十年,并且在实践中也不是完整意义上的生态治理,这种历史的状态导致目前的全球生态治理面临着艰巨的任务,在诸多方面存在不足与缺陷。从国际生态治理机制看,国际生态治理的领域较为广泛,传统的既有机制并不能适应生态治理的特殊需求,机制的落后、僵化不能满足国际生态治理的需要。从国际生态治理机构看,目前还没有形成一套成熟、完善、健全的专门性的用于处理国际生态治理事务的机构。同时机构中存在人员不足、资金不足等问题,严重制约了机构的运转。尽管联合国组建和从事着一些相关工作,但是在应对国际生态治理诸多繁杂的事务方面显得捉襟见肘,力不从心。从国际生态治理现行的政策法规方面看,存在执行不足、效用性低、操作性差等弊端。

再次,国际生态治理存在与其他领域的融合问题。国际生态治理是全球治理的重要组成部分,需要与其他领域的治理相辅相成、共同推进。现实情况并不乐观。尽管全球治理正在兴起,但是由于不同行为体,尤其是不同国家行为体的态度与政策差异,甚至是矛盾,导致全球治理推进比较艰难,出现雷声大、雨点小的现象。从生态领域与其他领域的关系角度看,相比其他领域,生态领域是一个长期的隐性领域,具有经济效益弱于生命需求、眼前利益低于长远利益、局部性低于全局性等特性,有的行为体往往注重前者忽视后者,导致生态领域被忽视。有的行为体并没有认识到生态对其他领域的助推作用,也没有认识到生态领域对其他领域的全局性作用,从而导致生态领域建设动力不足,发展迟缓。

(二)国际生态治理合作将是未来发展方向

合作是人类文明社会的基本表现形式,没有合作就没有人类社会的文明。国际生态治理合作是人类生存与发展的基础性需要。美国学者罗伯特·阿克塞尔罗德说:“人类社会与其他动物群体的一个重要区别是,人与人之间可以通过运用个人理性而达成某种形式的合作。”①对于如何促进两人或双方合作,罗伯特·阿克塞尔罗德提出了具体的方法:“使得未来相对于现在更加重要些;改变对策者的四个可能的结果的收益值;教给对策者那些促进合作的准则、事实、技能。”②正是由于当今时代处于世界大变局之下,出现严重的信任赤字、安全赤字、治理赤字等,国际社会的信任危机加剧了国际生态治理的困境,使得国际生态治理合作显得弥足珍贵,成为国际生态治理内生的重要发展方向。实际上,国际生态治理合作的前景依然充满着不确定的因素。

首先,国家的选择是影响国际生态治理合作的关键。“在全球与国际领域,国家合作的志愿性形式传统上已经与国家和集体的安全目标联系在了一起。”③目前,国家之间的生态治理合作是国际生态治理合作的主要组成部分。国家是推动国际生态治理合作的主要行为体,在国际生态治理合作的行为上发挥重要的、不可替代的作用。国家在全球诸多领域内进行相互接触,他们能否合作受到诸多因素的影响,主要包括双方关系的持续性、文化的同化与分形的程度、地理位置的距离、共同关注的议题、设定的规范与标准、阵营或集体的选择等。对于每一个国家来说,尽管在全球生态治理中将会遇到很多不稳定因素和难以预测的结果,但是,全球生态产品的公共属性要求每一个主权国家都不可规避国际生态治理问

① [美]罗伯特·阿克塞尔罗德:《合作的复杂性:基于参与者竞争与合作的模型》,梁捷、高笑梅等译,上海人民出版社,2020年,第2页。

② [美]罗伯特·阿克塞尔罗德:《合作的进化》,吴坚忠译,上海人民出版社,2020年,第89页。

③ [瑞典]乔恩·皮埃尔、[美]B.盖伊·彼得斯:《治理、政治与国家》,唐贤兴、马婷译,上海人民出版社,2019年,第67页。

题。“几百年来,世界不断地变得越来越小;在21世纪,任何一个国家,包括美国在内,都不再有可能依赖其地理距离逃避世界上的危险。”[①]全球生态公共产品的外部性效应也促使每一个国家不得不考虑全球生态问题治理是选择合作共赢还是零和冲突。国家在全球生态公共产品中具有双重身份,既是供给者也是享有者。因此,“在国际层面上,大多数国家都能和平共处,并且就共同关心的问题进行经常性的合作。冷战以及意识形态斗争的结束给世界提供了深化以及扩大国际合作的好机会”[②]。国家的选择对国际生态治理的发展与未来至关重要。

其次,非国家行为体的参与是促进国际生态治理合作的新生力量。“合作更多地源于各行为角色的自愿,他们愿意分享共同的规则与目标,而不是受压于传统的强制。”[③]从治理主体多元化的角度来看,参与社会公共产品的主体并非唯一。国际社会中越来越多的非国家行为体对全球生态公共产品的要求和关注也越来越多。联合国环境规划署在2021年提出了“联合国生态系统恢复十年(2021—2030)”倡议,呼吁政府、企业和个人共同行动起来,加快全球生态系统的修复。欧洲绿党积极协调欧洲各国绿党生态组织的活动,促进组织之间的合作。国际绿色和平组织主要通过非暴力直接行动的和平手段,积极推动全球生物多样性保护和污染环境治理,促进人类生存环境的持续性发展。世界生态组织主要是为了“在全球、区域和国家以及部门各级促进生态理念传播、生态系统保护和生态技术发展、应用、交流与合作”[④]。此外,世界环保组织、世界自然基金会、全球环境资金、地球之友等也以自己的方式推动世界环境保护和生态系统修复。

再次,人类对自然环境安全的追求是促进国际生态治理合作的内驱

① [美]扎尔米·卡利扎德、伊安·莱斯:《21世纪的政治冲突》,张淑文译,江苏人民出版社,2000年,第14页。

② [美]威廉·汉得森:《国际关系:世纪之交的冲突与合作》,金帆译,海南出版社,2004年,第442页。

③ 同上,第440页。

④ 世界生态组织官网,http://www.weocro.cn/xhjs,浏览时间2023年3月2日。

力。古希腊哲学家伊索说过,团结则存,分裂则亡。在新的世纪,国内外学术和政策的论辩中关于安全的议题已经出现了新的认识和看法。安全是什么?谁的安全?谁来维护?英国学者安德鲁·赫里尔指出,“安全所指的对象应当包含那些处在国家层面之下的个体和其他集体单位(少数族群、种族群体以及土著居民),以及超越国家之上的全人类(一般意义上的人,而不只是某个国家的公民)和人类生存所依赖的生物圈。其次,任何对安全的分析,如果想要获得意义,就必须考虑一系列范围更为广泛的‘存在意义上’(existential)的威胁所具有的重要性,包括那些由于环境破坏、经济脆弱和社会凝聚力瓦解而产生的威胁。第三,提供安全的责任不仅仅在国家,还在于国际组织、NGO和在一个日益活跃的跨国公民社会当中运作的公民社会,以及一系列影响力日增的私人行为主体”[①]。在人类赖以生存的自然环境发生生态危机,全球面临生态赤字的现实条件下,人类共同的生存利益和生态安全已然成为各国政府和民众的必要追求。生存与安全一直是人类基本的内生需求,也是马斯洛理论中的低层次需求,满足这一需求的行动就是制止生态危机的发生,消除全球生态赤字。这种行动要求在全球层面展开,需要各个国家、企业、个人的共同参与,也就是在全球层面进行生态治理的合作。按照马斯洛的需求层次理论,某一层次的需求得到相对满足之后才能向下一个高一层级的需求发展,而追求更高一层的需求就成为驱动行为的动力。换言之,如果这一需求得不到满足,那这一需求就成为国家、企业和个人的行为驱动力。一些研究表明,自然生态环境出现危机、全球生态赤字居高不下的情况下,国家、企业和个人等行为体有可能把生态安全和生存利益作为其行为的内驱力,从而推动国际生态治理合作的到来。在人类历史演进中,“合作,无疑是人类成功的关键因素”。“在人类故事中,合作起到了神话般的作用。”[②]

---

① [英] 安德鲁·赫里尔:《全球秩序与全球治理》,林曦译,中国人民大学出版社,2018年,第205—206页。

② [英]尼古拉·雷哈尼:《人类还能好好合作吗》,胡正飞译,中国纺织出版社有限公司,2023年,第320、319页。

概而言之，随着生态文明建设的不断推进，不论是国际生态治理冲突还是国际生态治理合作，都是国际行为体在人类自然环境生态危机和全球“五大赤字”[①]下的基本形式，是国际社会不同行为体相互作用的结果。实际上，关于国际政治中国际生态治理的基本互动形式研究还有很多值得深入探究的地方，这里只是开启了一个小小的尝试而已，其中存在的不足也是难以避免的。

① 五大赤字是指生态赤字、安全赤字、发展赤字、信任赤字、治理赤字。

参考文献

一、中文著作

1.《马克思恩格斯全集》第21卷，人民出版社，1965年。

2.《马克思恩格斯全集》第42卷，人民出版社，1976年。

3.《马克思恩格斯全集》第1卷，人民出版社，1995年。

4.《马克思恩格斯选集》第3卷，人民出版社，1995年。

5.《马克思恩格斯选集》第4卷，人民出版社，1995年。

6.《马克思恩格斯选集》第1卷，人民出版社，1995年。

7.《马克思恩格斯选集》第2卷，人民出版社，1995年。

8.《马克思恩格斯全集》第25卷，人民出版社，1997年。

9.《马克思恩格斯全集》第3卷，人民出版社，2002年。

10. 马克思：《资本论》第3卷，人民出版社，2004年。

11.《马克思1844年经济学—哲学手稿》，刘丕坤译，中国出版集团研究出版社，2021年。

12. 列宁：《列宁全集》第32卷，人民出版社，1973年。

13. 列宁：《列宁全集》第27卷，人民出版社，1973年。

14.《毛泽东选集》第5卷，人民出版社，1977年。

15.《江泽民文选》第3卷，人民出版社，2006年。

16. 习近平：《之江新语》，浙江人民出版社，2013年。

17.《胡锦涛文选》第3卷，人民出版社，2016年。

18. 中共中央文献研究室：《习近平关于全面深化改革论摘编》，中央文献出版社，2014年。

19.《习近平总书记系列重要讲话》,学习出版社、人民出版社,2016年。

20.《习近平的七年知青岁月》,中共中央党校出版社,2017年。

21.《习近平谈治国理政》第一卷,外文出版社,2018年。

22. 习近平:《携手迎接挑战,合作开创未来》,外文出版社,2023年。

23. 陈鼓应:《庄子今注今译》,商务印书馆,1983年。

24. 王沪宁主编:《政治的逻辑——马克思主义政治学原理》,上海人民出版社 1994年。

25. 全球治理委员会:《我们的全球伙伴关系》,牛津大学出版社,1995年。

26. 世界环境与发展委员会:《我们共同的未来》,吉林人民出版社,1997年。

27. 万以诚:《新文明的路标 :人类绿色运动史上的经典文献》,吉林人民出版社,2000年。

28. 俞可平:《治理与善治》,社会科学文献出版社,2000年。

29. 徐大同:《当代西方政治思潮》,天津人民出版社,2001年。

30. 董仲舒:《春秋繁露义证》,中华书局,2002年。

31. 陈根法、汪堂家:《人生哲学》,复旦大学出版社,2005年。

32. 郇庆治:《重建现代文明的根基——生态社会主义》,北京大学出版社,2010年。

33. 郭象注、成玄英:《庄子注疏》,中华书局,2011年。

34. 周冶:《道法自然 道教与生态》,四川人民出版社,2012年。

35. 陈学明:《谁是罪魁祸首 追寻生态危机的根源》,人民出版社,2012年。

36. 余维海:《生态危机的困境与消解——当代马克思主义生态学表达》,中国社会科学出版社,2012年。

37. 曹前发:《毛泽东生态观》,人民出版社,2013年。

38. 赵磊:《国际视野中的民族冲突与管理》,社会科学文献出版社,2013年。

39. 靳利华:《生态与当代国际政治》,南开大学出版社,2014年。

40. 靳利华:《生态文明视域下的制度路径研究》,社会科学文献出版社,2014年。

41. 曹荣湘:《生态治理》,中央编译出版社,2015年。

42. 徐焕主编:《当代资本主义生态理论与绿色发展战略》,中央编译出版社2015年。

43. 杨启乐:《当代中国生态文明建设中政府生态环境治理研究》中国政法大学出版社,2015年。

44. 樊阳程、邬亮、陈佳、徐保军:《生态文明建设国际案例集》,中国林业出版社,2016年。

45. 洪富艳:《生态文明与中国生态治理模式创新》,吉林出版集团股份有限公司,2016年。

46. 张剑:《社会主义与生态文明》,社会科学文献出版社,2016年。

47. 娄胜霞:《西部地区生态文明建设中的保护与治理》,中国社会科学出版社,2016年。

48. 孔翔:《地方认同、文化传承与区域生态文明建设》,科学出版社有限责任公司,2016年。

49. 张卫国,于法稳:《全球生态治理与生态经济研究》,中国社会科学出版社,2016年。

50. 中央文献研究室:《习近平关于社会主义生态文明建设论述摘编》,中央文献出版社,2017年。

51. 孙特生:《生态治理现代化:从理念到行动》,中国社会科学出版社,2018年。

52.《国际政治学》编写组:《国际政治学》,高等教育出版社,2019年。

53. 余学芳编著:《河湖生态系统治理》,中国水利水电出版社,2019年。

48. 解保军:《马克思生态思想研究》,中央编译出版社,2019年。

49. 潘家华等:《生态文明建设的理论构建与实践探索》,中国社会科学出版社,2019年。

50. 陈晓红等:《生态文明制度建设研究》,经济科学出版社,2019年。

51. 叶茂中:《冲突》(第2版),机械工业出版社,2019年。

52. 顾钰民等:《新时代中国特色社会主义生态文明体系研究》,上海人民出版社,2019年。

53. 卢风:《生态文明:文明的超越》,中国科学技术出版社,2019年。

54. 李群等:《生态治理蓝皮书:中国生态治理发展报告(2019—2020)》,社会科学文献出版社,2019年。

55. 马守臣:《煤炭开采对环境的影响及其生态治理》,科学出版社,2019年。

56. 杨状振:《网络视听生态治理研究》,中国传媒大学出版社,2019年。

57. 田春艳:《法治视阈下农村生态环境治理研究》,南开大学出版社,2019年。

58. 秦书生:《中国共产党生态文明思想的历史演进》,中国社会科学出版社,2019年。

59. 吴一超:《推动绿色发展:生态治理与结构调整》,社会科学文献出版社,2020年。

60. 余谋昌:《生态思维-生态文明的思维方式》,北京出版社,2020年。

61. 杨晶:《古巴绿色发展理论与实践》,社会科学文献出版社,2020年。

62. 张云飞、周鑫:《中国生态文明新时代》,中国人民大学出版社,2020年。

63. 蔡昉、潘家华、王谋等:《新中国生态文明建设70年》,中国社会科学出版社,2020年。

64. 孙特生:《西北地区生态治理的理论与实践》,中国社会科学出版社,2020年。

65. 靳利华:《中外生态思想与生态治理新论》,天津人民出版社,2020年。

66. 贾卫列,刘宗超:《生态文明:愿景、理念与路径》,厦门大学出版社,2020年。

67. 李威:《生态文明的理论建设与实践探索》,黑龙江教育出版社,2020年。

68. 中国生态学学会:《中国生态学学科40年发展回顾》,科学出版社,2020版。

69. 余谋昌:《生态文明——人类社会的全面转型》,中国林业出版社,2020年。

70. 余金成、郑安定、余维海《中国特色社会主义与人类发展模式》,天津人民出版社,2020年。

71. 夏光、李丽平、高颖楠等:《国外生态环境保护经验与启示》,社会科学文献出版社,2017年。

72. 袁东振:《拉美21世纪社会主义研究》,中国社会科学出版社,2021年。

73. 张劲松:《生态治理现代化》,商务印书馆,2021年。

74. 李群、于法稳:《生态治理蓝皮书:中国生态治理发展报告(2020-2021)》,社会科学文献出版社,2021年。

75. 刘希刚:《从生态批判到生态文明:马克思主义生态理论的价值逻辑研究》,人民出版社,2021年。

76. 张夺:《生态学马克思主义自然观与生态文明理念研究》,人民出版社,2021年。

77. 陆高峰:《新社会阶层网络舆论生态治理》,中国社会科学出版社,2021年。

78. 李明:《应急管理多元主体合作治理》,四川大学出版社,2021年。

79. 李红星,顾福珍:《生态治理政策工具研究》,经济科学出版社,2022年。

80. 中共中央宣传部、中华人民共和国生态环境部:《习近平生态文明思想学习纲要》,人民出版社、学习出版社,2022年。

81. 周国梅等:《国际湖泊生态环境治理经验借鉴研究》,中国环境出版集团,2022年。

83. 吕文林:《中国农村生态文明建设研究》,华中科技大学出版社,2022年。

84. 赵可金:《全球治理导论》,复旦大学出版社,2022年。

85. 中共中央宣传部:《习近平生态文明思想学习纲要(2023年)》,学习出版社、人民出版社,2023年。

86. 方然、林震:《县域生态文明建设的理论与实践》,福建人民出版社,2023年。

87. 许勤华:《国际关系与全球生态文明建设》,中国环境出版社,2023年。

88. 龚维斌等:《生态文明与生态文化建设》,国家行政管理出版社,2023年。

89. 赵茂程等:《生态文明绿皮书:中国特色生态文明建设报告(2023)》,社会科学文献出版,2023年。

90. 卢风、王远哲:《生态文明与生态哲学》,中国社会科学出版社,2023年。

91. 陈红敏等:《新时代中国生态文明建设:思想、制度与实践》,上海人民出版社,2023年。

92. 贾卫列:《生态复兴 全球生态文明建设的思考》,中国财政经济出版社,2023年。

93. 袁玲儿等:《全球生态治理:从马克思主义生态思想到人类命运共同体理论与实践》,中共中央党校出版社,2023年。

二、中文译著

1.[德]黑格尔:《法哲学原理》,范扬、张企泰译,商务印书馆,1961年。

2.[美]M.梅萨罗维克等:《人类处在转折点上》,刘长毅等译,中国和平出版社,1987年。

3.[英]詹宁斯:《奥本海国际法》第1卷第1分册,王铁崖译,中国大百科全书出版社,1995年。

4.[美]扎尔米·卡利扎德,伊安·O.莱斯:《21世纪的政治冲突》,张淑文译,江苏人民出版社,2000年。

5.[美]埃莉诺·奥斯特罗姆:《公共事务的治理之道:集体行动制度的演进》,余逊达等译,上海三联书店,2000年。

6.[美]塞缪尔·亨廷顿:《文明的冲突与世界秩序的重建(修订版)》,周琪等译,新华出版社,2009年。

7.[美]詹姆斯·N.罗西瑙主编:《没有政府的治理》,张胜军、刘小林等译,江西人民出版社,2001年。

8.[美]罗伯特·基欧汉:《霸权之后:世界政治经济中的合作与纷争》,苏长和等译,海南出版社,2001年。

9.[德]乌尔里希·杜罗:《全球资本主义的替代方式》,宋峰译,中国社会科学出版社,2002年。

10.[挪威]伊弗·B.诺依曼、[丹麦]奥勒·韦弗尔:《未来国际思想大师》,肖锋、石泉译,北京大学出版社,2003年。

11.[美]詹姆斯·多尔蒂、小罗伯特·普法尔茨格拉芙:《争论中的国际关系理论》,阎学通等译,世界知识出版社,2003年。

12.[英] 赫德利·布尔:《无政府社会——世界政治秩序研究》,张晓明译,世界知识出版社,2003年。

13.[美]肯尼思·W.汤普森:《国际思想之父》,谢峰译,北京大学出版社,2003年。

14.[美]大卫·雷·格里芬:《后现代科学:科学魅力的再现》,马季方译,中央编译出版社,2004年。

15.[美]威廉·汉得森:《国际关系:世纪之交的冲突与合作》,金帆译,海南出版社,2004年。

16.[美]戴维·佩珀:《生态社会主义:从深生态学到社会正义》,山东大学出版社,2005年。

17.[埃及]萨米尔·阿明(Samir Amin)《全球化时代的资本主义》,丁开杰等译,中国人民大学出版社,2005年。

18.[美]托马斯·贝里:《伟大的事业:人类未来之路》,曹静译,生活·读书·新知三联书店,2005年。

19.[美]小约瑟夫·奈、[加拿大]戴维·韦尔奇:《理解全球冲突与合作:理论与历史》,张小明译,上海人民出版社,2018年。

20.[美]约翰·贝拉米·福斯特:《生态危机与资本主义》,耿建新、宋兴无译,上海译文出版社,2006年。

21.[法]卢梭:《论人类不平等起源》,高修娟译,上海三联书店,2009年。

22.[英]安东尼·吉登斯:《气候变化的政治》,曹荣湘译,社会科学文献出版社,2009年。

23.[美]芭芭拉·A.布贾克·科尔韦特:《谈判与冲突管理》,刘昕译,中国人民大学出版社,2009年。

24.[荷]阿瑟·莫尔、[美]戴维·索南菲尔德:《世界范围的生态现代化——观点和关键争论》,张鲲译,商务印书馆,2011年。

25.[美]斯科特·巴雷特:《合作的动力——为何提供全球公共产品》,黄智虎译,江苏人民出版社,2012年。

26.[美]马克·霍华德·罗斯:《冲突的文化:比较视野下的解读与利益》,刘萃侠译,社会科学文献出版社,2013年。

27.[美]拉塞尔·哈丁:《群体冲突的逻辑》,刘春荣、汤艳文译,上海人民出版社,2013年。

28.[美]Steward T.A.Pickett等:《深入理解生态学:理论的本质与自然的理论》(第二版),赵设等译,科学出版社,2014年。

29.[美]约·贝·福斯特:《生态革命——与地球和平相处》,刘仁胜、李晶、董慧译,人民出版社2015年。

30.[澳]查尔斯·伯奇、[美]约翰·柯布:《生命的解放》,邹诗鹏、麻晓晴译,中国科学技术出版社,2015年。

31.[美]菲利普·克莱顿、贾斯廷·海因泽克:《有机马克思主义——生态灾难与资本主义的替代选择》,孟献丽、于桂凤、张丽霞译,人民出版社,2015年。

32.[美]罗杰·B.迈尔森:《博弈论:矛盾冲突分析》,于寅、费剑平译,中国人民大学出版社,2015年。

33.[美]大卫·施密特:《个人 国家 地球——道德哲学和政治哲学研究》美),李勇译,上海人民出版社,2016年。

34.[美]阿尔弗雷德·克罗斯比:《生态帝国主义:欧洲的生物扩张,900—1900》,张谡过译,商务印书馆,2017年。

35.[美]科马克·卡利南:《地球正义宣言——荒野法》,郭武译,商务印书馆,2017年。

36.[美]阿兰·施密德:《冲突与合作——制度与行为经济学》,刘璨、吴水荣等译,格致出版社,2018年。

37.[美]蕾切尔·卡森:《寂寞的春天》,龚勋编译,北京燕山出版社,2018年。

38.[德]魏伯乐、[瑞典]安德斯·维杰克曼:《翻转极限:生态文明的觉醒之路》,程一恒译,同济大学出版社,2018年。

39.[美]托马斯·谢林:《冲突的战略》,王水雄译,华夏出版社,2018年。

40.[法]安德烈·高兹:《资本主义,社会主义,生态》,彭姝祎译,商务印书馆,2018年。

41.[英]安德鲁·赫利尔:《全球秩序与全球治理》,林曦译,中国人民大学出版社,2018年。

42.[英]罗伯特·纳尔班多夫:《族群冲突中的外来干预:变化世界中的全球安全》,马莉译,江苏人民出版社,2019年。

43.[瑞典]乔恩·皮埃尔、[美]B.盖伊·彼得斯:《治理、政治与国家》,唐贤兴、马婷译,上海人民出版社,2019年。

44.[美]奥兰杨:《复合系统 人类世的全球治理》,杨剑、孙凯译,上海人民出版社,2019年。

45.[日]福泽谕吉:《文明论概略》,北京编译社译,商务印书馆,2020年。

46. [美]查尔斯·格拉泽:《国际政治的理性理论:竞争与合作》,刘丰等译,上海人民出版社,2020年。

47.[美]西摩·马丁·李普塞特:《共识与冲突》,张华清等译,上海人民出版社,2020年。

48.[美]罗伯特·D.卡普兰:《即将到来的地缘战争》,涵朴译,南方出版传媒,2020年

49. [美]柯克帕特里克·塞尔:《大地上的栖息者:生物区域主义》,李倢译,商务印书馆,2020年。

50.[美]罗伯特·阿克塞尔罗德:《合作的进化》,吴坚忠译,上海人民出版社,2020年。

51.[美]罗伯特·阿克塞尔罗德:《合作的复杂性》,吴坚忠译,上海人民出版,2020年。

52.[美]约翰·D.多纳休等:《合作:激变时代的合作治理》,徐维等译,上海人民出版社,2020年。

53.[美]布兰特利·沃马克:《非对称与国际关系》,李晓燕等译,上海人民出版社,2020年。

54. [美]杰里米·里夫金:《零碳社会:生态文明的崛起和全球绿色新政》,赛迪研究院专家组译,中信出版社,2020年

55. [美]肯尼思·奥耶:《无政府状态下的合作》,田野、辛平译,上海人民出版社,2022年。

56.[美]爱德蒙德·罗素:《进化的历程——从历史和生态视角理解地球上的生命》,李永学译,商务印书馆,2021年。

57.[挪威]阿恩·纳斯:《生态,社区与生活方式》,曹荣湘译,商务印书馆2021年。

58. [英]尼古拉·雷哈尼:《人类还能好好合作吗》,胡正飞译,中国纺织出版社有限公司2023年。

59. [美]J.贝尔德·卡利科特:《众生家园——捍卫大地伦理与生态文明》,薛富兴译,中国人民大学出版社,2019年。

60. [英]杰拉尔德·G.马尔滕:《人类生态学》,顾朝林等译,商务印书馆,2021年。

三、英文著作、期刊

1. Leater Pearson. *Democracy in World Politics*. Princeton University Press, 1955.

2. Christopher Dawson. *Dynamics of World History*. Sheed and Ward Inc, 1956.

3. Sagoff Mark. *The Economy of the Earth*. Cambridge University Press, 1988.

4. Immanuel Wallerstein. *Geo-politics and Geo-culture: Essays on the Changing World System*. Cambridge University Press, 1991.

5. Andrew Hurrell, International Political Theory and the Global Environment, in Ken Booth and Steve Smith(eds.), *International Relations Theory Today*. University Park, PA: The Pennsylvania State University Press, 1995.

6. Morrison R. *Ecological Democracy*, Boston: South End Press, 1995.

7. James K. Boyce. *The Political Economy of the Environment*. Edward Elgar Publishing Ltd, UK, 2002.

8. Spender. *Decline of the West* I. Alfred A. Knopf, 1922.

9. Mark Vellend. *The Theory of Ecological Communities*. Princeton University Press, 2016.

10. Christopher Jrr and Kaitlin Kish And Bruce Jennings. *Liberty and the Ecological Crisis: Freedom on a Finite Planet*. Routledge, 2019.

11. Gabrielle Bouleau. *Politicization of Ecological Issues: From Environmental Forms to Environmental Motives*. Wiley Iste, 2019.

12. Robert B. Marks. *China: Its Environment and History*. Rowman and Littlefield, 2012.

13. Judith Shapiro. *China's Environmental Challenges*. Polity Press, 2012.

14. Andrew S. Goudie. *The Human Impact on the Natural Environment: Past, Present and Future*. Wiley-Blackwell, 2013.

15. Petter Næss and Leigh Price. *Crisis system: a critical realist and environmental critique of economics and the economy*. Routledge, 2016.

16. Richard M. Hutchings. *Maritime heritage in crisis, Indigenous land-*

scapes and global ecologic breakdown. Routledge,2017.

17. Donna M. Orange. *Holding the Un-grievable: A Psychoanalytic Approach to the Environmental Crisis*. Routledge,2017.

18. Astrid Bracke. *Climate Crisis and the 21st Century British Novel*, Environmental Cultures,London: Bloomsbury Academic,2018.

19. Jon Mitchell. *Poisoning the Pacific: the US military's secret dumping of plutonium, chemical weapons, and Agent Orange*. Rowman & Littlefield, 2020.

20. Matthew V. Bender. *Rethinking Colonial Science and Development in East Africa — African Environmental Crisis: A History of Science for Development By Gufu Oba*. Routledge, 2020.

21. Liliana B. Andonova, Moira V, Faul Dario Piselli. *Partnerships for Sustainability in Contemporary Global Governance:Pathways to Effectiveness*. Routledge Research in Environmental Policy and Politics,2022.

22. Paul Rubinson. *Political Fallout: Nuclear Weapons Testing and the Making of a Global Environmental Crisis.* Stanford University Press, 2020.

23. Jonathon Symons. *Ecomodernism: Technology, Politics and the Climate Crisis.* Polity Press,2019.

24. Hampson G P. "Facilitating Eco-logical Futures Through Post Formal Poetic Ecosophy". *World Futures*, No.42, 2010.

25. Emile Durkheim, Marcel Mauss."Note on the Notion of Civilization". *Social Research*, No.4, 1971.

26. Paul M. Sweezy. "Capitalism and the Environment". *Monthly Review* 41, No.2, June 1989.

27. Kooima J. "Social-political Governance: Overview, Reflections and Design". *Public Management*, No.1, 1999.

28. Peter Newell. "The Political Economy of Global Environmental Governance". *Review of International Studies*, Vol. 34, No.3,July 2008.

29. Brett Clark, Richard Rork. *Rifts and Shift: Getting to the Root of Environmental Crises*, Monthly Review, No.60, 2008.

30. M. L. Commons, S. N Ross. *What Post formal Thought Is and Why It Matters*, World Futures, No.64, 2008.

31. Elder F A, Andrews C J, Hulkower S D. *Which Energy Future? Energy*, Sustainability and the Environment, No.9, 2011.

32. Leslie E. Sponsel, "Spiritual Ecology: Is It the Ultimate Solution for the Environmental Crisis?" *Choice Reviews Online*, Vol.51, No.8, 2014.

33. Fredrik Dalerum. "Identifying the role of conservation biology for solving the environmental crisis". *AMBIO: A Journal of the Human Environment*, Vol.43, No.7, 2014.

34. Vincent Blok. *The Human Glance, the Experience of Environmental Distress and the "Affordance" of Nature: Toward a Phenomenology of the Ecological Crisis*, Journal of Agricultural and Environmental Ethics, Vol. 28, No.5, 2015.

35. Alice Bullard. "History and Environmental Crisis, Economic and Ecohistory: Scientific research". *journal for economic and environmental history*, Vol.11, No.1, 2015.

36. Nora Stel. "Irna van der Molen, Environmental vulnerability as a legacy of violent conflict: a case study of the 2012 waste crisis in the Palestinian gathering of Shabriha". *South Lebanon, Conflict, Security & Development*, Vol.15, No.4, 2015.

37. Panu Pihkala. "The Pastoral Challenge of the Environmental Crisis: Environmental Anxiety and Lutheran Eco—Reformation". *Dialog*, Vol. 55, No.2, 2016.

38. Cait Storr. "Islands and the South: Framing the Relationship between International Law and Environmental Crisis". *European Journal of International Law*, Vol.27, No.2, 2017.

39. Valerio Caruso. "Water Conflicts in a Historical Perspective, Environmental Factors in the Middle East Crisis". *Global Environment*, Vol. 10, No.2, 2017.

40. Luis F Pacheco, Mariana Altrichter, Harald Beck, Damayanti Buchori, Erasmus H Owusu. "Economic Growth as a Major Cause of Environmental Crisis: Comment to Ripple et al", *BioScience*, Vol.68, No.4, 2018.

41. Rickard Lalander, Maija Merimaa. *The Discursive Paradox of Environmental Conflict: Between Ecologism and Economism in Ecuador*, Forum for Development Studie, Vol.45, No.3, 2018.

42. Kersty Hobson, Nicholas Lynch. "Ecological modernization, techno-politics and social life cycle assessment: a view from human geography". *The International Journal of Life Cycle Assessment*, Vol.23, No.3, 2018.

43. Llewellyn Leonard. "Converging political ecology and environmental justice disciplines for more effective civil society actions against macro-economic risks: the case of South Africa". *International Journal of Environment and Sustainable Development*, Vol.17, No.1, 2018.

44. May A. Massoud, Michel Mokbel, Suheir Alawieh. "Reframing environmental problems: lessons from the solid waste crisis in Lebanon". *Journal of Material Cycles and Waste Management*; Vol.21, No.6, 2019.

45. Mahbubur Meenar, Jordan P. Howell, Jason Hachadorian. "Economic, ecological, and equity dimensions of brownfield redevelopment plans for environmental justice communities in the USA". *Local Environment*, Vol.24, No.9, 2019.

46. Fernando Campos-Medina. "Ecological modernization from the actor's perspective: Spatio-temporality in the narratives about socio-ecological conflicts in Chile". *Time & Society*, Vol.28, No.3, 2019.

47. Lucia Rocchi, Antonio Boggia, Luisa Paolotti. "Sustainable Agricultural Systems: A Bibliometrics Analysis of Ecological Modernization Approach".

Sustainability, Vol.24, No.22, 2020.

48. Syed Ale Raza Shah, Syed Asif Ali Naqvi, Sofia Anwar. "Exploring the linkage among energy intensity, carbon emission and urbanization in Pakistan: fresh evidence from ecological modernization and environment transition theories". *Environmental Science and Pollution Research*, Vol. 24, No. 32, 2020.

49. Dryzek J. S., Sevenson H. "Global Democracy and Earth System Governance". *Ecological Economics*, No.70, 2011.

50. Bruce Erickson. "Anthropocene futures: Linking colonialism and environmentalism in an age of crisis". *Environment and Planning - Part D*; Vol.38, No.1, 2020.

51. Ralf Havertz. "South Korea's hydrogen economy program as a case of weak ecological modernization". *Asia Europe Journa*, Vol.19, No.2, 2021.

52. Vilém Novotný, Keiichi Satoh, Melanie Nagel. "Refining the Multiple Streams Framework's Integration Concept: Renewable Energy Policy and Ecological Modernization in Germany and Japan in Comparative Perspective". *Journal of Comparative Policy Analysis: Research and Practice*, Vol.23, No.3, 2021.

53. Sina Leipold. "Transforming ecological modernization 'from within' or perpetuating it? The circular economy as EU environmental policy narrative". *Environmental Politics*, Vol.30, No.6, 2021.

54. Simone Sehnem, Ana Beatriz Lopes de Sousa Jabbour, Diogo Amarildo da Conceição, Darciana Weber, Dulcimar José Julkovski. "The role of ecological modernization principles in advancing circular economy practices: lessons from the brewery sector". *Benchmarking*, Vol.28, No.9, 2021.

55. Sina Leipold. "Transforming ecological modernization 'from within' or perpetuating it? The circular economy as EU environmental policy narrative". *Environmental Politics*, Vol.30, No.6, 2021.

56.Helen Lackner. “Global Warming, the Environmental Crisis and Social Justice In Yemen”. *Asian Affairs*, Vol.51, No.4, 2021.

57.Vilém Novotný, Keiichi Satoh, Melanie Nagel. “Refining the Multiple Streams Framework's Integration Concept: Renewable Energy Policy and Ecological Modernization in Germany and Japan in Comparative Perspective”. *Journal of Comparative Policy Analysis: Research and Practice*, Vol.23, No.2, 2021.

58.Ralf Havertz. “South Korea's hydrogen economy program as a case of weak ecological modernization”. *Asia Europe Journal*, Vol.19, No.2, 2021.

59.Timmo Krüger. “The German energy transition and the eroding consensus on ecological modernization: A radical democratic perspective on conflicts over competing justice claims and energy visions”. *Futures*, Vol.136, No.10, 2022.

60.Francisco Bidone. “Driving governance beyond ecological modernization: REDD+ and the Amazon Fund”. *Environmental Policy and Governance*, Vol.32, No.2, 2022.

61.Henrike Rau, Ricca Edmondson. “Responding to the environmental crisis: Culture, power and possibilities of change”. *European Journal of Cultural and Political Sociology*, Vol.9, No.3, 2022.

62.Robert Booth. “Becoming a Place of Unrest: Environmental Crisis and Ecophenomenological Praxis”. *Environmental Values*, Vol.31, No.6, 2022.

63.Keisuke Yamada. “On more-than-human labor: revisiting Japan's ecological modernity and the politics and ethics of interspecies entanglements”. *Japan Forum*, Vol.34, No.5, 2022.

64.Stephen Gross. “Energy Economics after the Oil Shock in America and West Germany: The Rise of Ecological Modernization”. *The Journal of Modern History*, Vol. 95, No.1, 2023.

65.Mosier, Samantha L., Iverson, Guy, Humphrey, Charles. “Stepping-stones for Ecological Modernization: A Case Evaluation of ESTs for Hog (Sus domesticus) Production". *Agricultural Research*, Vol.12, No.1, 2023.